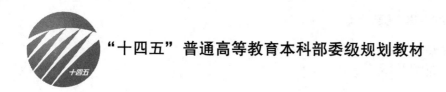

"十四五"普通高等教育本科部委级规划教材

聚合物材料学

宫玉梅　主　编

赵　秒　夏　英　拖晓航　副主编

U0216306

中国纺织出版社有限公司

内 容 提 要

本书全面介绍了纤维、塑料、橡胶、涂料、黏合剂的主要品类、组成结构、性能、主要用途及结构与性能的相互关系等内容。

本书可作为高分子材料与工程及相关专业的教材，也可供从事高分子材料研究与加工工作的技术及管理人员参考。

图书在版编目（CIP）数据

聚合物材料学 / 宫玉梅主编；赵秒，夏英，拖晓航副主编. --北京：中国纺织出版社有限公司，2024.6

"十四五"普通高等教育本科部委级规划教材

ISBN 978-7-5229-1426-8

Ⅰ. ①聚… Ⅱ. ①宫… ②赵… ③夏… ④拖… Ⅲ. ①聚合物—复合材料—高等学校—教材 Ⅳ. ①TB333

中国国家版本馆 CIP 数据核字（2024）第 040993 号

责任编辑：范雨昕　责任校对：高　涵　责任印制：王艳丽

中国纺织出版社有限公司出版发行

地址：北京市朝阳区百子湾东里 A407 号楼　邮政编码：100124

销售电话：010—67004422　传真：010—87155801

http://www.c-textilep.com

中国纺织出版社天猫旗舰店

官方微博 http://weibo.com/2119887771

三河市宏盛印务有限公司印刷　各地新华书店经销

2024 年 6 月第 1 版第 1 次印刷

开本：787×1092　1/16　印张：17.5

字数：390 千字　定价：56.00 元

前　言

聚合物材料产业既是国民经济的重要基础性产业，也是一个国家先导性的产业，既是石化行业内的战略新兴产业，也是电子信息、航空航天、国防军工、新能源等战略新兴产业的重要配套材料。聚合物材料技术含量高、附加值高，是我国石化产业转型升级的重要方向之一，它为我国经济建设做出了重要的贡献，目前已经建立了完善的研究、开发和生产体系。

有关聚合物及其改性材料的国内外科技文献浩如烟海，涉及范围极广，内容极为丰富。限于篇幅并考虑到作为基础性教材的宗旨，本书比较全面地介绍了三大高分子材料中较常用的大规模工业化生产的主要品种，详细阐明了它们的组成结构、性能、主要用途以及三者之间的相互关系等。全书分为三篇共十三章。其中绪论，橡胶、涂料及其他聚合物材料篇由宫玉梅组织编写；纤维篇由赵秒组织编写；塑料篇由拖晓航组织编写；视频文件得到大连合成纤维研究设计院股份有限公司井孝安研究员和高志勇研究员的大力支持。全书由宫玉梅和夏英负责整理和校稿，段玉洁负责校正文字和统一格式。

我们衷心地希望本书的出版能够帮助读者掌握常用聚合物材料的制备方法、聚合物结构与性能的关系、聚合物的加工工艺特性和主要用途等，以便能够正确地选择材料、设计制品、选定加工方法及确定成型工艺条件。本书可以作为高分子材料及相关专业的教材，同时也可供从事聚合物材料研究及加工工作的技术及管理人员参考。

在本书的编写过程中得到了诸多同事的支持和帮助，编者参阅了大量专著、教材、论文等资料，在此一并表示衷心的感谢！

尽管我们多年从事高分子材料科学与工程方面的教学与科研工作，但限于水平，疏漏之处在所难免，恳请读者不吝指正。

编者

2023 年 8 月

目　录

纤　维　篇

塑 料 篇

橡胶、涂料及其他聚合物材料篇

第1章 绪论

1.1 引言

材料是指在一定工作条件下，能满足使用要求的一定物理形态的物质，而聚合物材料是以共价键连接若干重复单元所形成的以长链结构为基础的高分子量化合物，具有种类多、结构复杂、性能多样化、应用广的特点，在很多领域不仅可以替代传统材料，更可以进行改进以获得更多的优越性能。聚合物材料一般质轻、绝缘、易加工、耐腐蚀、强度高，原料丰富，生产成本低，合成简单，能源和投资较少，效益显著，品种繁多，用途广泛，是很多传统材料比如金属所不能比拟的。迄今，全世界聚合物材料的年体积产量已远远超过钢铁和其他有色金属之和。目前聚合物材料的发展已经成为国民经济发展的重要支柱，同时也是未来经济竞争的三大重要方面之一。可以说，聚合物材料在社会发展与人民生活中具有举足轻重的地位。

聚合物材料是指由许多相同的、简单的结构单元通过共价键重复连接而成的高分子量（通常可达 $10^4 \sim 10^6$）化合物，具有冷热循环稳定性好、柔韧性强、可塑度高、广泛的黏结适用性等特性，已广泛应用于储能、电子、机械、环保、消防、医药等行业，日益成为材料科学中不可缺少的重要领域。生产和科学技术的发展不断对材料提出各种各样新的要求。聚合物材料科学顺应这些要求不断向高性能化、高功能化、复合化、精细化和智能化方向发展。聚合物材料科学的发展历程可以简单分为三个阶段。第一阶段是天然聚合物的利用与加工。人类从远古时期就已经开始使用如皮毛、天然橡胶、棉花、纤维素、虫胶、蚕丝、甲壳素、木材等一些天然聚合物材料，人类将这些材料直接投入使用或者经过简单的加工程序再投入生产生活中进行使用，极大地改善了人类的生存生活环境，也促进了人类社会的一系列进步。但随着社会的发展，人类已经不满足于对这些材料的简单利用，也就相应开发了天然聚合物材料的改性和加工工艺，同时进入了聚合物材料发展的第二阶段。在这个过程中，比较具有代表性的是 19 世纪中叶，德国人用硝酸溶解纤维素，然后纺丝或成膜，并利其易燃的特性制成炸药。但是硝化纤维素难以加工成型，因此人们在其中加入樟脑，使其易于加工成型，做成了称为"赛璐珞"的塑料材料。再如橡胶的改性，早在 11 世纪美洲的劳动人民已经在长期的生产实践中开始利用橡胶，但当时橡胶制品遇冷就变硬，加热则发黏，受温度的影响较大。1839 年，美国科学家发现了橡胶与硫黄一起加热可以消除上述变硬发黏的缺点，并可以大幅增加橡胶的弹性和强度。通过硫化改性，有力地推动了橡胶工业的发展。因为硫化橡胶的性能比生胶优异很多，从而开辟了橡胶制品广泛的应用前景。同时，橡胶的加工方法也在逐渐完善，形成了塑炼、混炼、压延、压出、成型这一完整的加工过程，使橡胶工业蓬勃兴起，突飞猛进。

从 21 世纪初开始，聚合物材料科学进入了第三阶段的发展，而合成聚合物的诞生和发展则是从酚醛树脂开始的。化学家们研究了苯酚与甲醛的反应，发现在不同的反应条件下可以得到两类树脂，一类是在酸催化下生成可熔化可溶解的线型酚醛树脂，另一类则是在碱催化下生成的不溶解不熔化的体型酚醛树脂，这种酚醛树脂是人类历史上第一个完全靠化学合成方法生产出来的合成树脂，自此以后，合成并工业化生产的聚合物材料种类迅速扩展。20 世纪 20 年代，施陶丁格（H. Staudinger）在《论聚合》中提出聚合物的概念；30 年代，热塑性聚合物实现了工业生产，如聚氯乙烯（PVC）、聚丙乙烯（PS）、聚甲基丙烯酸甲酯（PM-MA）、聚乙烯（PE）等；40 年代，第二次世界大战促进了合成橡胶的迅猛发展，如丁苯胶、丁腈胶结晶理论等；50 年代是聚合物材料学科发展的"黄金年代"，在这一阶段确定了"聚合物物理"的概念，齐格勒-纳塔（Ziegler-Natta）催化剂带来了定向聚合，聚丙烯（PP）、顺丁胶、聚对苯二甲酸（PET）实现了工业化；60 年代是工程塑料大规模发展时期，通用塑料具有较高的力学性能，能够接受较宽的温度变化范围和较苛刻的环境条件，并能在此条件下较长时间使用，且可作为结构材料；在 70 年代则朝大型化生产的方向前进，进入聚合物设计及改性阶段；80 年代是聚合物设计及改性大发展阶段，全面发展各种高性能、多功能材料，但同时也在这个阶段提出了能源社会环境这一影响地球生存的人类重大问题；而在 90 年代，结构性能的研究进入定量、半定量阶段，重视聚合物化学、聚合物物理及聚合物材料工程三个分支的相互交融，交叉设计功能化、高性能材料，重视环境，这就出现了白色污染、塑料回收等一系列研究课题。有机聚合物材料的研究正在不断地加强和深入，一方面，对重要的通用有机聚合物材料继续进行改进和推广，使它们的性能不断提高，应用范围不断扩大。例如，塑料一般作为绝缘材料被广泛使用，但是近年来，为满足电子工业需求，又研制出具有优良导电性能的导电塑料，导电塑料已用于制造电池等，并可望在工业上获得更广泛的应用。另一方面，与人类自身密切相关、具有特殊功能材料的研究也在不断加强，并且取得了一定的进展，如仿生聚合物材料、聚合物智能材料等。

目前已经是 21 世纪，聚合物材料正向功能化、智能化、精细化方向发展，使其由结构材料向具有光、电、声、磁、生物医学、仿生、催化、物质分离及能量转换等效应的功能材料方向发展。分离材料、智能材料、储能材料、光导材料、纳米材料、电子信息材料等的发展表明了这种发展趋势，与此同时，在聚合物材料的生产加工中也引进了许多先进技术，如等离子体技术、激光技术、辐射技术等。而且结构与性能研究也由宏观进入微观，从定性进入定量，从静态进入动态，正逐步实现在分子设计水平上合成并制备达到所期望功能的新型材料。同时，随着各项科学技术的发展和进步，聚合物材料学科、聚合物与环境科学等理论实践相得益彰，材料科学和新型材料技术是当今优先发展的重要技术，聚合物材料已成为现代工程材料的主要支柱，与信息技术、生物技术一起，推动着社会的进步。

1.1.1 聚合物材料发展百年历史的启迪

2020 年，恰逢高分子概念提出 100 周年。高分子材料科学的发展归功于高分子科学基本原理的建立与发展。有史以来，人类就开始使用和利用天然高分子材料，不过直到 100 多年以前，一直停留在凭经验进行简单使用与利用层面上。随着近代化学的建立与发展，人们试图按照现代科学来认识和理解天然高分子及化学研究中偶然得到的高分子量化合物，但总是遇到难以理解的问题。德国化学家施陶丁格早年就从事天然高分子研究，开始时他将现代化学方法用于天然高分子结构研究，探究科学本质，发现诸多当时成熟的科学知识难以理解和解释的现象与问题，进而创造性地提出了高分子概念，奠定了高分子科学理论的基础。在 20世纪 30 年代，高分子概念得到验证和接受。一个新的科学原理建立并被普遍接受后，显示出巨大作用。在此基础上，启发研究人员由小分子化合物通过化学反应合成高分子化合物的研究。当具有广泛应用价值、可工业化生产的新型高分子材料不断出现，高分子材料工业带来了巨大的经济利益，合成高分子材料所拥有的力学性能又正好处于金属、陶瓷等已有材料所缺乏、应用需求日益增大的范围。而真正实现工业化大规模生产的高分子材料是那些性能优异、具有可加工性、成本不是特别高、原料易得的品种。应用驱动与科学好奇心驱动使高分子材料科学在 20 世纪 40~70 年代迅猛发展。

一个科学新概念的建立诞生一个新的学科，由此快速衍生出高分子工业。这在科学技术发展史上是值得特别关注的独特案例。

1.1.2 我国聚合物材料的现状

我国高分子材料科学的发展赶上了世界历史发展步伐，也历经曲折。我国高分子工业规模从 70 多年前的百吨到 40 多年前的百万吨，到现在的 1.5 亿吨，有了飞速发展。近些年，高分子材料在我国高铁技术、大飞机、国防建设以及汽车制造、建筑材料等许多方面得到广泛应用，高分子材料科学与技术为国家做出了许多重要贡献，但也存在不少问题。在公认的"卡脖子"技术中，其中不少都有高分子材料的影子。许多重要的高分子材料长期依托进口，即使是聚乙烯，对外依存度仍然在 50% 左右；高端聚烯烃、高性能纤维、高性能膜材料、高端电子化学品等，都与世界先进水平存在很大差距。低端过剩高端缺乏的结构性矛盾很突出；合成树脂、合成橡胶与合成纤维等贸易逆差达几百亿美元。

对于最早获得的缩聚反应工业化聚合物尼龙 66，我国到现在还没有尼龙 66 单体前体己二腈的生产能力（己二腈还原制得己二胺），因此仍然是百分之百对外依赖。近期可能将有国内企业实现己二腈国产化。在尼龙家族，值得一提的是金发科技股份有限公司实现了半芳香尼龙（尼龙 10T）产业化，相关技术具有自主知识产权。在长碳链尼龙方面中国科学院化学研究所与山东广垠新材料有限公司合作，研究取得了实质性进展。用于黏结多层玻璃的聚乙烯醇缩丁醛，我国尚需依赖进口。

中国四家电信运营商于 2019 年获得第 5 代网络（5G）商用牌照，标志着我国正式进入 5G 商用时代。5G 技术所需要的高分子材料：低介电常数、介电损耗小、电磁屏蔽强的聚合物材料，封装材料要求厚度薄、密封性好、导热性能好。特种聚酰亚胺和液晶聚合物将是主流天线材料，天线保护罩材料聚碳酸酯、聚双环戊二烯，天线振子材料聚苯硫醚、聚苯醚也越显重要。为避免信号干扰，更多的手机外壳材料需要以塑料代替金属。随着手机照相机、各种光学仪器的日益普及，新型光学材料聚环烯烃的需求量日益增长。新型冠状病毒疫情的出现使得熔喷聚丙烯用量倍增，医用防护服装与医疗用品中使用的高分子材料备受关注。

高分子材料科学与工程的研究和开发需要全链条贯通研究。其主线当然是结构与性能的关系，从应用性能导向研发，需要设计聚合物结构，此时就要考虑结构及多层次结构、聚合物可加工性等因素。经过化学过程实现单体到聚合物，聚合物经加工形成部件、零件或器件，满足应用需求的综合性能。

1.1.3 世界聚合物材料重要进展与动态

《大分子》（*Macromolecules*）纪念高分子概念100周年的综述文章，选取具有重要意义的高分子研究领域，以在此期刊发表的经典之作为线索，系统论述该领域的发展。从中可以看到前沿领域发展中分别有哪些人有什么重要贡献。（*ACS Macro Lett*）在纪念高分子学科诞生100周年的系列综述中，部分综述作者为我国学者，如吉林大学安泽胜、武汉大学张先正、苏州大学钟志远教授等。这表明在一些领域，我国学者的影响力正在快速提升，一些学者已受到国际同行的高度关注。另外，从《高分子学报》专辑中张希教授撰写的前言也突出了一些高分子领域的贡献。对于过去50年间高分子领域的里程碑进展，Lodge给出了高分子的十大进展和十大表征新技术，以及当前高分子面临的十大挑战。

按照我国高分子学术期刊《高分子学报》编辑部问卷调研统计，未来高分子最重要的发展方向中，排在前三位的是聚合物新性能与应用、新合成方法、可持续性。大家普遍认同，高分子合成方法的创新与发展非常有意义，当然，合成新的高分子并获得应用的特点是，主流单体已有大规模工业化，而聚合物的结构及随之而来的性能是新的，或者是按照结构与性能关系设计结构、通过合成控制得到所设计的结构。未来高分子材料科学研究可能会更多与生命科学交叉。支撑生命体系的高分子材料将得到发展。通过生物技术合成高分子材料的研究、基于生物质的高分子材料研发会继续得到重视，有望取得突破。

1.1.4 我国聚合物材料科学与工程发展的问题

对于发展高分子材料科学来说，高分子化学与物理基础知识非常重要。高分子研究中，高分子理论的研究具有极其重要的意义，目前仍存在许多基本与经典的问题有待进一步研究。利用计算模拟方法研究高分子，已经是常规基本研究手段。高分子材料科学与工程的研究将更加注重发展材料数据库建设、数据挖掘与分析、机器学习、材料基因组学和人工智能等。特别地，高分子材料研究离不开与高分子工业的密切互动，学术界需要加强与企业界联系，关注应用需求。高分子材料还有一个特别重要的方面就是高分子化工与高分子加工。高分子材料工程的发展制约着高分子材料的方方面面。高分子化学研究需要更加紧密地与高分子化工结合，这样才可能更科学地研究高分子材料。已有的高分子化工工程中依然存在技术提升的空间，运用高分子化学的新成果有望在节能、高效、绿色工艺过程、产品性能更加优异等方面获得推进。试想如果某个聚合过程的温度、压力变得稍微温和一些，主要产品收率提高一点，所用化学品（溶剂、分散介质）更为环保，就能为聚合工业过程节省不少成本。

高分子加工在高分子材料发展中起了非常重要的作用。材料科学与工程所做的事情是"有料成材，有材成器"，是通过各种加工方法将高分子原料变成实际应用的零部件、器皿或器材等产品实现的。高分子材料的加工远比无机材料简便、节能，而高分子材料的加工本身需要许多独特的加工方法和设备，一代材料孕育出一代技术。高分子加工成型方法和加工设备的研发依然大有可为。在高分子加工技术中运用计算模拟、计算机辅助控制等日趋重要。

高分子材料在实际应用中很大一部分是复合材料。高性能复合材料研究仍将是重要方向。从核心市场看，中国聚合物基复合材料（PMC）市场占据全球约 10% 的市场份额，为全球最主要的消费市场之一，且增速高于全球。2021 年市场规模约 20 亿元，2017～2021 年年复合增长率约为 5%。随着国内企业产品开发速度加快，随着新技术和产业政策的双轮驱动，中国聚合物基复合材料市场将迎来发展机遇，2022～2028 年年复合增长率约为 20%。2021 年美国市场规模为 40 亿元，同期欧洲为 42 亿元，从产品类型方面来看，按收入计，份额将达到 20%，有很大的发展前景。

仿生研究在高分子研究中将是长期的。自然界中由生命体系合成出多种天然大分子，经多层次结构构筑形成生命体，无论是参与生命过程的功能大分子还是支撑生命体系的大分子结构材料，都是那样的精巧，蕴藏着许多目前仍然未知的结构与功能关系的自然规律。系统深入地研究这些体系，以现代科学加以准确描述，进而形成合成高分子材料的指导原理，这方面的研究虽已取得一定进展，但今后仍将是长期而重要的任务。

1.2　聚合物材料基础知识

聚合物材料即高分子材料，是以高分子化合物为基础的材料。高分子材料是由相对分子质量较高的化合物构成的材料，包括橡胶、塑料、纤维、涂料、胶黏剂和高分子基复合材料。高分子是生命存在的形式，所有的生命体都可以看作是高分子的集合。

1.2.1　聚合物材料的分类

（1）按来源分类

高分子材料按来源可分为天然、半合成（改性天然高分子材料）和合成高分子材料。天然高分子是生命起源和进化的基础。人类社会一开始就利用天然高分子材料作为生活资料和生产资料，并掌握了其加工技术。如利用蚕丝、棉、毛织成织物，用木材、棉、麻造纸等。19 世纪 30 年代末期，进入天然高分子化学改性阶段，出现半合成高分子材料。1870 年，美国的（Hyatt）用硝化纤维素和樟脑制得的赛璐珞塑料，是有划时代意义的一种人造高分子材料。1907 年出现合成高分子酚醛树脂，真正标志着人类应用化学合成方法有目的地合成高分子材料的开始。1953 年，德国科学家齐格勒（Zieglar）和意大利科学家纳塔（Natta）发明了配位聚合催化剂，大幅度扩大了合成高分子材料的原料来源，得到了一大批新的合成高分子材料，使聚乙烯和聚丙烯这类通用合成高分子材料走入千家万户，确立了合成高分子材料作为当代人类社会文明发展阶段的标志。现代，高分子材料已与金属材料、无机非金属材料相同，成为科学技术、经济建设的重要材料。

（2）按主链结构分类

高分子材料按主链结构可分为：

①碳链高分子。分子主链由 C 原子组成，如聚丙烯（PP）、聚乙烯（PE）、聚氯乙烯（PVC）。

②杂链高聚物。分子主链由 C、O、N 等原子构成，如聚酰胺、聚酯。

③元素有机高聚物。分子主链不含 C 原子，仅由一些杂原子组成的高分子，如硅橡胶$+Si(CH_3)_2$—O$+$。

（3）按应用分类

高分子材料按应用可分为橡胶、纤维、塑料、高分子胶黏剂、高分子涂料和高分子基复合材料等。

①橡胶是一类线型柔性高分子聚合物。其分子链间次价力小，分子链柔性好，在外力作用下可产生较大形变，除去外力后能迅速恢复原状。有天然橡胶和合成橡胶两种。

②高分子纤维分为天然纤维和化学纤维。前者指蚕丝、棉、麻、毛等；后者是以天然高分子或合成高分子为原料，经过纺丝和后处理制得。纤维的次价力大、形变能力小、模量高，一般为结晶聚合物。

③塑料是以合成树脂或化学改性的天然高分子为主要成分，再加入填料、增塑剂和其他添加剂制得。其分子间次价力、模量和形变量等介于橡胶和纤维之间。通常按合成树脂的特性分为热固性塑料和热塑性塑料；按用途又分为通用塑料和工程塑料。

④高分子胶黏剂是以合成天然高分子化合物为主体制成的胶黏材料，分为天然和合成胶黏剂两种，应用较多的是合成胶黏剂。

⑤高分子涂料是以聚合物为主要成膜物质，添加溶剂和各种添加剂制得。根据成膜物质不同，分为油脂涂料、天然树脂涂料和合成树脂涂料。

⑥高分子基复合材料是以高分子化合物为基体，添加各种增强材料制得的一种复合材料。其综合了原有材料的性能特点，并可根据需要进行材料设计。

⑦功能高分子材料。功能高分子材料除具有聚合物的一般力学性能、绝缘性能和热性能外，还具有物质、能量和信息的转换、传递和储存等特殊功能。已实用的有高分子信息转换材料、高分子透明材料、高分子模拟酶、生物降解高分子材料、高分子形状记忆材料和医用、药用高分子材料等。

高聚物根据其力学性能和使用状态可分为上述几类。但是各类高聚物之间并无严格的界限，同一高聚物，采用不同的合成方法和成型工艺，可以制成塑料，也可制成纤维，如尼龙。而聚氨酯一类的高聚物，在室温下既有玻璃态性质，又有很好的弹性，所以很难判定它是橡胶还是塑料。

（4）按受热后的形态变化分类

热塑性高分子在受热后会从固体状态逐步转变为流动状态的高分子（图1-1）。这种转变理论上可重复无穷多次，或者说，热塑性高分子是可以再生的。聚乙烯、聚丙烯、聚氯乙烯、聚苯乙烯、尼龙和涤纶树脂等均为热塑性高分子（热塑性树脂）。

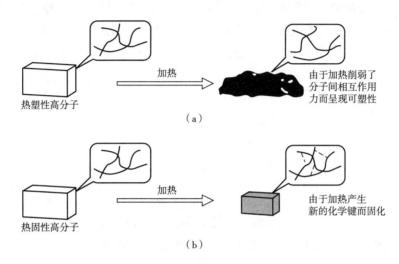

图1-1　热塑性高分子和热固性高分子的不同热性质示意图

热固性高分子在受热后先转变为流动状态，进一步加热则转变为固体状态。这种转变是不可逆的。换言之，热固性高分子是不可再生的。通过加入固化剂使流体状变为固体状的高分子，也称为热固性高分子（热固性树脂）。典型的热固性高分子如酚醛树脂、环氧树脂、氨基树脂、不饱和聚酯、聚氨酯、硫化橡胶等。

热塑性高分子的分子形态呈线型 [图1-2（a）]，而热固性高分子的分子形态呈交联状（或称网状、体型）[图1-2（c）和图1-3]，另有一种高分子的形态呈支链化 [图1-2（b）]。线型分子链加热会软化或流动；交联的分子链就像被五花大绑似的，加热不会软化或流动 [图1-2（c）]。支化高分子的性质介于线型高分子和网状高分子之间，支化程度较低时接近于前者，较高时接近于后者。

（a）线型　　　　（b）支化　　　　（c）网状

图1-2　线型高分子、支化高分子和网状高分子的结构示意图

图1-3　用队列来表示的交联聚合物的分子形态

1.2.2　聚合物的命名

高分子的习惯命名法有以下几种。

可以单体名称前加一个"聚"字（聚乙烯醇是例外），如 $\vdash CH_2—CH_2 \dashv_n$ 称"聚乙烯"。也可取单体（一种或两种）名称或简称，后缀为"树脂""塑料"或"橡胶"，如醇酸树脂、酚醛塑料、丁苯橡胶、氯丁橡胶等。还可以高分子的特征结构命名一类高分子，如以下聚合物称为聚酰胺（尼龙610），因为含有酰胺基团（圆圈内）。类似的还有聚酯、聚醚、聚氨酯等。

$$\left[\begin{matrix} C—(CH_2)_9—C—NH—(CH_2)_6—NH \\ \parallel \quad\quad\quad\quad \parallel \\ O \quad\quad\quad\quad\quad O \end{matrix} \right]_n$$

如果把高分子比喻为一个家族，那么也只有30多个"成员"是常见的。所以有必要先让大家认识它们，它们的名称、英文缩写、重复单元和单体列于表1-1。以后各章介绍高分子的故事和知识中，高分子的性质和应用还会经常涉及这些结构。

表1-1　常见聚合物的名称（英文缩写）、重复单元和单体

序号	名称	重复单元	单体
1	聚乙烯（PE）	$—CH_2—CH_2—$	$H_2C=CH_2$
2	聚丙烯（PP）	$—CH_2—CH—$ 　　　　$\vert$ 　　　CH_3	$H_2C=CH$ 　　　$\vert$ 　　CH_3
3	聚异丁烯（PIB）	CH_3 　　　$\vert$ $—CH_2—C—$ 　　　$\vert$ 　　　CH_3	CH_3 　　　$\vert$ $H_2C=C$ 　　　$\vert$ 　　　CH_3
4	聚苯乙烯（PS）	$—CH_2—CH—$ 　　　　（苯环）	$H_2C=CH$ 　　　（苯环）
5	聚氯乙烯（PVC）	$—CH_2—CH—$ 　　　　$\vert$ 　　　　Cl	$H_2C=CH$ 　　　$\vert$ 　　　Cl
6	聚四氟乙烯（PTFE）	$—CF_2—CF_2—$	$F_2C=CF_2$
7	聚丙烯酸（PAA）	$—CH_2—CH—$ 　　　　$\vert$ 　　　COOH	$H_2C=CH$ 　　　$\vert$ 　　　COOH

序号	名称	重复单元	单体
8	聚丙烯酰胺（PAAm 或 PAM）	$-CH_2-\underset{CONH_2}{CH}-$	$H_2C=\underset{CONH_2}{CH}$
9	聚丙烯酸甲酯（PMA）	$-CH_2-\underset{COOCH_3}{CH}-$	$H_2C=\underset{COOCH_3}{CH}$
10	聚甲基丙烯酸甲酯（PMMA）	$-CH_2-\overset{CH_3}{\underset{COOCH_3}{C}}-$	$H_2C=\overset{CH_3}{\underset{COOCH_3}{C}}$
11	聚丙烯腈（PAN）	$-CH_2-\underset{CN}{CH}-$	$H_2C=\underset{CN}{CH}$
12	聚醋酸乙烯酯（PVAc）	$-CH_2-\underset{OCOCH_3}{CH}-$	$H_2C=\underset{OCOCH_3}{CH}$
13	聚乙烯醇（PVA）	$-CH_2-\underset{OH}{CH}-$	$H_2C=\underset{OCOCH_3}{CH}$
14	聚丁二烯（PB）	$-CH_2-CH=CH-CH_2-$	$H_2C=CH-\underset{H}{C}=CH_2$
15	聚异戊二烯（PIP）	$-CH_2-\underset{CH_3}{C}=CH-CH_2-$	$H_2C=\underset{CH_3}{C}-\underset{H}{C}=CH_2$
16	聚氯丁二烯（PCP）	$-CH_2-\underset{Cl}{C}=CH-CH_2-$	$H_2C=\underset{Cl}{C}-\underset{H}{C}=CH_2$
17	聚偏氯乙烯（PVDC）	$-CH_2-\overset{Cl}{\underset{Cl}{C}}-$	$H_2C=\overset{Cl}{\underset{Cl}{C}}$
18	聚氟乙烯（PVF）	$-CH_2-\underset{F}{CH}-$	$H_2C=\underset{F}{CH}$
19	聚三氟氯乙烯（PCTFE）	$-\overset{F}{\underset{F}{C}}-\overset{F}{\underset{Cl}{C}}-$	$\overset{F}{\underset{F}{C}}=\overset{F}{\underset{Cl}{C}}$
20	聚酰胺 66 或 尼龙 66（PA66）	$-NH(CH_2)_6NHCO(CH_2)_4CO-$	$NH_2(CH_2)_6NH_2+HOOC(CH_2)_4COOH$

序号	名称	重复单元	单体
21	聚酰胺6或尼龙6（PA6）	—NH（CH$_2$）$_5$CO—	HN（CH$_2$）$_5$CO或NH$_2$（CH$_2$）$_5$COOH
22	酚醛树脂（PF）		+HCHO
23	脲醛树脂（UF）	—NH—CO—NH—CH$_2$—	NH$_2$—CO—NH$_2$+HCHO
24	三聚氰胺甲醛树脂		+HCHO
25	聚甲醛（POM）	—O—CH$_2$—	HCHO或
26	聚环氧乙烷（PEO）	—O—CH$_2$—CH$_2$—	
27	聚苯醚（PPO）		
28	聚对苯二甲酸乙二醇酯（PET）		HOOC—⟨⟩—COOH + HOCH$_2$CH$_2$OH
29	不饱和聚酯（UP）		HOCH$_2$CH$_2$OH +
30	聚碳酸酯（PC）		
31	环氧树脂（EP）		
32	聚砜（PSU）		

续表

序号	名称	重复单元	单体
33	聚氨酯 （PU）	$-OCH_2CH_2O-\overset{\displaystyle }{\underset{\displaystyle O}{C}}-NH(CH_2)_5NH-\overset{\displaystyle }{\underset{\displaystyle O}{C}}-$	$OHCH_2CH_2OH+OCN(CH_2)_5NCO$
34	聚二甲基硅烷 或硅橡胶 （SI）	$-\overset{\displaystyle CH_3}{\underset{\displaystyle CH_3}{Si}}-O-$	$Cl-\overset{\displaystyle CH_3}{\underset{\displaystyle CH_3}{Si}}-Cl$

合成纤维在我国称为"纶"（来自-lon 的译音），如锦纶（尼龙66）、涤纶（聚对苯二甲酸乙二醇酯）、维尼纶或维纶（聚乙烯醇缩甲醛）、腈纶（聚丙烯腈）、氯纶（聚氯乙烯）、丙纶（聚丙烯）、芳纶（芳香族聚酰胺纤维）等。聚酰胺常用其商品名的译名尼龙（Nylon），其他商品名还有特氟隆（Teflon，聚四氟乙烯）、赛璐珞（Celluloid，硝酸纤维素）等。而俗名如有机玻璃或亚克力（Acrylic，聚甲基丙烯酸甲酯）、电木（酚醛树脂）、电玉（脲醛塑料）等也已被广泛采用。

1.2.3 聚合物的合成

高分子的合成方法按机理划分主要有两类，一类是链式聚合，另一类是逐步聚合。

（1）多米诺骨牌式的链式聚合

在链式聚合反应过程中，有活性中心（自由基或离子）形成，且可以在很短的时间内使许多单体聚合在一起，形成相对分子质量很大的大分子。这种反应是聚合反应的一大种类，主要包括三个基元反应，即链引发、链增长和链终止，有时还伴随有链转移反应发生。按链活性中心的不同，可细分为自由基聚合、阳离子聚合、阴离子聚合和配位聚合四种类型。链式聚合反应都是加成反应，聚合物结构单元的化学组成与单体一样。大多数链式聚合的单体是烯类单体，而链式聚合又以自由基聚合占多数。

一旦有引发剂分子分解出自由基，由于自由基很活泼，每个自由基几秒内立刻长出一条聚乙烯高分子链，即相对分子质量很快达到很大的数值。但总的来说，刚开始乙烯单体是大量的，乙烯单体的消耗慢慢进行，反应速率取决于引发剂分子分解的速率，这一聚合过程如图1-4所示。图1-4的卡通图形象地表现了链式聚合，把自由基想象为地雷，在"击鼓传花"似的传递时谁都想尽快把它传走，所以链增长很快。以有机过氧化物引发剂为例，1分子引发剂分解得到两个自由基，乙烯聚合得到聚乙烯。能够进行链式聚合的单体基本上都可以看作乙烯或丁二烯的衍生物，即 $CH_2=CRR'$ 或 $CH_2=CHR-CH=CH_2$，即表1-1中的聚合物序号1~19。

还有一类是环状化合物，例如表1-1中序号21、25、26的单体，也可以链式聚合。这类单体只能进行离子型聚合，而不是自由基聚合。环状化合物可以看成一些自己双手相握的小孩打开双手连成一列，称为开环聚合，也是链式加成机理，不失任何小分子。

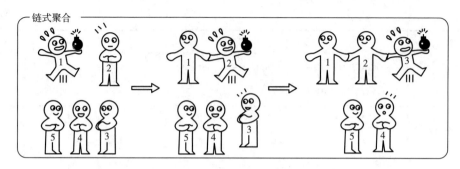

图 1-4　乙烯自由基聚合过程的卡通图

（2）串珍珠式的逐步聚合

逐步聚合反应主要分为缩聚和逐步加成聚合两类，缩聚占绝大多数。

①缩聚反应。带有两个或两个以上官能团（功能基）的单体之间连续、重复进行的缩合反应，即缩合掉小分子而进行的聚合。缩聚又分线型缩聚和体型缩聚两种，前者合成热塑性树脂，后者合成热固性树脂。聚酰胺、聚酯、聚碳酸酯、醇酸树脂、硅橡胶等都是重要的缩聚物。聚酰亚胺、梯形聚合物等耐高温聚合物也由缩聚而成。蛋白质、淀粉、纤维素、糊精、核酸等天然生物高分子也通过缩聚反应合成。

②逐步加成聚合（又称聚加成反应）。单体分子通过反复加成，使分子间形成共价键，逐步生成聚合物的过程，其聚合物形成的同时没有小分子析出，例如聚氨酯的合成。逐步聚合的聚合度是逐渐增加的，就像串珍珠一样。缩聚物大分子的生长是官能团相互反应的结果。缩聚早期，单体很快消失，转变成二聚体、三聚体、四聚体等低聚物，转化率很高，以后的缩聚反应则在低聚物之间进行。缩聚反应就是这样逐步进行下去的，聚合度随时间或反应程度而逐渐增加。延长聚合时间主要目的在于提高产物的相对分子质量，而不是提高转化率。缩聚早期，单体的转化率就很高，而分子量却很低。

缩聚过程如图 1-5 所示，把单体的功能基之间的选择性反应想象成男孩和女孩间的拉手，假设男孩原来戴着手套拉手时要扔掉手套（比喻为小分子）。形成队列的过程进展较慢，但一旦所有的男孩和女孩间都拉手了，形成二聚体以上，很快不存在单个小孩，即单体很快就转化了。

图 1-5　缩合聚合过程的卡通图

能够进行线型缩聚的单体为表1-1中的聚合物序号20、21、27~31；能够进行体型缩聚的单体为表1-1中的聚合物序号22~24。而29和31可通过加交联剂交联成体型高分子。典型的两类缩聚是形成聚酯和聚酰胺的反应，而典型的逐步加成聚合是形成聚氨酯的反应。

1.2.4　聚合物的结构

由于聚合物的分子链很庞大且组成可能不均一，所以聚合物的结构很复杂。整个聚合物结构主要由三个不同层次组成，如图1-6所示。

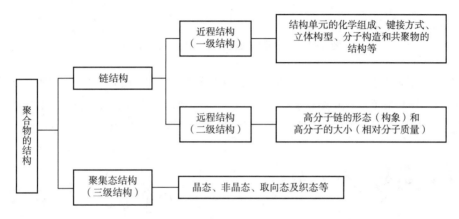

图1-6　聚合物结构的三个层次

（1）一级结构

①键接方式。单烯类单体聚合时可能出现两种键接方式，一种是头—尾键接，另一种是头—头（或尾—尾）键接。由于位阻效应和端基活性物种的共振稳定性两方面原因，一般聚合物以头—尾键接占大多数。

②构型。构型是指分子中由化学键所固定的原子在空间的排列。这种排列是稳定的，要改变构型，必须经过化学键的断裂和重组。有两类构型不同的异构体，即旋光异构体和几何异构体。

a. 旋光异构。CH_4 中碳原子的四个价键形成正四面体结构，键角都是109.5°（图1-7）。当四个取代基团或原子都不一样，即不对称时就产生旋光异构体，这样的中心碳原子叫不对称碳原子。比如乳酸有两种旋光异构体，它们互为镜像结构，就如同左手和右手互为镜像而不能实际重合一样。高分子也有类似的旋光异构（图1-8）。

结构单元为—CH_2CH（R）—类的单烯类高分子中，每一个结构单元有一个不对称碳原子，

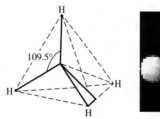

图1-7　CH_4 的分子构型

因而每一个链节就有 *D* 型和 *L* 型两种旋光异构体。若将 C—C 链放在一个平面上，则不对称碳原子上的 R 和 H 分别处于平面的上侧或下侧。当取代基全部处于平面的一侧时，称为全同立构高分子。

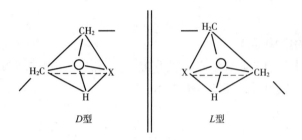

图 1-8　高分子的旋光异构体互为镜像关系

当取代基相间地分布于平面上下两侧时，称为间同立构高分子。而不规则分布时称为无规高分子。图 1-9 是单取代单烯类高分子中三类不同旋光异构体的示意图，可以简单比喻为小孩队列里小孩的面朝向不同引起的立体空间的三种序列（图 1-10）。

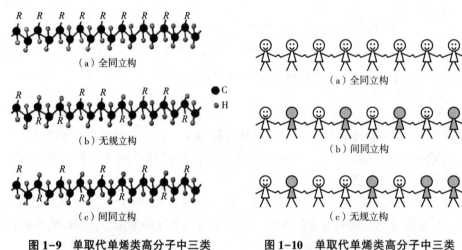

图 1-9　单取代单烯类高分子中三类
不同旋光异构体的示意图

图 1-10　单取代单烯类高分子中三类
不同旋光异构体的卡通图

有规立构聚合物结晶度高、熔点高、力学性能更好。例如无规的聚苯乙烯（即一般的聚苯乙烯）虽然有良好的成型性、耐水性、电气性能等，但耐热性、尺寸稳定性、耐化学性并不好。而有规立构聚苯乙烯在保持无规立构原有的性能外，还具有良好的耐热性、尺寸稳定性和耐化学性。聚苯乙烯的三类不同旋光异构体的结构示意如图 1-11 所示，性能比较见表 1-2。

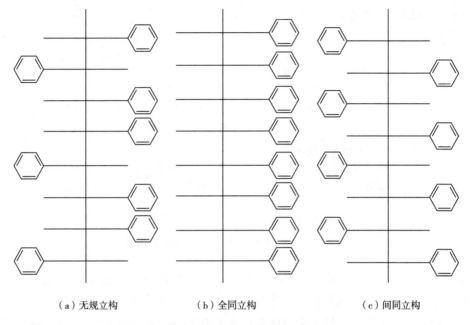

（a）无规立构　　　　　　　（b）全同立构　　　　　　　（c）间同立构

图 1-11　聚苯乙烯的三类不同旋光异构体示意

表 1-2　无规与有规立构聚苯乙烯的性能比较

性能	无规聚苯乙烯	全同立构聚苯乙烯	间同立构聚苯乙烯
结晶性	不结晶	很慢	很快
玻璃化温度 T_g/℃	100	100	100
熔点 T_m/℃	无	240	270

b. 几何异构。双烯类高分子有不同的加成方式，例如聚丁二烯有 1,2 和 1,4 两种加成方式（图 1-12），而聚异戊二烯则有 1,2、1,4 和 3,4 加成三种加成方式。图 1-12 中 1,2 加成结构中的星号表示不对称碳原子，因而 1,2 加成聚丁二烯还有全同、间同两种有规旋光异构体。

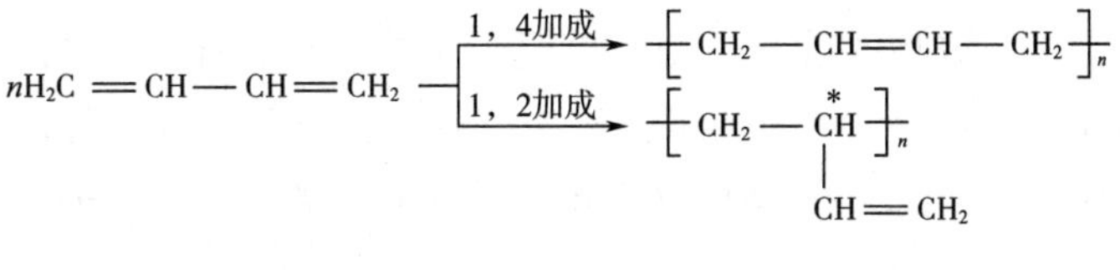

$$n\text{H}_2\text{C}=\text{CH}-\text{CH}=\text{CH}_2 \quad \begin{cases} 1,4\text{加成} \\ 1,2\text{加成} \end{cases}$$

图 1-12　聚丁二烯的两种加成方式

1,4 加成的主链上存在双键。由于取代基不能绕双键旋转，因而双键上的基团在双键两侧排列的方式不同而有顺式构型和反式构型之分，称为几何异构体。以聚 1,4-丁二烯为例，有顺 1,4 和反 1,4 两种几何异构体。反式结构重复周期仅为 0.51nm（图 1-13），比较规整，易于结晶，在室温下是弹性很差的塑料；反之，顺式结构重复周期较长为 0.91nm（图 1-13），不易于结晶，是室温下弹性很好的橡胶。类似的，聚 1,4-异戊二烯也只有顺式才能成为橡胶（即天然橡胶）。

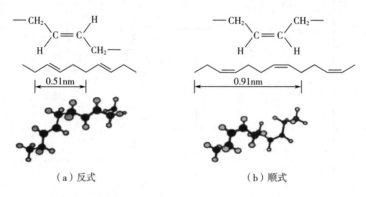

（a）反式　　　　　　　　　　　（b）顺式

图1-13　1,4加成的聚丁二烯的几何异构体

③分子构造。分子构造指高分子链的几何形状。一般高分子链为线型，也有支化或交联网状结构。热固性塑料是交联高分子，橡胶是轻度交联的高分子。交联后强度和热稳定性都大为提高，例如聚乙烯用 γ 射线辐射交联后，耐热性提高，可用作电线电缆的保护层。低密度聚乙烯是支化高分子的例子，支化的原因是聚乙烯自由基聚合过程中发生向自身分子链的链转移，转移的形式是自由基"回咬"。

④共聚物的序列结构。高分子如果只由一种单体反应而成，称为均聚物，如果由两种以上单体合成，则称为共聚物。例如，丁苯橡胶是丁二烯和苯乙烯的共聚物，结构式写成：

$$\left[CH_2-CH=CH-CH_2 \right]_m \left[CH_2-CH \right]_n$$

由两种单体通过链式聚合反应合成的共聚物命名可用两单体名称或简称之间加"-"后加"共聚物"。如乙烯（E）和乙酸乙烯酯（VAc）的共聚物名称为"乙烯—乙酸乙烯酯共聚物"（EVA）。

共聚物的性质常是均聚物的综合，ABS就是一个典型的例子。丙烯腈组分耐化学腐蚀，提高了制品的拉伸强度和硬度；丁二烯组分呈橡胶弹性，改善了冲击强度；苯乙烯组分利于高温流动性，便于加工。因而ABS是具有质硬、耐腐蚀、坚韧、抗冲击的性能优良的热塑性塑料。ABS的结构式如下：

$$\left[CH_2-CH \right]_m \left[CH_2-CH=CH-CH_2 \right]_n \left[CH_2-CH \right]_l$$
$$\quad\ \ |$$
$$\quad\ CN$$

但有时共聚物的性质却与均聚物有很大差异，例如聚乙烯和聚丙烯都是塑料，但乙丙无规共聚物却是橡胶（称乙丙橡胶），这是因为共聚破坏了结构有序性，从而破坏了结晶性。

一般来说，无规和交替共聚物改变了结构单元的相互作用状况，因此其性能与相应的均聚物有很大差别。而嵌段和接枝共聚物保留了部分原均聚物的结构特点，因而其性能与相应的均聚物有一定的联系。

（2）二级结构

二级结构是指若干链节组成的一段链或整根分子链的排列形状。高分子链由单键内旋转而产生的分子在空间的不同形态称为构象，属二级结构。构象与构型的根本区别在于，构象通过单键内旋转可以改变，而构型无法通过内旋转改变。总体来说，高分子链有五种构象，即无规线团、伸直链、折叠链、锯齿链和螺旋链（图 1-14）。无规线团是线型高分子在溶液和熔体中的主要形态。这种形态可以想象为煮熟的面条或一团乱毛线。其中锯齿链指的是更细节的形状，由碳链形成的锯齿形状可以组成伸直链（图 1-15），也可以组成折叠链或无规线团（图 1-16），因而有时也不把锯齿链看成一种单独的构象。

图 1-14　高分子链的五种构象

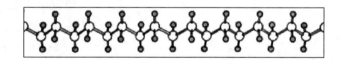

图 1-15　伸直链中的锯齿形细节

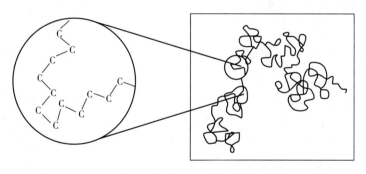

图 1-16　无规线团中的锯齿形细节

（3）三级结构

三级结构（又称聚集态结构或超分子结构）指在单个大分子二级结构基础上，许多这样的大分子聚集在一起而成的结构。三级结构包括结晶结构、非晶结构、液晶结构、取向结构和共混物两相结构等，其中最重要的是结晶结构，高分子可以有很漂亮的晶体结构，如单晶和球晶等。

①单晶。凡是能够结晶的聚合物，在适当的条件下，都可以形成单晶（图 1-17）。在稀溶液（<0.01%）中加热，并缓慢降温处理，可形成几至几百微米大小的薄片状晶体，晶片厚度约 10nm。晶片中分子链是垂直于晶面方向的，而且是折叠排列的（图 1-18）。高分子链不仅反复折叠，并且自我整齐排列成片晶。用 X 射线衍射可以测得，聚乙烯的晶胞（结晶的最小单元）结构如图 1-19 所示，为正交晶系。结晶 c 轴为分子链方向，c 轴重复周期为 0.255nm，即一个结构重复单元的长度。

图 1-17　聚乙烯单晶的透射电镜照片

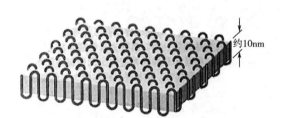

图 1-18　聚乙烯单晶内分子链折叠排列示意图

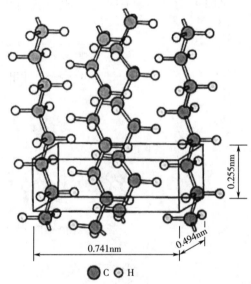

图 1-19　聚乙烯的晶胞结构

②球晶。球晶是聚合物最常见的结晶形态，它是由浓溶液或熔体冷却得到的一种多晶聚集体。在正交偏光显微镜下观察到黑十字消光图形 [图 1-20（a）]。有时观察到规则的同心消光环，这种美丽的球晶称为"环带球晶" [图 1-20（b）]。生长过程中球晶确实是球形的，但当长满整个空间时会相互截顶成为多边形。球晶也由晶片组成，其中分子链一般垂直于球晶半径方向（图 1-21），当晶片发生周期性扭转（如同麻花）时，就出现环带球晶。

其他结晶形态还有，在极高的压力下结晶得到的伸直链晶体，在应力作用下结晶得到的串晶和纤维状晶，以及沿垂直于应力方向生长成柱状晶体（柱晶）等。

低分子化合物的结晶结构通常是完善的，结晶中分子均有序排列。但高分子没有结晶度 100% 的晶体（即使是单晶），高分子结晶结构通常是不完善的，有晶区也有非晶区。一根高分子链同时穿过晶区与非晶区。也就是说，结晶高分子不能 100% 结晶，其中总是存在非晶部分，所以实际上只能算半结晶高分子，可以用缨状胶束模型来描述这种结构。晶区与非晶区两者的比例显著地影响着材料的性质。纤维的晶区较多，橡胶的非晶区较多，塑料居中。结果是，纤维的力学强度较大，橡胶较小，塑料居中（更准确的解释应当用分子间作用力）。高分子必须用结晶度来描述结晶含量的多少。结晶度定义为：试样中结晶部分所占的质量分数。

（a）聚丙烯球晶

（b）聚乙烯环带球晶

图1-20　典型球晶的正交偏光显微镜照片

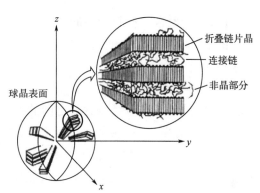

图1-21　球晶结构示意图

聚合物的结晶能力有很大差别，一般来说，分子结构越对称、越规则，越容易结晶。于是聚乙烯最易结晶，即便是从熔体中放到低温（-190℃）的液氮下也能结晶；比较易于结晶的还有尼龙、聚丙烯、聚甲醛等；比较不易于结晶，结晶度很低的有聚氯乙烯、聚碳酸酯等；完全不结晶的有聚苯乙烯、聚甲基丙烯酸甲酯等。非晶高分子的分子链构象是无规线团，由于它是各向同性的，材料是透明的，所以聚碳酸酯、聚苯乙烯和聚甲基丙烯酸甲酯的透明性很好，可用作有机光学玻璃；而结晶高分子不透明，由于晶体是各向异性的，会发生光的散射等。聚对苯二甲酸乙二醇酯（简称聚酯）是典型的能结晶，但结晶速度较慢的高分子。当熔体冷却速率很快（称为淬火）时，聚酯不结晶，成透明体；而冷却速率较慢或有意在较高温度下热处理（称为退火）时，聚酯结晶，呈乳白色（图1-22）。

（a）非晶态的透明切片

（b）晶态的乳白色切片

图1-22　聚酯切片

取向是指非晶聚合物的分子链段或整个高分子链，以及结晶聚合物的晶带、晶片、晶粒等，在外力作用下，沿外力作用的方向进行有序排列的现象。取向的目的是增加拉伸方向上的强度。取向与结晶的区别是，结晶是三维有序，而取向只是一维或二维有序。取向在高分子工业上很重要。例如纤维制品，通过单轴拉伸实现单轴取向，否则纤维没有足够的强度。薄膜制品则通过双轴拉伸实现双轴取向，使沿薄膜平面的两个方向的强度都提高。

1.2.5 聚合物材料的性质

由于聚合物的相对分子质量很大，所以其力学性质、热性质、溶解性等与小分子化合物大为不同。

（1）力学性质

烷烃的相对分子质量与性质之间的关系就能很好地说明这个问题（表1-3）。从甲烷到丁烷是气体，戊烷以上是液体，十几个碳的烷烃是半固体或固体，就是通常的凡士林或石蜡，它们没有强度。当碳数增加到2000以后，就成了聚乙烯，是一种强韧的固体。由于高分子之间总的相互作用力非常之大，甚至超过C—C之间的化学键力，所以高分子有很大的强度。

表 1-3 烷烃同系物 H（CH₂）ₙH 的相对分子质量与性质

n	相对分子质量	性状	名称	用途
1	16	气体，沸点-164℃	甲烷	天然气、燃气等
2	30	气体，沸点-88.6℃	乙烷	都市燃气等
3	44	气体，沸点-42.1℃	丙烷	都市燃气等、制冷剂
4	58	气体，沸点-0.5℃	丁烷	都市燃气等、打火机气体
5	72	液体，沸点36.1℃	戊烷	都市燃气等、发泡剂
6~8	86~114	液体，沸点90~120℃	石脑油	溶剂
18~22	254~310	半固体，油脂状，沸点300℃以上	凡士林	医药、化妆品
20~30	282~422	固体，熔点45~60℃	石蜡	蜡烛等蜡制品
2000~20000	28000~280000	强韧的固体，熔点110~137℃	聚乙烯	薄膜等

对于高分子的强度，存在着一个最低聚合度 A，一般在40以上，低于此值时，聚合物完全没强度。超过这个聚合度时开始出现强度，并随聚合度的增加强度急剧上升。当聚合度超过 B 时强度上升又变缓慢，以后趋于一定值。B 点为临界聚合度，一般约在200以上。图1-23说明了强度与聚合度的这种关系。

相对分子质量提高，有利于材料的力学性能提高。但过高的相对分子质量会导致材料熔融时

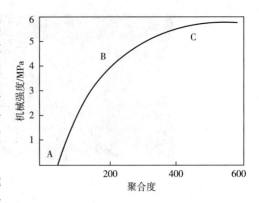

图 1-23 聚合物强度与聚合度的关系

的黏度较大，不利于材料的加工。在满足材料力学性能的前提下，高分子的相对分子质量应尽可能小一些，以有利于材料的加工。

高分子的力学性质变化范围很大，从软的橡胶状到硬的金属状。高分子普遍有很好的强度、断裂伸长率、弹性、硬度、耐磨性等力学性质。高分子的密度小（$0.91 \sim 2.3 \text{g/cm}^3$），因而其强度可与金属匹敌。如把 10kg 高分子材料与金属材料各制成 100m 长的绳子，可吊起物体的质量见表 1-4。

表 1-4　高分子绳与金属绳的力学性质的比较

材料品种	聚合物材料		金属材料	
可吊起物体的质量/kg	锦纶绳	涤纶绳	金属钛绳	碳钢绳
	15500	12000	7700	6500

把高分子样条放在拉力机上拉伸，形变（又称应变 S）与单位面积上的力（又称应力 σ）的关系示于图 1-24（应力—应变曲线）。从应力—应变曲线上可以得到以下重要力学指标：第一阶段斜率越大，表明模量越大，说明材料越硬，相反则越软；断裂（即曲线终止）时应力越大，说明材料越强，相反则越弱；断裂时应变越大，说明材料越韧，相反则越脆。

高分子材料典型的应力—应变曲线有五类（图 1-24），其代表性聚合物是：一是软而弱——聚合物凝胶；二是硬而脆——聚苯乙烯、聚甲基丙烯酸甲酯、酚醛塑料；三是软而韧——橡胶、增塑聚氯乙烯、聚乙烯、聚四氟乙烯；四是硬而强——硬聚氯乙烯；五是硬而韧——尼龙、聚碳酸酯、聚丙烯、乙酸纤维素。

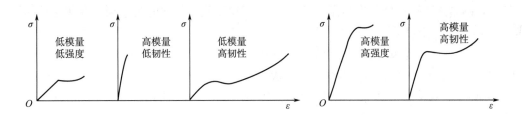

图 1-24　高分子材料的五类典型的应力—应变曲线

（2）热性质

低分子有明确的沸点和熔点，可成为固相、液相和气相。高分子没有气相。虽然大多数高分子的单体可以汽化，但形成高分子量的聚合物后直至分解也无法汽化。就像单只鸽子（比作单体）可以飞上蓝天，但用一根长绳子把鸽子拴成一串，很难想象它们能同时飞到天上（图 1-25）。况且不止结构单元间有化学键，高分子链之间还有很强的相互作用力，更难以汽化。

人们都有这样的常识，麦芽糖在夏天时是黏黏糊糊的东西，可是到了冬天却像一块石头一样硬，这是由于冷却后分子的运动变得迟钝。温度越高，材料越软，高分子也是一样的。其实，从软到硬是有一个突变温度的，这个温度是"玻璃化温度"，用 T_g 表示。低于这个温度，材料像玻璃、塑料一样硬；高于这个温度，材料像橡胶一样软。换言之，T_g 高于室温的聚合物称为塑料，T_g 低于室温的聚合物称为橡胶（或弹性体）。

（a） （b）

图 1-25　单体（比喻为鸽子）与高分子（比喻为一串鸽子）

不同聚合物的玻璃化温度是不同的，橡皮筋即使在冬天也有很好的弹性，但如果把它放到液氮中浸一下，那么橡皮筋就会像干米粉一样脆，因为天然橡胶的 T_g 是-73℃。涤纶衣服用蒸汽熨斗可以把褶皱熨平，因为涤纶的 T_g 是69℃，超过这个温度涤纶就会软化。有机玻璃板在开水中可以随意弯曲，因为此时已接近它的 T_g。所以我们室温下所观察到的橡胶或塑料是相对的，难以划一条绝对的界限，仅温度的变化便能引起性质很大的变化，这是高分子的一个特征。

由于高分子链中的单键旋转时互相牵制，即一个键转动，要带动附段链一起运动，这样每个键不能成为一个独立运动的单元，而是由若干键组成的一段链作为一个独立运动单元，称为"链段"。T_g 就是升温时链段开始运动或降温时链段运动被冻结的温度。如果高分子（所有纤维和部分塑料）处于半结晶态，则 T_g 常观察不到，加热时观察到的变化是结晶熔融，成为黏性液体，突变温度是熔点 T_m。

实际上非晶聚合物从玻璃态向黏性液体变化过程中除了 T_g 外还要经历一个转变，就是流动温度 T_f。如果将非晶聚合物在一个恒定压力的条件下加热，会记录下如图 1-26 所示的曲线，称为温度—形变曲线。在 T_g 以下，形变量很小，处于玻璃态，也就是"塑料态"；在 T_g 以上的第二阶段，形变量很大（最多可达 1000%），属高弹态，也就是"橡胶态"；在 T_f 以上的第三阶段，进入黏流态，分子链可以运动。如果还是把分子链比喻成小孩的队列，当温度较低时，分子链中的所有小孩都被冻僵了，不能活动。只有在 T_g 以上，一部

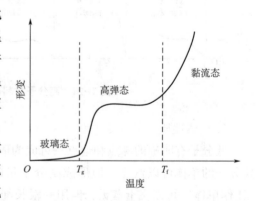

图 1-26　非晶聚合物典型温度—形变曲线

分比较活泼的小孩才开始运动。当温度进一步升高至 T_g 以上，所有小孩都动了，整根分子链就可以位移了。聚合物的加工温度要明显高于 T_f（对于非晶聚合物）或 T_m（对于结晶聚合物）。表 1-5 列出一些代表性聚合物的两个重要转变温度，即玻璃化温度 T_g（对于非晶高分

子）或熔点 T_m（对于结晶高分子）。对于半结晶高分子，会同时存在玻璃化温度和熔点，例如矿泉水瓶是非晶为主的半结晶聚对苯二甲酸乙二醇酯，加热至其玻璃化温度（74℃）时会软化变形。

表 1-5　一些聚合物的玻璃化温度和熔点

材料类别	聚合物	T_g/℃	T_m/℃
塑料	聚乙烯		137
	聚丙烯		176
	聚氯乙烯	78	
	聚苯乙烯	100	
	聚甲基丙烯酸甲酯	105	
	聚碳酸酯	150	
纤维	尼龙 66		265
	聚对苯二甲酸乙二醇酯		265
橡胶	天然橡胶	−73	
	硅橡胶	−122	

玻璃化温度或熔点的高低在很大程度上取决于化学结构。一般规律是：主链有 N、O、Si 等杂原子的分子链比较柔顺，T_g 和 T_m 都较低；主链有孤立双键时（如天然橡胶）柔顺性特好，T_g 和 T_m 都很低；主链和侧基有苯环的分子链柔顺性差，T_g 和 T_m 都较高；主链和侧基极性大或有氧键时柔顺性差，T_g 和 T_m 都较高。上述柔顺性差也就是刚性较大。其实这些化学结构影响因素也常决定了高分子的力学性能，刚性大的聚合物，T_g 高（耐热好），强度也较高，往往是工程塑料，如聚碳酸酯。

（3）溶解性

一般来说，高分子有较好的抗化学性，即抗酸、抗碱和抗有机溶剂的侵蚀。低分子溶解很快，例如食盐入水即化；但高分子是分子链很长的物质，溶解起来就需要时间，通常要24h 以上，甚至数天才能观察到溶解。高分子溶解的第一步是溶胀，由于高分子难以摆脱分子间相互作用而在溶剂中扩散，所以第一步总是体积较小的溶剂分子先扩散入高分子"线团"中使之胀大。如果是线型高分子，由溶胀会逐渐变为溶解；如果是交联高分子，只能达到溶胀平衡而不溶解。

高分子的溶解性受化学结构、相对分子质量、结晶性、支化或交联结构等的影响。总体来说有如下关系。相对分子质量越高，溶解越难；结晶度越高，溶解越难；支化或交联程度越高，溶解越难。无论是小分子或高分子，可以粗略地分为两类，一类是非极性（或极性较小）的，另一类是极性（或极性较大）的。简单来说，含氧和含氮的高分子都有极性，含氯的高分子有低的极性，只有碳、氢的高分子是非极性的。非极性的如油，极性的如水，水和油互不相溶；但水和硫酸都是极性的，两者能互溶。这是一种粗略判断分子能否相溶的原则，称为（极性或结构）相似相溶经验规律。

其实更准确地应当用分子间作用力的强弱，即内聚能的大小来衡量。内聚能定义为消除 1mol 物质全部分子间作用力时内能的增加。单位体积内的内聚能称为内聚能密度，它可用于比较不同种高分子内分子间作用力的大小。其实，聚合物的分子间作用力更常用另一个物理量——溶度参数 δ 表示，δ 定义为内聚能密度的平方根，单位为 $(J/cm^3)^{1/2}$。当聚合物与溶剂的溶度参数差小于 2 时可以互溶，即溶解的条件为：$|\delta_2 - \delta_1| < 2$。式中，$\delta$ 的下标 1 表示溶剂，2 表示高分子。

一个根据元素的粗浅记忆极性的规律是：C、H、F、Si 的 δ 较低；Cl 中等；N、O 较高。当有—NH 或—OH 基团时，进一步还会形成比极性更强的分子相互作用力——氢键，从而其 δ 值很高。一些典型聚合物的最佳溶剂如下：PE、PP——二甲苯（120℃以上才溶），PVC——环己酮，PS、NR——甲苯，PMMA、PC——氯仿，PAN——二甲基甲酰胺（DMF），尼龙——甲酸，PET——间甲酚、苯酚/四氯化碳（1:1），PVA、聚乙二醇——水，通用溶剂——四氢呋喃（THF）。

生活上就经常会遇到需要选择高分子的溶剂。比如有机玻璃制品破裂了，可以用氯仿修补；尼龙袜子破了，可以剪一块废尼龙袜，用甲酸粘上；聚氯乙烯制品损坏了，用环己酮修复。塑料制品上的残余或旧标签纸（不干胶）去不掉，由于它的主要成分是橡胶，可以用非极性的风油精或驱风油一类的油剂浸润，再用橡皮擦、橘子皮等擦除。

高分子溶液的一个重要应用是相对分子质量的测定，经典的方法是黏度法。由于在同一黏度计中黏度正比于流出时间，所以有以下关系式。

相对黏度： $\eta_r = \eta/\eta_0 = t/t_0$

增比黏度： $\eta_{sp} = \eta_r - 1 = (t - t_0)/t_0$

而高分子溶液的黏度与浓度间的关系为：

$$\eta_{sp}/c = [\eta] + K[\eta]^2 c \text{（Huggins 式）} \quad \text{和} \quad \ln\eta_r/c = [\eta] - m[\eta]^2 c \text{（Kraemer 式）}$$

式中：K 在一定的温度范围内是常数；$[\eta]$ 为特性黏数，是浓度趋于零时的比浓黏度或比浓对数黏度，即：

$$[\eta] = (\eta_{sp}/c)_{c\to 0} = (\ln\eta_r/c)_{c\to 0}$$

这样，只要利用乌氏黏度计分别测定不同浓度高分子稀溶液和纯溶剂流过黏度计上两刻度之间的时间 t 和 t_0，即可以用外推法求得 $[\eta]$（图1-27）。然后再利用 Mark-Houwink 关系式计算相对分子质量：

$$[\eta] = KM_\eta^\alpha$$

式中：M_η 为黏均分子量；K 和 α 为常数（利用文献值或预先用已知相对分子质量样品求出）。

当今常用的相对分子质量测定方法是凝胶色谱（GPC）。其分离机理一般认为是体积排除，所以又被称为体积排除色谱（SEC）。当被分析的试样随着淋洗溶剂引入柱子后，溶质分子即向填料内部孔洞扩散。较小的分子除了能进入大的孔外，还能进入较小的孔；较大分子则只能进入较大的孔；而比最大的孔还要大的分子就只能留在填料颗粒之间的空隙中。因此，随着溶剂的淋洗，大小不同的分子就得到分离，较大的分子先被淋洗出来，较小的分子较晚被淋洗出来（图1-28）。从而快速、定量地得到相对分子质量及其分布的数据。

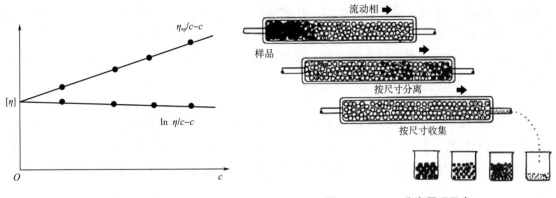

图1-27 外推法求特性黏数曲线　　　　　图1-28 GPC分离原理示意

1.2.6 聚合物材料的发展方向

高分子材料是当代新材料的后起之秀，其发展速度与应用超过了传统的金属材料和无机材料，已成为工业、农业、国防、科技和日常生活等领域不可缺少的重要材料。世界高分子材料工业的历史，从1839年建立天然橡胶硫化胶生产厂算起，不过短短180年；合成高分子材料工业的历史也不过100年。20世纪后期以来，随着世界新技术革命和经济的飞速发展，世界高分子材料产业进入了高速发展时期，世界合成高分子材料的总产量早在20世纪90年代中期已超过了金属材料。

（1）高性能化

20世纪80年代以来，由于新的工业化大品种聚合物未再出现，通过各种改性手段实现现有高分子材料及其制品的高性能化成为高分子材料的重要发展趋势。

①塑料的高性能化。塑料高性能化的方法：化学改性（茂金属催化聚合、间规聚合、超高分子量聚乙烯等）；共混与合金化（接枝、嵌段、互穿聚合物网络、相容剂技术、液晶聚合物改性）；填充（偶联剂技术、纳米复合技术等）；纤维增强（高性能纤维增强塑料、自增强技术）；注塑自增强技术；旋转注射和摆动注射成型技术。

塑料及其制品高性能化的成型加工新技术：反应挤出技术、微波技术、振动技术、挤出自增强技术、注塑自增强技术、旋转注射和摆动注射成型技术。

②橡胶的高性能化。子午线轮胎：世界轮胎子午化率达90%以上，而中国仅75%。高性能轮胎的研究开发包括"绿色"轮胎、节能轮胎、安全轮胎、高里程轮胎、智能轮胎等，其特点是兼具低滚动阻力、高抗湿滑性、高耐磨、高寿命等优良综合性能。滚动阻力下降20%~37%，节油3%~5%。汽车用非轮胎橡胶制品：汽车的轻量化对橡胶制品耐热、耐油和耐化学品性能要求提高，促进了丙烯酸酯橡胶、氯磺化聚乙烯、硅橡胶、氟橡胶、氢化丁腈橡胶、三元乙丙橡胶等的使用。减震橡胶制品可以应用于房屋建筑、汽车、桥梁、铁路、飞

机、船舰等领域。

③纤维的高性能化。高性能纤维品种有高强度纤维、高模量纤维、耐高温纤维、阻燃耐火纤维、耐腐蚀纤维等。高性能纤维的特点表现为：一是具有远优于普通纤维的物理力学性能、热性能和化学性能；二是采用高技术制备，应用于高科技或特殊领域；三是高附加值。目前，高性能纤维的主要品种有碳纤维、聚芳酰胺纤维（芳纶）、聚芳酯纤维、超高分子量聚乙烯纤维。

（2）功能化

随着高新技术的发展，各种功能化高分子材料及其制品的应用越来越广泛，品种越来越多，要求越来越高，市场需求量越来越大，从而为高分子材料产业提供了许多新的发展机遇。功能高分子材料已经或正在形成新的产业，成为高分子材料产业中极有发展前景的新的增长点。

①电子电器用高分子材料。电子电器用高分子材料有覆铜板（线路板）；感光高分子材料：随着集成电路的集成化程度的不断提高，对印刷电路感光高分子材料的要求越来越高；硅橡胶按键；磁性高分子材料：由高分子材料与磁性粉末复合而成，可记录声、光、电等信息，并有重放功能，广泛用于电子、电气、通信、航空航天、汽车、家电、计算机、复印机等。

②导电和光电高分子材料。导电聚合物不仅是高分子领域的重大发现（获得2000年诺贝尔化学奖），而且对电子信息和其他有关领域正在产生革命性的影响，正在形成21世纪的新兴产业。高分子电致发光材料，可用作平面显示器和平面光源，正在实现产业化。聚合物太阳能电池，效率已达3%，成本低。

③高分子半导体芯片。具有柔韧、易加工、价廉等优点，有可能成为新一代芯片的主角。剑桥创办了第一家塑料芯片公司，许多IT公司投入巨资研发塑料芯片。

④塑料光纤（PMMA、PS、PC等）。具有大口径、高开口数、处理方便、加工简便、价廉、接续方便等优点，适用于短距离通信网络，将会成为未来信息社会的新兴产业。

⑤生物医学高分子材料。人工脏器材料（人工心脏、人工肾、人工肺、人工骨、人造关节、人工血管等）；医用导管及其他医疗卫生用品；高分子药物，长效、缓释、靶向、治癌等。

⑥功能涂料。装饰、保护和特殊功能相结合，如导电、阻尼、阻燃防火、隔热、示温、防辐射、微波吸收、防水、自洁性、杀虫、空气净化、荧光等特种涂料。

⑦高吸水树脂。卫生用品、水土保护。

⑧高分子制品的功能化及其他。功能化，如分离功能材料；形状记忆材料；水处理材料；高分子催化剂等。

（3）复合化

①纤维增强树脂复合材料。纤维增强树脂复合材料包括玻璃纤维增强树脂复合材料（玻璃钢）和高性能（先进）复合材料。高性能纤维有碳纤维、芳纶、高模量聚乙烯纤维、氧化铝纤维、硼纤维等，高性能树脂有特种环氧树脂、聚酰亚胺、双马来酰亚胺、氰酸酯树脂、

特种热塑性树脂，如 PEEK、PSF 等。

②聚合物/无机物纳米复合材料。纳米材料是 20 世纪后期崛起的一类具有划时代意义的新材料。聚合物/无机物纳米复合材料的主要特征是复合体系的一个组分至少有一维以纳米尺寸（<100nm）均匀分散在另一组分的基体中。聚合物/无机物纳米复合材料的性能（包括力学性能、阻隔性能、阻燃性能、热性能、电性能、生物性能等）比相应的宏观或微米级复合材料有非常显著的提高，甚至表现出全新的性能。

聚合物/无机物纳米复合材料可分为以下三类。一是聚合物/粒状无机物纳米复合材料：由各种聚合物与纳米二氧化硅、纳米超细碳酸钙、纳米二氧化钛等粒状填料组成。当前主要研究如何克服纳米粒子团聚，充分发挥纳米复合效果。二是聚合物/层状无机物纳米复合材料，如各种聚合物与层状硅酸盐（蒙脱土、高岭土等）形成的插层纳米复合材料，20 世纪 80 年代才开始成功的研究开发，各国都处在实现工业化的热潮中。三是聚合物/无机纳米管纳米复合材料，如碳纳米管、埃洛石等。

（4）环境友好化

高分子材料工业是一个与环境保护密切相关的产业，不仅其生产过程存在环境污染问题，其产品在使用和废弃过程中也对环境有重大影响，高分子材料工业和高分子材料制品与环境的关系越来越引起人们的重视。随着石油资源的紧缺和油价暴涨，从可再生资源或非石油资源制备高分子材料越来越引起人们的重视。

①可降解天然高分子材料及其复合材料。淀粉塑料（全降解），纤维素塑料，聚乳酸、聚羟基酸、聚氨基酸等，可降解复合材料等。

②由非石油资源制造高分子材料。由煤制造液体燃料和烯烃：南非用煤生产液体燃料居世界领先地位，是世界第一个利用煤大规模生产石化产品的国家；由 C（甲烷、甲醇）原料制造烯烃；由 CO_2 制造高分子材料；由植物资源制造高分子材料：淀粉、纤维素、木质素、壳聚糖、聚乳酸等。美国已建有 13.6 万吨聚乳酸工厂，其成本可与石油化工产品竞争。

③废弃高分子材料的回收和再生利用。废旧高分子材料的回收利用已发展为一门新产业——E 产业，即环保产业。

a. 废塑料的回收利用。

b. 废橡胶的回收利用。作燃料，传统的再生胶产业走向衰落，废胶粉直接利用技术获得迅速发展。

④木塑复合材料。木塑复合材料（wood-plastic composites，WPC）是近年蓬勃兴起的一种新型复合材料，由占 50% 以上的木粉、稻壳、桔梗等废天然纤维与废旧热塑性塑料（PE、PP、PVC 等）经特殊工艺制成的性能优良的环保型绿色复合材料，兼有塑料与木材二者的优点，还有许多塑料与木材不具备的新特点，在包装、物流、家具、园林等许多领域具有广泛的用途（图 1-29）。木塑复合材料符合节约资源，保护生态环境，发展循环经济的原则。

WPC 行业的国内外状况。国外木塑复合材料生产和应用始于 20 世纪 90 年代，至今只有二十几年的时间；北美洲、欧洲、日本、韩国、澳大利亚、新西兰以及中国台湾地区都在大力发展木塑复合材料，木塑复合制品的年增长率达 16%。中国近年发展迅速，将以年增长率

50%以上的速度发展。

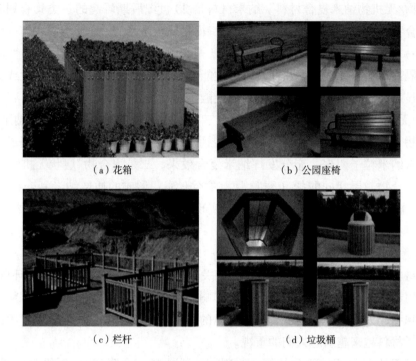

(a) 花箱　　　　　　　　　　　　　　(b) 公园座椅

(c) 栏杆　　　　　　　　　　　　　　(d) 垃圾桶

图1-29　木塑园林产品

⑤高分子材料生产和使用过程中的环保问题。粉尘污染和溶剂污染的问题是一方面。另一方面，某些橡胶促进剂（TMTD、NOBS）和防老剂（胺类）具有致癌作用，必须用其他品种代替。取缔或限制使用有毒重金属助剂和部分含溴阻燃剂（欧盟ROHS指令）。开发非卤阻燃剂（无机阻燃剂、含磷氮阻燃剂、含硅阻燃剂等）。高分子材料及其制品，特别是制鞋和橡胶生产过程对环境的污染及对工人的危害已成为一个众所周知的问题，要从技术和法规上加以解决。减少挥发性有机物的排放，满足环保法规，涂料正朝着水性涂料、高固体分涂料、粉末涂料和辐射固化涂料等绿色涂料方向发展。另外装修污染的问题也引起人们的关注。

⑥环境友好、绿色化学和可持续发展的概念。从"原子经济性"的原则出发，从化学原理的源头减少或消除环境污染，减少资源和能源的浪费；尽可能节约不可再生的原料资源，使用可再生的生物资源作原料；采用无毒无害的原料、催化剂、溶剂和助剂；采用高效、节能、清洁的化工生产过程强化技术，最大限度减少废料排放；兼顾产品的经济效益、社会效益和环境效益，走可持续发展的道路。

（5）信息化

计算机在高分子材料设计中的应用：进行配方设计与优化，计算机辅助产品结构设计，计算机辅助工程设计，计算机模拟仿真等。计算机用于高分子材料制品生产工艺的控制：从微机控制混炼、压延、挤出、成型、硫化到整个生产线的自动控制。信息化管理和电子商务：网上采购、销售、访问客户等。

（6）全球化与规模化

2001 年道化学与联碳公司合并，2005 年其乙烯生产能力达 1316 万吨/年，占全球的 11% 左右；美国埃克森公司兼并美孚石油公司成为世界第二大乙烯公司；2005 年世界十大乙烯公司占世界乙烯产能的 63.2%。世界轮胎十强占领了全球轮胎市场的 80%，三大轮胎巨头（法国米其林、美国固特异和日本普利司通）又集中了十强中 60% 左右的生产能力、36% 的生产厂和 54% 的轮胎产量。乙烯装置的规模越大，生产成本越低，竞争力越强。全球乙烯的平均规模由 1996 年的 37.11 万吨/年增加到 2005 年的 45.1 万吨/年。

（7）知识化

高素质的人才是大力发展高新技术的关键，国外大型橡胶公司招募优秀人才集中于其研究开发中心，给予优越的工作条件和待遇，通常达 5000 人以上。国外高分子材料公司每年的科技开发投入通常占销售额的 2%~3%，有的达到 4%~6%。

纤 维 篇

第2章 纤维材料基础知识

2.1 概述

2.1.1 纤维的分类

纺织纤维可分为两大类：一类是天然纤维（属生物质原生纤维），指自然界存在和动植物生长过程中形成的纤维，如棉、麻、毛、丝及矿物纤维等；另一类是化学纤维（chemical fibers），是以天然或合成高分子化合物为原料经化学处理和机械加工制得的纤维。根据原料来源的不同，化学纤维又可分为生物质纤维和合成纤维。

（1）生物质纤维

生物质是指利用大气、水、土壤等通过光合作用而产生的各种有机体，包括植物、动物和微生物等。生物质纤维是以生物质或其衍生物为原料制得的化学纤维的总称。除原生生物质纤维外，生物质纤维还包括：生物质再生纤维和生物质合成纤维。

①生物质再生纤维。指以生物质或其衍生物为原料制备的化学纤维，如再生纤维素及纤维素酯纤维（黏胶纤维、铜氨纤维、醋酸纤维等）、蛋白质纤维、海藻纤维、甲壳素纤维以及直接溶剂法纤维素纤维［如莱赛尔纤维（Lyocell）］等。

②生物质合成纤维。指采用生物质材料并利用生物合成技术制备的化学纤维，如聚乳酸类纤维（PLA）、聚对苯二甲酸丙二醇酯纤维（PTT）、生物质尼龙纤维（如生物基 PA56、PA510、PA1010）等。

（2）化学纤维

化学纤维是指以煤、石油、天然气等为原料，经反应制成合成高分子化合物（成纤高聚物），经化学处理和机械加工制得的纤维。

化学纤维的分类如图2-1所示。

目前世界上生产的化学纤维品种很多，多达几十种，但得到重点发展的只有几大品类，如再生纤维中的黏胶纤维，合成纤维中的聚酯纤维、聚酰胺纤维、聚丙烯腈纤维、聚丙烯纤维以及聚乙烯醇纤维、聚氯乙烯纤维、聚氨酯弹性纤维等。特种用途的纤维，如功能纤维、高性能纤维等，生产量虽然不大，但在越来越多的领域中发挥着重要作用。表2-1为化学纤维的主要品种，表2-2为常见化学纤维主要性能及其主要应用领域。

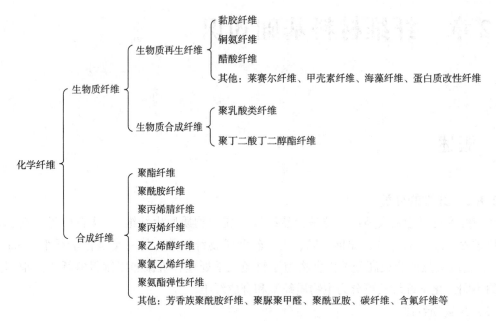

图 2-1　化学纤维分类

表 2-1　化学纤维的主要品种

类别	学名	单体	主要重复单元的化学结构式	商品名称	英文名称	英文缩写
聚酯纤维	聚对苯二甲酸乙二酯纤维	对苯二甲酸或对苯二甲酸二甲酯、乙二醇或环氧乙烷	$-C-\!\!\!\!\bigcirc\!\!\!\!-C-O-(CH_2)_2-O-$	涤纶	polyethylene terephthalate fiber	PET
	聚对苯二甲酸丙二酯纤维	对苯二甲酸或对苯二甲酸二甲酯、1,3-丙二醇	$-C-\!\!\!\!\bigcirc\!\!\!\!-C-O-(CH_2)_3-O-$	Corterra	polytrimethylene terephthalate fiber	PTT
	聚对苯二甲酸丁二酯纤维	对苯二甲酸或对苯二甲酸二甲酯、1,4-丙二醇	$-C-\!\!\!\!\bigcirc\!\!\!\!-C-O-(CH_2)_4-O-$	Finecel	polybutylene terephthalate fiber	PBT
脂肪族聚酰胺纤维	聚己内酰胺纤维	己内酰胺	$-NH-(CH_2)_5-CO-$	PA6、尼龙 6	polyamide fiber	PA6
	聚己二酰己二胺纤维	己二胺、己二酸	$-NH-(CH_2)_6-NH-CO-(CH_2)_4-CO-$	PA66、尼龙 66		PA66

续表

类别	学名	单体	主要重复单元的化学结构式	商品名称	英文名称	英文缩写
芳香族聚酰胺纤维	聚间苯二甲酰间苯二胺纤维	间苯二胺、间苯二甲酸	—C(=O)—〔苯〕—C(=O)—NH—〔苯〕—NH—	芳纶1313、Nomex	aramid fiber	PA1313
	聚对苯二甲酰对苯二胺纤维	对苯二胺、对苯二甲酸	—C(=O)—〔苯〕—C(=O)—NH—〔苯〕—NH—	芳纶1414、Kevlar		PA1414
聚丙烯腈纤维	聚丙烯腈纤维（是丙烯腈与15%以下其他单体的共聚物纤维）	除丙烯腈外，第二、第三单体有：丙烯酸甲酯、乙酸乙烯、苯乙烯磺酸钠、甲基丙烯磺酸钠等	$-CH_2-CH-$ (CN)	腈纶 PAN	polyacrylonitrile fiber	PAN
聚烯烃纤维	聚丙烯纤维	丙烯	$-CH_2-CH-$ (CH$_3$)	丙纶 PP	polypropylene fiber	PP
	聚乙烯纤维	乙烯	$-CH_2-CH_2-$	乙纶 PE	polyethylene fiber	PE
聚乙烯醇纤维	聚乙烯醇缩醛纤维	醋酸乙烯酯	$-CH_2-CH-CH_2-CH-$ (O—CH$_2$—O) 或 $-CH_2-CH-$ (O—CH$_2$—O) —CH$_2$—CH—	维纶、维尼纶	polyvinyl formal	PVF
聚氯乙烯纤维	聚氯乙烯	氯乙烯	$-CH_2-CH-$ (Cl)	氯纶	polyvinyl chloride fiber	PVC
弹性纤维	聚氨酯弹性纤维	聚酯、聚醚、芳香族二异氰酸酯、脂肪族二胺	—NH—(CH$_2$)$_2$—NH—CO—NH—R—NH—COO—X—OOCNH—R—NHCO— R=芳基；X=聚酯或聚醚	氨纶、莱卡 Lycra	polycarbaminate fiber	PU

类别	学名	单体	主要重复单元的化学结构式	商品名称	英文名称	英文缩写
再生纤维	黏胶纤维	天然高分子化合物	CH₂OH ... OH（环状结构式）	黏胶纤维	viscose fiber	
	铜氨纤维				cuprene fiber	
	醋酸纤维素酯纤维				acetate fiber	
	莱赛尔纤维			天丝	lyocell fiber	

表 2-2　常见化学纤维的主要性能及应用领域

化学纤维种类	具体品种	性能	应用领域
合成纤维	涤纶	强度高、弹性好。抗皱性强，相对于锦纶在强度、耐磨性、回弹性、吸湿性等方面差	各种服装面料、装饰材料和产业用织物等
	锦纶	常见的品种有锦纶6和锦纶66，强度和耐磨性均居合成纤维前列；良好的耐寒、耐蛀、耐腐蚀、吸湿性能；织物质轻、防皱性优良、透气性好，但易吸水	高端服饰面料及产业用纺织品，装饰地毯等
	腈纶	与羊毛相似，有"合成羊毛"之称；质轻、保暖、手感柔软、防蛀、防霉，但强度不高、耐磨性和耐酸性差	混纺织物，或代替羊毛制成膨体绒线、毛毯、地毯等
	维纶	吸湿性好，与棉花相近；弹性、染色性、耐热水性差，缩水率大，尤其是热水洗涤后易变形	与棉花混纺，或制作帐篷、帆布、渔网等
	丙纶	化学纤维中质量最轻、高强度、不吸水、耐酸碱，做成的面料具有导湿排汗功能。但光热稳定性差，染色性差，采用纺前着色	箱包织带、工业织物和运动服装面料等
	氯纶	耐酸碱、难燃、良好的保暖性和耐日光性。耐热性差，染色困难，容易产生和保持静电，发展受到一定限制	装饰和产业用布，如人造革、毛毯、滤布、帐篷、沙发布等
	氨纶	弹性好，但强度差，耐酸碱性较差	弹性织物，用作内衣、运动服、紧身衣，牛仔裤、泳装和舞台服装等
	碳纤维	高强度、高模量的高性能纤维，兼具碳材料抗拉伸和纤维柔软可加工性两大特征	国防军工和部分民用领域
	芳纶	高强度、高模量、耐高温、耐酸碱、质轻、绝缘、抗老化、生命周期长	防弹制品、特种防护服装、电子设备等
	其他	除上述合成纤维以外的其他合成纤维	

化学纤维种类	具体品种	性能	应用领域
人造纤维	黏胶、醋酯、铜氨	与棉相似，易染色，吸湿性好；湿强度低，遇水后纤维膨胀、发硬	制作服装面料、床上用品及装饰织物等

2.1.2 世界纤维工业发展概况

早在 17 世纪就有人提出，人类可以模仿桑蚕吐丝生产纺织纤维。经过两百多年的探索，1884 年，法国人查尔德内特将硝酸纤维素溶解在乙醇或乙醚中制成黏稠液，再用细管冲到空气中凝固而形成细丝，制得纤维素硝酸酯纤维，并于 1891 年在法国建厂进行工业生产。虽然因纤维素硝酸酯纤维易燃，生产中使用的溶剂也易燃，纤维质量差而未能使之大量发展，但从此开始了化学纤维工业的历史。

1901 年，人们采用纤维素铜氨溶液为纺丝液，经化学处理和机械加工制得铜氨纤维并实现工业化生产。这种纤维手感柔软，富有光泽，可用于织造纺织品，但生产成本较高。1905 年，采用二硫化碳与碱纤维素作用，得到溶解性纤维素黄原酸酯，再经纺丝及后加工制成黏胶纤维并实现工业化生产。由于黏胶纤维的原料来源丰富，辅助化工原料价廉，织物穿着性能优良，所以发展成生物质纤维中主要的品种——黏胶纤维。继黏胶纤维之后，醋酯纤维、海藻纤维、甲壳素纤维和聚乳酸纤维以及蛋白质改性纤维等生物质纤维也相继实现了工业化生产。

此后，由于再生纤维原料受到自然条件的限制，人们试图以合成聚合物为原料，制得性能更好的纤维。1935 年，卡洛泽斯以己二胺、己二酸为原料合成聚酰胺 66，再经熔融纺丝制成聚己二酰己二胺纤维，并在美国实现工业化生产。1941 年，由德国人施莱克发明的聚己内酰胺纤维在德国实现了工业化生产。1946 年，德国又开始了聚氯乙烯纤维的工业化生产。20 世纪 50 年代初期，聚丙烯腈纤维、聚乙烯醇缩甲醛纤维、聚酯纤维等相继实现了工业化生产。1960 年，聚烯烃纤维中的主要产品聚丙烯纤维在意大利实现了工业化生产。随后，因石油化工的迅猛发展促进了合成纤维工业的发展。世界合成纤维的产量于 1962 年超过了羊毛，1967 年又超过了生物质纤维。2017 年世界化纤总产量 6693.6 万吨，在全球纺织用纤维总量的 9371.4 万吨中占 71.4%，化学纤维已成为主要纺织原料，至 2022 年，我国化学纤维产量已经达到了 6697.8 万吨。我国和世界化学纤维各阶段的产量见表 2-3。

表 2-3 我国和世界化学纤维产量 单位：kt

年份	中国			世界		
	总量	合成纤维	再生纤维	总量	合成纤维	再生纤维
1960	10.6	0.2	10.4	3310	702	2608
1965	50.1	5.2	44.9	5390	2052	3338

年份	中国			世界		
	总量	合成纤维	再生纤维	总量	合成纤维	再生纤维
1970	100.9	36.2	64.7	8136	4700	3436
1975	154.8	65.7	89.1	10311	7352	2959
1980	450.5	314.3	136.2	13818	10476	3342
1985	947.9	770.6	177.3	15420	12489	2931
1990	1648.0	1357.0	216.0	17715	14869	2846
1995	2885.3	2449.9	435.4	20646	18197	2449
2000	6711	6103	608	28159	25886	2273
2005	16292	15065	1227	37930	34600	3330
2010	30698	28524	2174	53800	50200	3600
2013	41603	37699	3904	59165	54368	4796
2017	48771	43541	5230	66936	61576	5360

随着科学技术的不断进步，人们开始利用化学改性和物理改性手段，通过分子设计，制成具有特定性能的第二代化学纤维，即"差别化纤维"。特别是进入20世纪70年代以后，随着化学纤维产量的迅速增长，市场竞争加剧，常规化学纤维的经济效益不断下降；同时人们对纺织纤维的需求范围越来越广，性能要求越来越高，特殊功能纤维的应用领域不断扩展，致使世界各大化学纤维制造厂商逐步开始注重差别化纤维的研究与开发，以使化学纤维的染色、光热稳定、抗静电、防污、阻燃、抗起球、蓬松手感和吸湿等性能都有较大改进。各种仿毛、丝、麻和棉的改性产品也在逐步开发，并投入生产。差别化纤维在化学纤维中的比例迅速增加，如日本差别化纤维的产量已占其全部合成纤维的50%以上。其中，原液着色、异形和复合纤维，在近年开发的高附加值织物中被大量采用。涤纶仿真丝产品由于外观、手感、悬垂性和穿着舒适性等大为改善，在国际市场上也受到青睐。

同时，随着化学纤维应用领域不断扩大，一些具有特殊性能的第三代化学纤维不断问世。强度为19~22cN/dtex、模量为460~850cN/dtex的高强度、高模量纤维——聚对苯二甲酰对苯二胺纤维；在304℃下连续加热1000h强度仍保持64%、在火焰中难燃、具有自熄性的耐高温纤维——聚间苯二甲酰间苯二胺纤维；伸长率为500%~600%时，弹性回复率为97%~98%的弹性纤维——聚氨酯弹性纤维；在纤维中化学稳定性最优异的高温耐腐蚀纤维——聚四氟乙烯纤维；在175℃热空气中稳定、耐超高电压500kV以上的电绝缘纤维——聚2,6-二苯基对苯醚纤维等。另外，还有在大分子中引入磺酸基、羧基和氨基等活性基团，使纤维具有离子交换、捕捉重金属离子功能的离子交换纤维；采用折射率不同的两种透明高分子材料，通过特殊复合技术制成的光导纤维；具有多微孔结构，表面有很强吸附特性的活性炭纤维；具有微孔结构，在压力差、浓度差或电位差的推动下，进行反渗透、超滤和透析用中空纤维膜等。

在化学纤维中，黏胶纤维是生物质纤维的主要产品，在20世纪70年代以前，曾是化学纤维的第一大品种。后来，随着合成纤维工业技术的高速发展，它不仅在化学纤维中相对比例减少，而且绝对产量也有所下降。但是近年来，由于市场需求量大，而且工业污染较小的新型"生物质纤维"的研制和投产不断取得成功，黏胶纤维的产量出现了新的增长势头。在合成纤维中，占主导地位的是聚酯纤维、聚酰胺纤维和聚丙烯腈纤维三大品种，尤其是作为后起之秀的聚酯纤维在化学纤维中居于遥遥领先的地位。聚丙烯纤维由于原料成本低，在纤维改性和应用研究方面不断取得进展，产量不断增加。

2017年，世界纤维总产量比2016年增长5.6%，达到9371万吨，突破9000万吨大关，创历史新高。其中，化学纤维增长4%，为6694万吨（除聚烯烃纤维和醋酯丝束），继续保持第9年上升的势头；棉花产量经过2012~2015年持续萎缩4年并创出近十多年产量新低后，连续两年大幅回升，2017年增长10.6%至2543万吨，主要国家和地区的化纤产量及环比升降比例见表2-4。

表2-4　主要国家和地区的化纤产量及环比升降比例（2017年）　　　　单位：kt

国家和地区	涤纶		锦纶	腈纶	合纤合计	纤维素合计	化纤合计
	长丝	短纤维	长+短	短纤维			
中国	28964	10261	2825	584	43541	5230	48771
	5.3	5.2	11.6	−7.5	5.5	4.3	5.4
日本	121	93	98	120	587	67	654
	−2.3	−16.4	8.3	−5.4	−2.6	8.3	−1.6
韩国	606	614	94	54	1368		1368
	−3.1	4.3	−7.3	1.3	−0.1		−0.1
东盟	1443	1212	153	129	2936	631	3567
	2.6	4.3	2.2	−0.1	3.1	0.1	2.6
印度	3508	1333	154	93	5096	579	5675
	5	−6.3	0.3	−9.7	1.4	4.2	1.6
美国	650	667	539		1966	18	1984
	0.5	4.9	−5.2		0.1	−5.9	0.1
西欧	519	545	375	477	1980	381	2361
	18.9	2.8	2.7	−0.3	5.6	−0.3	4.6
世界合计	37265	16602	4926	1611	61576	5360	66936
	4.6	3.5	6	−5.8	4.1	2.5	4.0

中国化纤产量占世界的比例从2008年的60%持续扩大到2015年的72.9%，达到历史峰值后，于2016年首次出现回落，2017年又增加达到71.4%的水平；印度成为仅次于中国的世界第二大化纤生产国，但2017年其产量仅占世界的8.5%，总量上与中国仍相差甚远。

2.1.3 我国纤维工业发展概况

我国是世界上最早生产纺织品的国家之一，中国纺织经历了 2500 多年漫长而辉煌的历史。中华人民共和国成立以来，纺织行业与民族复兴同频共振，中国纺织工业在纺织人一点一滴的耕耘下，从一穷二白，到有限供应，再到衣被天下；从蹒跚起步，到快速前进，再到高质量发展，现已形成全球最完备的纺织产业链，成为全球最大的化纤、纺织品服装生产国、消费国和出口国，中国化学纤维产量已占据全球 70% 以上。

作为中国纺织产业链体系中稳定发展和持续创新的核心支撑，化纤工业是国际竞争优势产业，也是新材料产业的重要组成部分。在过去几十年的快速发展中，中国化纤逐步由跟跑、并跑转入领跑的新阶段，但面临的竞争压力也不断加大，结构调整和产业升级的需求也更为迫切。在 2023 年中国化纤科技大会上，来自化纤行业的专家聚焦纺织化纤现代化产业体系建设，探讨新形势下化纤行业高端化、绿色化、可持续发展之路。

（1）我国化学纤维行业产业链

化学纤维行业的上游行业为石化行业，由石油加工制成的 PTA、MEG、PET 等原材料经过聚酯、切片、纺丝等工艺流程制成化学纤维。化学纤维经过织造、染色、后整理等流程制成化学纤维面料，化学纤维面料最终用于制造服装、家纺等产品。鉴于石油能源的战略地位，上游原材料行业的进入门槛较高，集中度和垄断性较强，化学纤维企业向上游议价能力较弱。受国际油价影响，PTA、MEG 等原材料价格持续波动，从而导致化学纤维行业利润在一定幅度内波动。化学纤维行业作为一种高技术纤维制造业，与下游纺织工业的关联度非常高，纺织工业的发展速度和产品档次直接决定了化学纤维市场的发展前景。

（2）化学纤维行业发展历程

化学纤维行业的起步（1949~1978 年）。改革开放以前，我国化学纤维工业走的是从"0"到"1"的过程。在这段时间内，中国的化纤设备走的是老厂改造、技术引进、合理消化吸收，到部分设备的国产化之路；在化纤的发展品种上，一开始以黏胶纤维为主，后来发展为黏胶纤维与合成纤维并举，初步解决了中国人民的穿衣原料问题。20 世纪 70 年代，我国陆续建成的"四大化纤"基地，主要包括上海石油化工总厂、辽阳石油化纤厂、天津石油化纤厂和四川维尼纶厂，总规模为 35 万吨/年。通过"设备技术引进加国产设备"的组合，大大提高了我国化纤生产的技术水平和自给能力。我国在 20 世纪 70 年代后期的合成纤维品种以及生产技术已经能够基本达到发达国家的化纤生产水平。

组建第二批化纤工业基地（1978~1983 年）。改革开放以来，全党的工作重点转移到经济建设上来，由此，中国化纤事业也在这种利好因素推动下踏上了迅速发展之路。1978~1983 年，在"四大化纤"项目基础上，纺织工业部在全国建立了第二批大型化纤厂，这一时期我国的化学纤维及纺织品产量得到大幅度提升，也是在这一时期，化纤产品的经营逐步由政府计划向市场化转型。

民营、三资企业陆续涌现（1984~2000 年）。随着中国的改革开放，化纤行业陆续出现了民营企业、中外合资企业、外资企业。一些国有化纤企业通过企业改制，有的变成混合型股份制公司，有的转变成了民营企业。行业投资者的增加，带动我国化学纤维产能和产量的提升，到 2000 年，我国开始成为世界上化纤产量最大的国家。

出口市场迎"入市"新机遇（2001~2007 年）。中国加入 WTO 给整个中国化纤行业带来了一次历史性机遇，我国成为世界化纤生产基地与出口基地。这一时期是我国化纤行业成长最快的时期。我国化纤产量从 2000 年的 694.2 万吨，到 2007 年增长至 2393.1 万吨，7 年间其增长率为 245%。也是在这一时期，浙江恒逸、浙江荣盛、江苏恒力、江苏盛虹、浙江华峰氨纶等民营企业得到迅速发展，民营化纤企业开始做大做强。

化纤工业转型升级，推进智能制造（2008 年至今）。2008 年全球金融危机使得中国化纤行业遭遇了加入 WTO 后的第一次困难处境。2009 年中华人民共和国国务院推出了《纺织工业调整和振兴规划》，此后国家又多次发文，推动我国化纤工业转型升级。中国的化纤工业走上靠智能设备提升生产效率，差异化提高产品附加值时代。

（3）化学纤维行业商业模式

化学纤维行业的主要盈利模式为通过相对稳定的加工费获取毛利。由于其下游为充分竞争的纺织、印染、服装和家纺等行业，因此化学纤维的定价主要取决于原材料价格、市场供求关系等。行业内企业通过不断加大技术创新力度，扩充产品结构，提高产品差别化率，在加工费的基础上最大化地获取产品的附加值。化纤企业在激烈的市场竞争中逐步意识到，单纯依靠单一产业的竞争，企业的抗风险能力比较弱，企业盈利的波动性比较大。随着技术的进步和行业中龙头企业综合实力的进一步增强，行业龙头企业纷纷向其现有产业的上下游产业进行延伸，做大做强产业链，以抵抗行业波动的风险，打造一体化产业链的趋势愈发明显。完整的产业链有助于企业在各个生产阶段实现资源共享，从而有效降低生产及管理成本，进而提升盈利能力，具有较强的产业链竞争优势。

（4）化学纤维行业政策环境分析

①行业监管体制。我国对化学纤维制造业的宏观调控主要通过国家发改委以及工信部来实施。本行业企业遵循市场化原则自主经营，主管部门对行业的管理主要为宏观调控。国家发改委和工信部负责化学纤维产业政策的制定，并监督、检查其执行情况，研究制定行业发展规划，指导行业结构调整，实施行业管理，参与行业体制改革、技术进步和技术改造、质量管理等工作。

中国化学纤维工业协会为我国化纤行业自律性组织，承担化纤行业的引导、联系、交流、协调、促进和服务职能。中国化学纤维工业协会的主要职能包括：发挥政府与化纤企事业单位之间的桥梁和纽带作用，引导和促进我国化纤产业的有序、高效和健康发展；促进化纤行业的技术进步，增强企业与科研单位的技术合作，提高自主创新能力、生产工艺、技术水平和研发的实力，促进科技成果转化，加快我国化纤产业的发展步伐；加强相关的技术标准工作；规范行业行为，增强我国化纤的市场竞争力；开展国内外化纤产业发展的调研活动；开展化纤的推广应用；根据产业特点，开展节能降耗、清洁化生产，促进我国化纤产业的可持续发展；开展国际和行业间的交流活动，提高我国化纤产业在全球竞争中的地位。

②行业主要政策。近年来，在我国纺织工业产业结构升级的大背景下，国家一直非常重

视化学纤维行业发展，鼓励我国化纤工业研发创新，开发高性能、高附加值的纤维材料；推动化纤工业数字化转型，加强智能装备研发应用；完善绿色制造体系，降低碳排放强度；打造中国纤维和企业品牌。近年来国家先后出台了多项发展规划或产业政策支持化学纤维行业发展。2016年以来我国化学纤维行业的主要政策见表2-5。

表2-5 化学纤维行业主要政策

政策名称	发布时间	发布单位	主要相关内容
《关于化纤工业高质量发展的指导意见》	2022年4月	工信部、发改委	到2025年，规模以上化纤企业工业增加值年均增长5%，化纤产量在全球占比基本稳定。行业研发经费投入强度达到2%，高性能纤维研发制造能力满足国家战略需求。企业经营管理数字化普及率达80%，关键工序数控化率达80%，绿色纤维占比提高到25%以上，生物基化学纤维和可降解纤维材料产量年均增长20%以上，废旧资源综合利用水平和规模进一步发展，行业碳排放强度明显降低。形成一批较强竞争力的龙头企业
《重点新材料首批次应用示范指导目录》	2021年12月	工信部	将高性能纤维及复合材料列为关键战略材料
《纺织行业"十四五"科技发展指导意见》	2021年7月	纺织工业联合会	推进纤维新材料、先进纺织制品、绿色制造、智能制造等关键共性技术及装备研发与应用；大力发展功能纺织品加工技术，开发保暖、弹性、抗菌、导湿速干、防紫外、防异味等功能产品
《纺织行业"十四五"发展纲要》	2021年6月	纺织工业联合会	加强关键技术突破。深入实施创新驱动发展战略，打造纺织行业原创技术策源地。重点围绕纤维新材料、纺织绿色制造、先进纺织制品、纺织智能制造与装备四个领域开展技术装备研发创新，补齐产业链短板技术，实现产业链安全和自主可控，强化行业关键技术优势
《产业结构调整指导目录》	2019年10月	发改委	2019版指导目录分为鼓励类、限制类、淘汰类三个类别。其中高性能纤维开发、生产与应用属于鼓励类
《纺织行业产融结合三年行动计划》	2018年3月	纺织工业联合会	纤维新材料（包括常规纤维的在线添加，多功能、多组分复合等差异化生产以及高端产业用纺织品等）、绿色制造（包括原液着色纤维等）被列入促进产融结合重点领域推荐目录
《新材料关键技术产业化实施方案》	2017年12月	发改委	重点发展土工建筑纺织材料，高端医卫非织造材料及制品高性能安全防护纺织材料，高温过滤纺织材料等产品
《战略性新兴产业重点产品和服务指导目录》	2017年1月	发改委	抗菌抑菌纤维材料，抗静电纺织材料，阻燃纤维材料，抗熔滴纤维材料，相变储能纤维材料，导电纤维材料，抗辐射纺织材料，抗紫外线功能纤维材料，耐化学品纤维材料，轻量化纤维材料，土工纤维材料，医卫纤维材料，环保滤布材料、防刺防割布料等新型化学纤维及功能纺织材料被列入目录

续表

政策名称	发布时间	发布单位	主要相关内容
《产业用纺织品行业"十三五"发展指导意见》	2016年12月	工信部	协同上下游产业链共同拓展高性能纤维、生物基纤维、产业用专用纤维,以及石墨烯等功能新材料的应用,大力开发产业用纺织品新品种,提高产品性能,拓展应用新领域
《化纤工业"十三五"发展指导意见》	2016年11月	发改委、工信部	着力提高常规化纤多种改性技术和新产品研发水平,重点改善涤纶、锦纶、再生纤维素纤维等常规纤维的阻燃抗菌、耐化学品、抗紫外等性能,提高功能性、差别化纤维品种比重

(5)化学纤维行业发展现状分析

化学纤维织物在其热、湿舒适性、手感、光泽和外观等性能方面不断改进,一些化纤仿棉、仿丝、仿毛产品的产品外观及服装用性能逐渐与天然纤维织物接近,某些性能甚至优于天然纤维,化纤纺织品的地位逐渐提升,化学纤维开始被用于各种面料。近年来我国化学纤维产量总体呈现较快增长态势,根据国家统计局数据统计,2013年我国化学纤维总产量为4160.3万吨,至2022年已达到6697.8万吨,如图2-2所示。

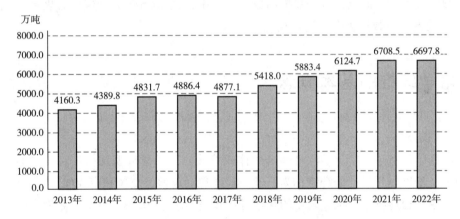

图2-2　2013~2022年中国化学纤维产量情况

①化学纤维整体技术进步显著。我国高性能化学纤维的技术水平、产业化开发取得重大进步,未来将进一步提升高性能化学纤维重点品种的生产和应用技术,进一步提高化学纤维的性能指标稳定性,同时拓展高性能纤维在航空航天、海洋工程、先进轨道交通、新能源汽车和电力等领域的应用。

②化学纤维应用领域正在不断拓宽、渗透。随着居民可支配收入增加,对生活标准要求提升,对环保的日益重视,化学纤维应用市场不断拓宽,已相继开发出了高强、阻燃、抗静电、防污、抗紫外、抗老化、远红外、导电等差别化化学纤维,以及细旦、超细旦、异形截面化学纤维等。近年来,随着纳米技术、微胶囊技术、电子信息技术等前沿技术的兴起,智

能纤维得以迅速发展。智能化学纤维的发展不仅可以赋予传统纤维新的功能，还开拓了纤维在太阳能电池、航空航天、生物医学等高科技领域的应用。

③低碳排放是化学纤维制造技术的重要发展方向。当前，碳捕获与新能源、新材料、新装备耦合的技术组合正成为实现整个经济体系低碳发展的重要驱动力。作为物质承载和产业源头，低碳技术的突破对于整个产业的低碳与循环发展的实现具有重要意义。随着环境成本变得更加透明和可衡量，低碳约束从企业自身向着产业链上下游、各利益相关方延伸。推进产品全生命周期的低碳排放成为趋势。

④绿色环保促进化学纤维发展。近年来，国家大力推行绿色工业发展，对环保要求趋于严格，化学纤维的绿色制造将迎来新的发展机遇。如采用母粒进行纺前着色，纺丝成型后可得到特定的颜色，使得下游生产的过程中无须印染，避免了染色环节产生的废液对环境的污染，显著提高了纺织品的绿色环保程度。另外，人们对生态环境越来越重视，绿色纤维将更容易受到消费者的青睐。在绿色环保的大背景下，化学纤维行业将进入新的发展期。

⑤化学纤维企业加快数字化转型。随着行业产能的增长，数字化建设的需求也在与日俱增，行业龙头企业早已开始数字化建设探索之路，从浙江省的"数字化工厂""化纤工业互联网平台"等名单可以看出目前已初具成效。未来我国化学纤维企业将加强智能装备研发应用，突破数字关键技术断点，进一步提高数字化水平，到2025年企业经营管理数字化普及率达到80%，关键工序数控化率达到80%。

2.2　化学纤维的基本概念

2.2.1　长丝

在化学纤维制造过程中，纺丝流体（熔体或溶液）经纺丝成型和后加工工序后，得到的连续不断的、长度以千米计的纤维称为长丝。长丝包括单丝、复丝和帘线丝。

单丝：指一根连续单纤维。较粗的合成纤维单丝（直径0.08~2mm）称为鬃丝，用于制作绳索、毛刷、日用网袋、渔网或工业滤布等。

复丝：由多根单纤维组成的丝条。绝大多数的服用织物均采用复丝织造，因为由多根单纤维组成的复丝比同样直径的单丝柔顺性好。化学纤维的复丝一般由8~100根单纤维组成。

帘线丝：用于织造轮胎帘子布的丝条，俗称帘线丝。一般由一百多根至几百根单纤维组成。

2.2.2　短纤维

化学纤维经切断而成一定长度的纤维，称其为短纤维。根据切断长度的不同，短纤维可分为棉型、毛型和中长型纤维。

棉型短纤维：长度为25~38mm，纤维较细（线密度1.3~1.7dtex），类似棉纤维，主要用于与棉纤维混纺。例如，用棉型聚酯短纤维（涤纶）与棉混纺得到的织物称"涤/棉"织物。

毛型短纤维：长度为70~150mm，纤维较粗（线密度3.3~7.7dtex），类似羊毛，主要用于与羊毛混纺。例如，用涤纶毛型短纤维与羊毛混纺得到的织物称"毛/涤"织物。

中长纤维：长度为51~76mm，纤维的线密度为2.2~3.3dtex，介于棉型短纤维和毛型短纤维之间，主要用于织造中长纤维织物。

短纤维除可与天然纤维混纺外，还可与其他化学纤维的短纤维混纺，由此得到的混纺织物具有良好的综合性能。此外，短纤维也可进行纯纺。

2.2.3 丝束

丝束是由大量单纤维汇集而成。用来切断成短纤维的丝束由几万根至几百万根纤维组成，以提高短纤维的生产能力，由6000根聚丙烯纤维组成的丝束，用于生产香烟过滤嘴。

2.2.4 异形纤维

在合成纤维成型过程中，采用异形喷丝孔纺制的、具有非圆形截面的纤维或中空纤维，称为异形截面纤维，简称异形纤维。图2-3所示为几种制造异形纤维所用喷丝孔的形状和相应的纤维横截面形状。

(a) 喷丝孔的形状　　　　　　　　　　　(b) 相应的纤维横截面

图2-3　几种非圆形喷丝孔形状及相应纤维横截面形状

需要说明的是，采用圆形喷丝孔湿纺所得纤维（如黏胶纤维和腈纶等）的横截面也并非正圆形，可能呈锯齿形、腰子形或哑铃形。尽管如此，它们并不能称为异形纤维。异形纤维具有特殊的光泽，并具有蓬松性、耐污性和抗起球性，纤维的回弹性与覆盖性也可得到改善。例如，三角形横截面的涤纶或锦纶与其他纤维的混纺织物有闪光效应；十字形横截面的锦纶回弹性强；五叶形横截面的聚酯长丝有类似真丝的光泽，抗起球性、手感和覆盖性良好；扁平、带状、哑铃形横截面的合成纤维具有麻、羚羊毛和兔毛等纤维的手感与光泽；中空纤维的保暖性和蓬松性优良，某些中空纤维还具有特殊用途，如制作反渗透膜，用于制造人工肾脏，并可用于海水淡化、污水处理、硬水软化、溶液浓缩等。

2.2.5 复合纤维

在纤维横截面上存在两种或两种以上高分子化合物，这种化学纤维称为复合纤维，或称双组分纤维。复合纤维的品种很多，有并列型、皮芯型、海岛型、裂离型和共混型等，纤维横截面形状如图2-4所示。

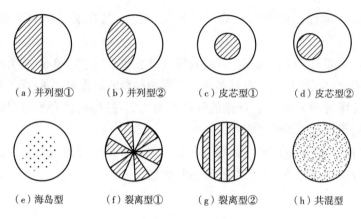

（a）并列型①　　（b）并列型②　　（c）皮芯型①　　（d）皮芯型②

（e）海岛型　　　（f）裂离型①　　（g）裂离型②　　（h）共混型

图2-4　复合纤维的几种主要形状

根据不同聚合物的性能及其在纤维横截面上分配的位置，可以得到许多不同性质和用途的复合纤维：例如，并列型复合纤维和偏皮芯型复合纤维［图2-4（a）～（d）］，由于两种聚合物热塑性不同或在纤维横截面上呈不对称分布，在后处理过程中会产生收缩差，从而使纤维产生螺旋状卷曲，利用这一点可制成具有类似羊毛弹性和蓬松性的化学纤维。皮芯型纤维是兼有两种聚合物特性或突出一种聚合物特性的纤维，如将锦纶作为皮层，涤纶作为芯层，可得染色性好、手感柔中有刚的纤维；利用高折射率的芯层和低折射率的皮层可制成光导纤维。若利用岛组分连续分散于海组分中形成海岛型复合纤维，再用溶剂溶去海组分，剩下连续的岛组分，就可得到非常细的极细纤维［图2-4（e）］。裂离型复合纤维在纺丝成型和后加工过程均以较粗的长丝形态出现，而在织造加工中，特别是整理和磨毛过程中，由于两组分的相容性和界面黏结性差，每一根较粗的长丝分裂成许多根丝。复合形式不同，裂离后纤维的横截面形状和粗细也不同，如图2-4（f）所示为橘瓣型复合纤维，裂离后纤维横截面为三角形，图2-4（g）为裂片型复合纤维，裂离后成为扁丝。裂离型复合纤维生产技术在超细纤维的制造中已被广泛采用。图2-4（h）所示为共混型复合纤维横截面，它是由两种或多种聚合物充分混合后纺制而成的，聚合物共混纺丝是化学纤维改性的重要方法。

2.2.6　变形纱

变形纱包括所有经过变形加工的丝和纱，如弹力丝和膨体纱都属于变形纱。

①弹力丝。即变形长丝，可分为高弹丝和低弹丝两种。弹力丝的伸缩性、蓬松性好，其织物在厚度、重量、不透明性、覆盖性和外观特征等方面接近毛织品、丝织品或棉织品。涤纶弹力丝多数用于衣着，锦纶弹力丝宜于制造袜子，丙纶弹力丝则多数用于家用织物及地毯。其变形方法主要有假捻法、空气喷射法、热气流喷射法、填塞箱法和赋形法等。

②膨体纱。即利用聚合物的热可塑性，将两种收缩性能不同的合成纤维毛条按比例混合，经热处理后，高收缩性的毛条迫使低收缩性的毛条卷曲，从而使混合毛条具有伸缩性和蓬松性，类似毛线。目前以腈纶膨体纱产量最大，用于制作针织外衣、内衣、毛线和毛毯等。

2.2.7　超细纤维

由于单纤维的粗细对于织物的性能影响很大，所以化学纤维可按单纤维的粗细（线密度）分类，一般分为常规纤维、细旦纤维、超细纤维和极细纤维。

涤纶常规纤维的线密度为 1.4~7.0dtex；细旦纤维的线密度为 0.55~1.4dtex，主要用于仿真丝类的轻薄型或中厚型织物；超细纤维的线密度为 0.11~0.55dtex，可以用双组分复合裂离法生产，主要用于高密度防水透气织物和人造皮革、仿桃皮绒织物等；极细纤维的线密度在 0.11dtex 以下，可通过海岛纺丝法生产，主要用于人造皮革和医学滤材等特殊领域。

2.2.8　差别化纤维

差别化纤维，一般泛指通过化学改性或物理变形使常规化学纤维品种有所创新或被赋予某些特性的服用化学纤维。

在聚合及纺丝工序中改性的有：共聚、超有光、超高收缩、异染、易染、速染、抗静电、抗起毛起球、防霉、防菌、防污、防臭、吸湿、吸汗、防水、荧光变色等纤维；在纺丝、拉伸和变形工序中形成的有：共混、复合、中空、异形、异缩、异材、异色、细旦、超细、特粗、粗细节、三维卷曲、网络、混纤、混络、皮芯、并列、毛圈喷气变形以及各种竹节、疙瘩、结子、链条、辫子、夹色、混色、包覆、起毛起绒的花色丝、纱或纤维条等。

这些都属于差别化纤维的范畴，这类纤维主要用于服装及装饰织物，可提高经济效益，优化工序，节约能源，减少污染以及增加纺织新产品。

2.2.9　特种纤维

特种纤维一般指具有特殊物理化学结构、性能和用途的化学纤维，如高性能纤维、功能纤维等，主要用于产业、生物医药及尖端技术等领域。

①高性能纤维。指具有高强度、高模量和耐高温、耐腐蚀、耐辐射、耐化学试剂等性能的纤维。

②功能纤维。泛指在一般纤维具有的力学性能基础上，具有某种特殊功能和用途的纤维，如具有反渗透、导光、导电、抗静电、保暖、阻燃等特性的纤维，生物医学上使用的人工可吸收缝合线、各种人工脏器纤维材料和其他辅助材料等。

2.3　化学纤维的质量指标

2.3.1　线密度

在法定计量单位中，线密度为纤维单位长度的质量，是表示纤维粗细程度的物理量。线密度的单位为特克斯（简称为特），特克斯（tex）为 1000m 长纤维所具有的质量克数，符号为 tex，其 1/10 简称为分特，符号为 dtex。过去使用的纤度单位旦尼尔（简称旦）和公制支数（简称公支）为非法定计量单位，今后不单独使用。旦尼尔数为 9000m 长纤维质量的克数。公支为单位质量纤维的长度，即 1 公支 = 1m/g。它们与特克斯之间的换算关系如下：

$$特克斯 = \frac{1000}{公制支数}$$

$$特克斯 \approx 0.11 \times 旦尼尔$$

单纤维越细，手感越柔软，光泽柔和且易变形加工。

2.3.2 断裂强度

常用单位线密度的断裂强力表示化学纤维的断裂强度，即纤维在连续增加负荷的作用下，直至断裂所能承受的最大负荷与纤维的线密度之比。单位为牛顿/特（N/tex）、厘牛/特（cN/tex）、厘牛/分特（cN/dtex）。

断裂强度是反映纤维质量的一项重要指标。断裂强度高，纤维在加工过程中不易断头、绕辊，最终制成的纱线和织物的牢度也高；但断裂强度太高，纤维刚性增加，手感变硬。

纤维在干燥状态下测定的强度称干强度；纤维在润湿状态下测定的强度称湿强度。回潮率较高的纤维，湿强度比干强度低，如一般黏胶纤维的湿强度要比干强度低 30%~50%。大多数合成纤维的回潮率很低，湿强度接近或等于干强度。表 2-6 为主要纺织纤维的断裂强度。

表 2-6 主要纺织纤维的断裂强度

纤维			断裂强度/（cN/dtex）	
			干态	湿态
黏胶纤维	短纤维	普通	2.2~2.7	1.2~1.8
		强力	3.1~4.7	2.2~3.7
	长丝	普通	1.5~2.1	0.8~1.1
		强力	3.1~4.7	2.3~3.8
涤纶	短纤维		4.1~5.7	4.1~5.7
	长丝	普通	3.8~5.3	3.8~5.3
		强力	5.6~7.9	5.6~7.9
锦纶 6	短纤维		4.2~5.9	3.4~5.0
	长丝	普通	4.4~5.7	3.7~5.2
		强力	5.7~7.7	5.2~6.5
锦纶 66	普通长丝		4.9~5.7	4.0~5.3
	强力丝		5.7~7.7	4.9~6.9
腈纶	短纤维		2.2~4.8	1.7~3.9
	长丝		2.8~5.3	2.6~5.3

续表

纤维			断裂强度/（cN/dtex）	
			干态	湿态
维纶	短纤维	普通	4.0~4.4	2.8~4.6
		强力	6.0~8.8	4.7~7.5
	长丝	普通	2.6~3.5	1.8~2.8
		强力	5.3~8.4	4.4~7.5
丙纶		短纤维	4.0~6.6	4.0~6.6
		长丝	4.0~6.6	4.0~6.6
氨纶			0.6~1.2	0.6~1.2
棉			2.6~4.3	2.9~5.7
羊毛			0.9~1.5	0.7~1.4
蚕丝			2.6~3.5	1.9~2.5
麻		亚麻	4.9~5.6	5.1~5.8
		苎麻	5.7	6.8

2.3.3　断裂伸长率

纤维的断裂伸长率一般用断裂时的相对伸长率，即纤维断裂时的伸长与其初始长度之比，以百分率表示。纤维的断裂伸长率是决定纤维加工条件及其制品使用性能的重要指标之一。断裂伸长率大的纤维手感比较柔软，在纺织加工时可以缓冲所受到的力，毛丝、断头较少；但断裂伸长率也不宜过大，否则织物易变形。普通纺织纤维的断裂伸长率为 10%~30%，对于工业用强力丝则一般要求断裂强度高、断裂伸长率低，使其最终产品不易变形。

2.3.4　初始模量

纤维的初始模量即弹性模量（或杨氏模量），是指纤维受拉伸而当伸长为原长的 1% 时所需的应力。初始模量表征纤维对小形变的抵抗能力，在衣着上则反映纤维对小的拉伸作用或弯曲作用所表现的硬挺度。纤维的初始模量越大，越不易变形，亦即在纤维制品的使用过程中形状的改变越小。例如，在主要的合成纤维品种中，以涤纶的初始模量为最大，其次为腈纶，锦纶则较小，因而涤纶织物挺括，不易起皱，而锦纶织物则易起皱，保形性差。

2.3.5　燃烧性能

纤维的燃烧性能是指纤维在空气中燃烧的难易程度。为了测定和表征纤维及其制品的燃烧性能，国际规定采用限氧指数（LOI）法。所谓限氧指数，就是使着了火的纤维离开火源，而纤维仍能继续燃烧时环境中氮和氧混合气体内所含氧的最低百分率。在空气中，氧的体积分数为 21%，故若纤维的 LOI<21%，就意味着空气中的氧气足以维持纤维继续燃烧，这种纤

维就属于可燃性或易燃性纤维；若LOI>21%，就意味着这种纤维离开火焰后，空气中的氧不能满足使纤维继续燃烧的最低条件，会自行熄灭，这种纤维属于难燃性或阻燃性纤维。当纤维的LOI>26%时，称为阻燃纤维。表2-7为部分纤维的限氧指数。

表2-7 部分纤维的限氧指数

纤维	LOI/%	纤维	LOI/%
腈纶	18.2	锦纶	20.1
醋酯纤维	18.6	涤纶	20.6
丙纶	18.6	羊毛	25.2
维纶	19.7	芳纶（Nomex）	28.2
黏胶纤维	19.7	氯纶	37.1
棉	20.1	偏氯纶	45~48

由表2-7可见，几种主要化学纤维的LOI<21%，属可燃或易燃纤维。而对于床上用品、儿童及老年人睡衣、室内装饰织物、消防用品和飞机、汽车、轮船的内舱用品等，很多国家都有阻燃要求。因此，对化学纤维的阻燃处理，国内外进行过大量研究，主要是采用共聚、共混和表面处理等方法，在纤维或织物中引入有机膦化合物、有机卤素化合物或两者并用。

2.3.6 吸湿性

纤维的吸湿性是指在标准温湿度（20℃，65%相对湿度）条件下纤维的吸水率，一般采用回潮率和含水率两种指标表示。

$$回潮率 = \frac{试样所含水分的质量}{干燥试样的质量} \times 100\%$$

$$含水率 = \frac{试样所含水分的质量}{未干燥试样的质量} \times 100\%$$

各种纤维的吸湿性有很大差异，同一种纤维的吸湿性也因环境温湿度的不同而有很大变化。为了计重和核价的需要，必须对各种纺织材料的回潮率做出统一规定，称公定回潮率。各种纤维在标准状态下的回潮率和我国所规定的公定回潮率见表2-8。

表2-8 纤维在标准状态下（20℃，相对湿度65%）回潮率和我国规定的公定回潮率

纤维	标准状态下回潮率/%	公定回潮率/%	纤维	标准状态下回潮率/%	公定回潮率/%
蚕丝	9	11.0	维纶	3.5~5.0	5.0
棉	7	8.5	锦纶	3.5~5.0	1.5
羊毛	16	16.0	腈纶	1.2~2.0	2.0
亚麻	7~10	12.0	涤纶	0.4~0.5	0.1
苎麻	7~10	12.0	氯纶	0	0

纤维	标准状态下回潮率/%	公定回潮率/%	纤维	标准状态下回潮率/%	公定回潮率/%
黏胶纤维	12~14	13.0	丙纶	0	0
醋酯纤维	6~7	7.0	乙纶	0	0

由表2-8可见，天然纤维和再生纤维的回潮率较高，合成纤维的回潮率较低，其中丙纶、氯纶等的回潮率为零。

吸湿性影响纤维的加工性能和使用性能。吸湿性好的纤维，摩擦和静电作用减小，穿着舒适。对于吸湿性差的合成纤维，利用化学改性的方法，在聚合物大分子链上引入亲水性基团，可使其吸湿性有所提高。但实践证明，利用物理改性的方法，在纤维中产生无数有规律的毛细孔或进行适宜的表面处理，以改变纤维的表面结构，对于改善其吸水性也是有效的。

2.3.7　染色性

染色性是纺织纤维的一项重要性能，它包含的内容主要有：可采用的合适染料、可染得的色谱是否齐全及深浅程度、染色工艺实施的难易、染色均匀性以及染色后的各项染色牢度等。染色均匀性反映纤维结构的均匀性，它与纤维生产的工艺条件（特别是纺丝、拉伸和热定型条件）密切相关。染色均匀性是化学纤维长丝的重要质量指标之一。为了简化化学纤维的染色工艺并提高染色牢度，在化学纤维生产中可采用纺前染色的方法，如色母粒染色法、纺前着色法等，使聚合物切片、熔体或纺丝溶液着色，由此可制得有色的化学纤维。

2.3.8　卷曲度

普通合成纤维的表面比较挺直光滑，纤维之间的抱合力较小，不利于纺织加工。对纤维进行化学、物理或机械卷曲变形加工，赋予纤维一定的卷曲，可以有效地改善纤维的抱合性，同时增加纤维的蓬松性和弹性，使其织物具有良好的外观和保暖性。卷曲数和卷曲率，反映纤维卷曲的程度，其数值越大，表示卷曲波纹越细，这主要由卷曲加工条件来控制。卷曲率一般为6%~18%，与它相对应的卷曲数为3~7个/cm。通常，棉型短纤维要求高卷曲数（4~5.5个/cm），毛型短纤维要求中卷曲数（3.5~5个/cm）。卷曲回复率和卷曲弹性回复率反映纤维在受力或受热时的卷曲稳定性，用来衡量卷曲的坚牢度，其值越大，表示卷曲波纹越不易消失，这主要由热定型来强化并巩固。

2.3.9　沸水收缩率

将纤维放在沸水中煮沸30min后，其收缩的长度对初始长度的百分率，称为沸水收缩率。沸水收缩率是反映纤维热定型程度和尺寸稳定性的指标。沸水收缩率越小，纤维的结构稳定性越好，纤维在加工和服用过程中遇到湿热处理（如染色、洗涤等）时尺寸越稳定而不易变形，同时力学性能和染色性能也越好。纤维的沸水收缩率主要由纤维的热定型工艺条件来控制。

2.4 化学纤维的生产方法

化学纤维品种繁多，原料及生产方法各异，其生产过程可概括为以下四个方面：一是原料制备，高分子化合物的合成或天然高分子化合物的化学处理和机械加工；二是纺前准备，纺丝熔体或纺丝溶液的制备；三是纺丝成型，纤维的成型；四是后加工，纤维的后处理。

2.4.1 原料制备

（1）成纤高聚物的基本性质

用于化学纤维生产的高分子化合物，称为成纤高聚物或成纤聚合物。成纤聚合物有两大类：一类为天然高分子化合物，用于生产再生纤维；另一类为合成高分子化合物，用于生产合成纤维。作为化学纤维的生产原料，成纤聚合物的性质不仅在一定程度上决定纤维的性质，而且对纺丝、后加工工艺也有重大影响。

对成纤聚合物的一般要求如下：

①成纤聚合物大分子必须是线型的、能伸直的分子，支链尽可能少，没有庞大侧基。

②聚合物分子之间有适当的相互作用力，或具有一定规律性的化学结构和空间结构。

③聚合物应具有适当高的分子量和较窄的分子量分布。

④聚合物应具有一定的热稳定性，其熔点或软化点应比使用温度高得多。

化学纤维纺丝成型普遍采用聚合物的熔体或浓溶液进行，前者称为熔体纺丝，后者称为溶液纺丝。所以，成纤聚合物必须在熔融时不分解，或能在普通溶剂中溶解形成浓溶液，并具有充分的成纤能力和随后使纤维性能强化的能力，保证最终所得纤维具有一定的良好综合性能。几种主要成纤聚合物的热分解温度和熔点见表2-9。

表2-9　几种主要成纤聚合物的热分解温度和熔点

聚合物	热分解温度/℃	熔点/℃	聚合物	热分解温度/℃	熔点/℃
聚乙烯	350~400	138	聚己内酰胺	300~350	215
聚丙烯	350~380	176	聚对苯二甲酸乙二酯	300~350	265
聚丙烯腈	200~250	320	纤维素	180~220	—
聚氯乙烯	150~200	170~220	醋酸纤维素	200~230	—
聚乙烯醇	200~220	225~230			

由表2-9可见，聚乙烯、等规聚丙烯、聚己内酰胺和聚对苯二甲酸乙二酯的熔点低于热分解温度，可以进行熔体纺丝；而聚丙烯腈、聚氯乙烯和聚乙烯醇的熔点与热分解温度接近，甚至高于热分解温度，而纤维素及其衍生物则观察不到熔点，像这类成纤聚合物只能采用溶液纺丝方法成型。

（2）原料准备

再生纤维的原料制备过程，是将天然高分子化合物经一系列化学处理和机械加工，除去杂质，并使其具有能满足再生纤维生产的物理和化学性能。例如，黏胶纤维的基本原料是浆粕（纤维素），它是将棉短绒或木材等富含纤维素的物质，经备料、蒸煮、精选、脱水和烘干等一系列工序制备而成的。

合成纤维的原料制备过程，是将有关单体通过一系列化学反应聚合成具有一定官能团、一定分子量和分子量分布的线型聚合物。由于聚合方法和聚合物性质不同，合成的聚合物可能是熔体状态或溶液状态。将聚合物熔体直接送去纺丝，这种方法称为直接纺丝法；也可将聚合得到的聚合物熔体经铸带、切粒等工序制成切片，再以切片为原料，加热熔融成熔体进行纺丝，这种方法称为切片纺丝法。直接纺丝法和切片纺丝法在工业生产中都有应用。溶液纺丝也有两种方法，将聚合后的聚合物溶液直接送去纺丝，这种方法称为一步法；先将聚合得到的溶液分离制成颗粒状或粉末状的成纤聚合物，然后溶解制成纺丝溶液，这种方法称为二步法。

在化学纤维原料制备过程中，可采用共聚、共混、接枝和加添加剂等方法，生产某些改性化学纤维。

2.4.2　熔体或溶液的制备

（1）纺丝熔体的制备

切片纺丝法需要在纺丝前将切片干燥，然后加热至熔点以上、热分解温度以下，将切片制成纺丝熔体。

①切片干燥。经铸带和切粒后得到的成纤聚合物切片在熔融之前，必须先进行干燥。切片干燥的目的是除去水分，提高聚合物的结晶度与软化点。

切片中含有水分会给最终纤维的质量带来不利影响。因为在切片熔融过程中，聚合物在高温下易发生热裂解、热氧化裂解和水解反应，使聚合物分子量明显下降，大大降低所得纤维的质量。另外，熔体中的水分汽化，会使纺丝断头率增加，严重时使纺丝无法正常进行。在涤纶和锦纶的生产中必须对切片进行干燥。干燥后切片的含水率，视纤维品种而异。例如，对于聚酰胺切片，要求干燥后含水率一般低于0.05%；对于聚酯切片，由于在高温下聚酯中的酯键极易水解，故对干燥后切片含水率要求更为严格，一般应低于0.01%；对于聚丙烯切片，由于其基本不吸湿，回潮率为零，所以无须干燥。

切片干燥的同时，也使聚合物的结晶度和软化点提高，这样的切片在输送过程中不易因碎裂而产生粉末，也可避免在螺杆挤出机中过早地软化黏结而产生"环结阻料"现象。

②切片熔融。切片熔融是在螺杆挤出机中完成的。切片自料斗进入螺杆，随着螺杆的转动被强制向前推进，同时螺杆套筒外的加热装置将切片加热熔融，熔体以一定的压力被挤出而输送至纺丝箱体中进行纺丝。

与切片纺丝相比，直接纺丝法省去了切片铸带、切粒、干燥及再熔融等工序，这样可大大简化生产流程，减少车间面积，节省投资，且有利于提高劳动生产效率和降低成本。但是，利用聚合后的熔体进行直接纺丝，对于某些聚合过程（如己内酰胺的聚合）留存在熔体中的一些单体和低聚物难以去除，这不仅影响纤维质量，而且恶化纺丝条件，使生产线的工艺控制也比较复杂。因此，对产品质量要求比较高的品种，一般采用切片纺丝法。切片纺丝法的工序较多，但具有较强的灵活性，产品质量也较高，另外还可以使切片进行固相聚合，进一步提高聚合物的分子量，生产高黏度切片，以制取高强度的纤维。目前，对于生产产品质量要求较高的帘子线或长丝以及不具备聚合生产能力的企业，大多采用切片纺丝法。

（2）纺丝溶液的制备

目前，在采用溶液纺丝法生产的主要化学纤维品种中，只有腈纶既可采用一步法又可采用二步法纺丝，其他品种的成纤聚合物无法采用一步法生产工艺。虽然采用一步法省去了聚合物的分离、干燥和溶解等工序，可简化工艺流程，提高劳动生产率，但制得的纤维质量不稳定。采用二步法时，需要选择合适的溶剂将成纤聚合物溶解，所得溶液在送去纺丝之前还要经过混合、过滤和脱泡等工序，这些工序总称为纺前准备。

①成纤聚合物的溶解。线型聚合物的溶解过程是先溶胀后溶解，即溶剂先向聚合物内部渗入，聚合物的体积不断增大，大分子之间的距离增加，最后大分子以分离的状态进入溶剂，从而完成溶解过程。用于制备纺丝溶液的溶剂必须满足下列要求：一是在适宜温度下具有良好的溶解性能，并能使所得聚合物溶液在尽可能高的浓度下具有较低的黏度；二是沸点不宜太低，也不宜过高。如沸点太低，溶剂挥发性太强，会增加溶剂损耗并恶化劳动条件；沸点太高，不易进行干法纺丝，且溶剂回收工艺比较复杂；三是有足够的热稳定性和化学稳定性，并易于回收；四是应尽量无毒和无腐蚀性，并不会引起聚合物分解或发生其他化学变化等。合成纤维生产常用的纺丝溶剂见表2-10。

表2-10 合成纤维中常用的纺丝溶剂

成纤聚合物	溶剂
聚丙烯腈	二甲基甲酰胺、二甲基乙酰胺、二甲基亚砜、硫氰酸钠、硝酸或氯化锌水溶液等
聚乙烯醇	水
聚氯乙烯	丙酮与二硫化碳、丙酮与苯、环己酮、四氢呋喃、二甲基甲酰胺、丙酮
聚对苯二甲酰对苯二胺	浓硫酸、含有LiCl的二甲基亚砜

在纤维素纤维生产中，由于纤维素不溶于普通溶剂，所以，通常是将其转变成衍生物（纤维素黄原酸酯、纤维素乙酸酯等）之后，再溶解制成纺丝溶液，进行纺丝成型及后加工。采用新溶剂（N-甲基吗啉-N-氧化物，NMMO）纺丝时，纤维素可直接溶解在溶剂中制成纺丝溶液。纺丝溶液的浓度根据纤维品种和纺丝方法的不同而异。通常，用于湿法纺丝的纺丝溶液浓度为12%～25%；用于干法纺丝的纺丝溶液浓度则高一些，一般为25%～35%。

②纺丝溶液的混合、过滤和脱泡。混合的目的是使各批纺丝溶液的性质（主要是浓度和

黏度）均匀一致。过滤的目的是除去杂质和未溶解的高分子化合物。纺丝溶液的过滤一般采用板框式压滤机，过滤材料选用能承受一定压力、具有一定紧密度的各种织物，一般要连续进行2~4道过滤。后一道过滤所用滤材应比前一道的更致密，这样才能达到应有的效果。脱泡是为了除去留存在纺丝溶液中的气泡。这些气泡会在纺丝过程中造成断头、毛丝和气泡丝而降低纤维质量，甚至使纺丝无法正常进行。脱泡过程可在常压或真空状态下进行。在常压下静置脱泡，因气泡较小，气泡上升速度很慢，脱泡时间很长；在真空状态下脱泡，真空度越高，液面上压力越小，气泡会迅速胀大，脱泡速度可大幅加快。

2.4.3 化学纤维的纺丝成型

将成纤聚合物熔体或浓溶液，用纺丝泵（或称计量泵）连续、定量且均匀地从喷丝头（或喷丝板）的毛细孔中挤出，成为液态细流，再在空气、水或特定凝固浴中固化成为初生纤维的过程，称作纤维成型，或称纺丝，这是化学纤维生产过程的核心工序。调节纺丝工艺条件，可以改变纤维的结构和力学性能。

化学纤维的纺丝方法主要有两大类：熔体纺丝和溶液纺丝。在溶液纺丝法中，根据凝固方式不同又可分为湿法纺丝和干法纺丝。化学纤维生产绝大部分采用上述三种纺丝方法。此外，还有一些特殊的纺丝方法，如乳液纺丝、悬浮纺丝、干湿法纺丝、冻胶纺丝、液晶纺丝、相分离纺丝和反应纺丝法等，用这些方法生产的纤维量很少。下面着重介绍三种常用的纺丝方法。

（1）熔体纺丝

熔体纺丝是切片在螺杆挤出机中熔融后或由连续聚合制成的熔体，送至纺丝箱中的各个纺丝部位，再经纺丝泵定量压送至纺丝组件，过滤后从喷丝板的毛细孔中压出而成为细流，并在纺丝甬道中冷却成型的工艺过程，如图2-5所示。初生纤维被卷绕成一定形状的卷装（对于长丝）或均匀落入盛丝桶中（对于短纤维）。

熔体纺丝适用于耐热性较高的高聚物成型过程，该高聚物应当可以熔融而不分解。熔体纺丝过程简单，纺丝后的初生纤维只需拉伸热定型后即得到成品纤维。因此，通常可以熔融而不分解的高聚物，大多采用熔体纺丝。由于熔体细流在空气介质中冷却，传热和丝条固化速率快，而丝条运动所受阻力很小，所以熔体纺丝的纺丝速度要比湿法纺丝高得多，目前熔体纺丝一般纺速为1000~5500m/min或更高。为加速冷却固化过程，一般在熔体细流离开喷丝板后与丝条垂直的方向进行冷却吹风，吹风形式有侧吹和环吹等，吹风窗的高度一般在1m左右。纺丝甬道的长短视纺丝设备和厂房楼层的高度，一般为3~5m。

（2）溶液纺丝

溶液纺丝是将成纤高聚物溶解在某种溶剂中，制备成具有适宜浓度的纺丝溶液，再将该纺丝溶液从微细的小孔挤出进入凝固浴或是热气体中，高聚物析出成固体丝条，经拉伸—定型—洗涤—干燥等后处理过程便可得到成品纤维。显然，溶液纺丝生产过程比熔体纺丝要复杂，然而，对于某些尚未熔融便已发生分解的高聚物而言，就只能选择该种纺丝成型技术，溶液纺丝又有湿法纺丝、干法纺丝和干湿法纺丝之分。

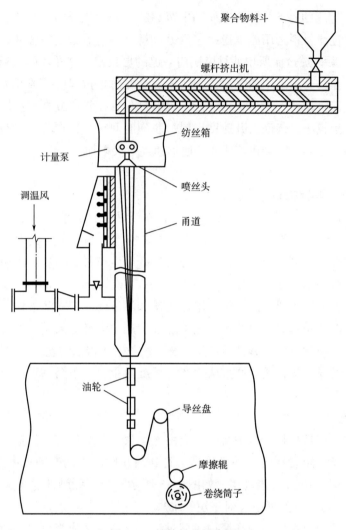

聚合物料斗

螺杆挤出机

纺丝箱

计量泵

喷丝头

调温风

甬道

油轮

导丝盘

摩擦辊

卷绕筒子

图 2-5 熔体纺丝示意图

①湿法纺丝。湿法纺丝是溶液纺丝中的一种，将上述纺丝溶液从微细的小孔吐出进入一种凝固浴中，该凝固浴是由高聚物的非溶剂组成，纺丝溶液一旦遇到凝固剂便凝固析出成固体丝条，经拉伸—定型—洗涤—干燥等后处理过程便可得到成品纤维。

湿法纺丝是纺丝溶液经混合、过滤和脱泡等纺前准备后，送至纺丝机，通过纺丝泵计量，经烛形过滤器、鹅颈管进入喷丝头，从喷丝头毛细孔中挤出的溶液细流进入凝固浴，溶液细流中的溶剂向凝固浴扩散，浴中的凝固剂向细流内部扩散，于是聚合物在凝固浴中析出，形成初生纤维的工艺过程。湿法纺丝中的扩散和凝固不仅是一般的物理及化学过程，对某些化学纤维如黏胶纤维同时还发生化学变化，所以，湿法纺丝的成型过程比较复杂。受溶剂和凝固剂的双扩散、凝固浴的流体阻力等因素限制，纺丝速度比熔体纺丝低得多，图 2-6 为湿法纺丝示意图。

采用湿法纺丝时，必须配备凝固浴的配制、循环及回收设备，工艺流程复杂，厂房建筑

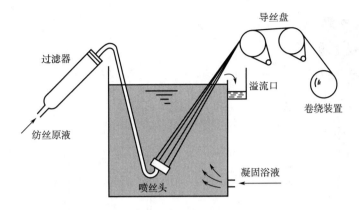

图 2-6　湿法纺丝示意图

和设备投资费用都较大，纺丝速度低，成本高且对环境污染较严重。目前，腈纶、维纶、氯纶、黏胶纤维以及某些由刚性大分子构成的成纤聚合物都需要采用湿法纺丝。

②干法纺丝。干法纺丝是溶液纺丝中的一种，是从喷丝头毛细孔中挤出的纺丝溶液不进入凝固浴，而进入纺丝甬道；通过甬道中热空气的作用，使溶液细流中的溶剂快速挥发，并被热空气流带走；溶液细流在逐渐脱去溶剂的同时发生浓缩和固化，并在卷绕张力的作用下伸长变细而成为初生纤维的工艺过程。图 2-7 为干法纺丝示意图。若成纤高聚物可以找到一种沸点较低、溶解性能又好的溶剂制成纺丝液，通常采用干法纺丝。

所得到的纤维力学性能优于同类的湿法纺丝纤维，干法纺丝需要溶剂的回收及再处理循环使用过程，它比湿法纺丝过程要简单些。目前，干法纺丝速度一般为 200～500m/min，高者可达 1000～1500m/min，但受溶剂挥发速度的限制，纺速还是比熔体纺丝低，而且需要设置溶剂回收等工序，故辅助设备比熔体纺丝多。干法纺丝一般适宜纺制化学纤维长丝，主要生产品种有腈纶、醋酯纤维、氯纶和氨纶等。

③干湿法纺丝。干湿法纺丝是溶液纺丝中的一种，又称干喷湿纺法，是将湿法纺丝与干法纺丝的特点相结合，特别适合于液晶高聚物的成型加工，因此也常称为液晶纺丝。即将成纤高聚物溶解在某种溶剂中制备成具有适宜浓度的纺丝溶液，再将该纺丝溶液从微细的小孔挤出，首先经过一段很短的空气夹层，在此处由于丝条所受阻力较小，处于液晶态的高分子有利于在高倍拉伸条件下高度取向，而后丝条再进入低温的凝固浴完成固化成型，并使液晶大分子处于高度有序的冻结液晶态，制得的成品纤维，具有高强度、高模量的力学性能。图 2-8 为干湿法纺丝示意图。

（3）冻胶纺丝

冻胶纺丝是指将高浓度的高聚物溶液或塑化的冻胶从喷丝孔挤出进入高温气体氛围，丝条被冷却，有时还伴随着溶剂的挥发，遂使高聚物固化成纤维，界于干法纺丝法和熔体纺丝法之间，又称半熔体纺丝法。所使用的纺丝液为溶液，这个类似于干法纺丝，但其浓度极高以及固化过程主要是冷却，又类似于熔体纺丝，图 2-9 为冻胶纺丝示意图。把以上几种纺丝方法进行简单比较，见表 2-11。

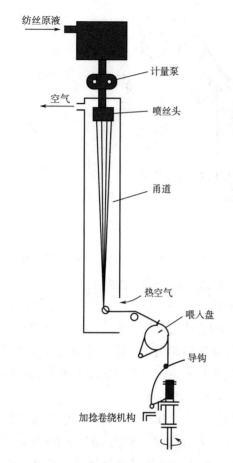

图2-7 干法纺丝示意图

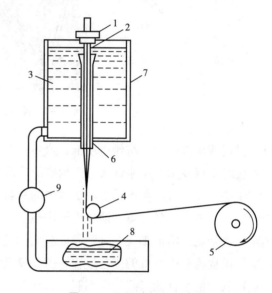

图2-8 干湿法纺丝示意图

1—喷丝板 2—空气层 3—凝固溶液

4—导丝辊 5—卷绕辊 6—纺丝管 7—凝固浴槽

8—凝固浴液循环槽 9—循环泵

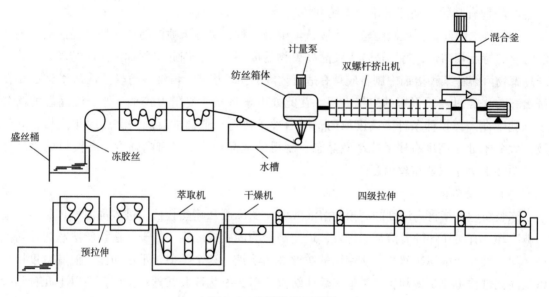

图2-9 冻胶纺丝示意图

表 2-11　常用化学纤维纺丝方法比较

纺丝方法	熔体纺丝	溶液纺丝	冻胶纺丝
温度范围	熔融温度以上，分解温度以下	熔融温度以下	熔融温度以下
纺丝过程	挤压熔体，在空气中冷却成型	挤压溶液，在凝固浴或热气体中析出成型	挤压高浓度纺丝溶液，主要靠冷却固化成型
适宜产品	PET、PA6、PA66、PP、改性聚酯、PTT、PBT、PEN 等	黏胶纤维、聚丙烯腈纤维、聚乙烯醇纤维、聚氯乙烯纤维、聚间苯二甲酰间苯二胺纤维	UHMWPE 纤维、聚丙烯腈纤维、蛋白质/聚乙烯醇纤维、高强碳纤维等

（4）纳米纤维成型方法

纳米纤维是指直径为纳米尺寸而长度比较大的，具有一定长径比的一维线状材料。具有比表面积高、孔隙率高、连续性好、机械稳定性强等特点，在力学、光学、电学、热学等方面也表现出特异的性能。相比普通粗纤维，纳米纤维应用前景广，如在环保领域用于高效过滤污水、净化空气；在生物医药领域用于药物缓释、组织细胞生长支撑、杀菌；在能源领域用于智能可穿戴设备、电池材料；在个体防护领域用于吸附、拦截以及在国防军工领域中用于隐身、隔热等。

纳米纤维应用价值高，其制造技术要求也较高，目前几种制备纳米纤维先进的工艺，如拉伸法、自组装法、模板聚合法、相分离法和静电纺丝法等。其中，静电纺丝设备简单、成本低廉、操作方便、工艺可控、原材料种类多，一直深受国内外研究者青睐，是目前最早实现工业化批量生产的方法。

①静电纺丝。静电纺丝是将聚合物溶液或熔体放置于强静电场中，调整适当的温度与湿度，当电压升高到一定值时，液滴在纺丝喷头上会被拉伸成泰勒锥并形成极细射流，高速飞向收集器，经溶剂蒸发或熔体冷却固化后，获得超细纤维，直径最小可达到 1nm。静电纺丝示意图如图 2-10 所示。静电纺丝法根据聚合物原料的形态分为溶液静电纺丝法和熔体静电纺丝法。溶液静电纺丝法需要将聚合物溶解在溶剂中呈液态后再电纺；而熔体静电纺丝法不需要借助溶剂，将聚合物加热熔融达到一定黏度后再电纺。

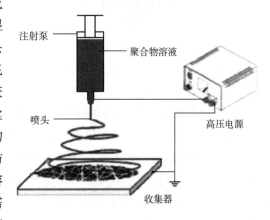

图 2-10　静电纺丝示意图

为了获得更高的纳米纤维生产效率及特殊的纳米纤维形态，近十年来静电纺丝设备不断升级，目前市面上已有多种多样的纺丝设备，但研发新设备的步伐仍然前进不止。研制操作方便、效率高、纤维质量高的纳米纤维装置已成为国内外研究重点，为满足市场对纳米纤维产品的需求，纳米纤维一定会走向规模化生产。

②离心纺丝。离心纺丝技术是一种利用旋转力将高分子溶液或熔体喷出成纳米纤维的方法。在离心纺丝过程中，高分子溶液或熔体首先通过喷丝器件喷出，然后在旋转的离心力作用下，高分子溶液或熔体会被拉伸成极细的纤维，最终在收集器上形成纳米纤维膜或纤维束。相比于静电纺丝，离心纺丝具有简单、高效、低成本、低能耗等明显优势。在材料工程领域，离心纺丝技术已经得到了广泛的应用，包括生物医学、能源、环境、纺织、电子、传感器等领域，离心纺丝示意图如图 2-11 所示。

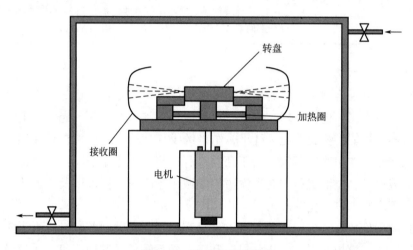

图 2-11　离心纺丝示意图

2.4.4　化学纤维的后加工

纺丝成型后得到的初生纤维其结构还不完善，力学性能较差，如断裂伸长率过大、断裂强度过低、尺寸稳定性差，不能直接用于纺织加工，必须经过一系列的后加工。后加工随化纤的品种、纺丝方法和产品要求而异，其中主要的工序是拉伸和热定型。

（1）拉伸

拉伸的目的是提高纤维的断裂强度，降低断裂伸长率，提高耐磨性和对各种形变的疲劳强度。拉伸的方式有多种，按拉伸次数分，有一道拉伸和多道拉伸；按拉伸介质分，有干拉伸、蒸汽拉伸和湿拉伸，相应拉伸介质分别是空气、水蒸气和水浴、油浴或其他溶液；按拉伸温度又可分为冷拉伸和热拉伸。总拉伸倍数是各道拉伸倍数的乘积，一般熔体纺丝纤维的总拉伸倍数为 3~7 倍；湿法纺丝纤维可达 8~12 倍；生产高强度纤维时，拉伸倍数更高，甚至高达数十倍。

（2）热定型

热定型的目的是消除纤维内应力，提高纤维尺寸稳定性，并且进一步改善其力学性能。热定型可以在张力下进行，也可以在无张力下进行，前者称为紧张热定型，后者称为松弛热定型。热定型的方式和工艺条件不同，所得纤维结构和性能也不同。

（3）上油

在化学纤维生产过程中，无论是纺丝还是后加工都需要上油。上油的目的是提高纤维的平滑性，柔软性和抱合力，减少摩擦和静电的产生，改善化学纤维的纺织加工性能。上油的形式有油槽或油辊上油及油嘴喷油。不同品种和规格的纤维需采用不同的专用油剂。

除上述工序外，在用溶液纺丝法生产纤维和用直接纺丝法生产锦纶的后处理过程中，都要有水洗工序，以除去附着在纤维上的凝固剂和溶剂或混在纤维中的单体及低聚物。在黏胶纤维的后处理工序中，还需设置脱硫、漂白和酸洗工序。在生产短纤维时，需要进行卷曲和切断。在生产长丝时，需要进行加捻和络筒。加捻的目的是使复丝中各根单纤维紧密地抱合，避免在纺织加工时发生断头或紊乱现象，并使纤维的断裂强度提高。络筒是将丝筒或丝饼退绕至锥形纸管上，形成双斜面宝塔形筒装，以便运输和纺织加工。生产强力丝时，需要进行变形加工。生产网络丝时，在长丝后加工设备上加装网络喷嘴，经喷射气流的作用，单丝相互缠结呈周期性网络点。网络加工可改进合成纤维长丝的极光效应和蜡状感，又可提高其纺织加工性能，免去上浆、退浆，代替加捻或并捻。为赋予纤维某些特殊性能，还可以在后加工中进行某些特殊处理，如提高纤维的抗皱性、耐热水性和阻燃性等。

随着合成纤维生产技术的发展，纺丝和后加工技术已从间歇式的多道工序发展为连续工艺，如聚酯全拉伸丝（FDY）可在纺丝-牵伸联合机上生产，而利用超高速纺丝（纺丝速度5500m/min 以上）生产的全取向丝（FOY），则无须进行后加工便可直接用作纺织原料。

2.5　化学纤维的鉴别

在分析织物的纤维组成、配比以及对未知纤维进行剖析、研究和仿制时，都需要对纤维进行鉴别。纤维鉴别就是利用各种纤维的外观形态和内在性质的差异，采用物理、化学等方法将其区分开。纤维鉴别通常采用的方法有显微镜法、燃烧法、溶解法、着色法和熔点法等。对一般纤维，用上述方法就可以比较准确、方便地进行鉴别，但对组成、结构比较复杂的纤维，如接枝共聚、共混纤维等，则需要借助适当的仪器进行鉴别，如差热分析仪、红外光谱仪、气相色谱仪、X 射线衍射仪和电子显微镜等。

2.5.1　显微镜法

显微镜法是利用显微镜观察纤维的纵向外观和横截面形状来鉴别纤维的方法。这种方法对鉴别天然纤维和生物质纤维，尤其是对异形纤维和复合纤维的观察、分析，不仅方便而且直观。但对外观特征相近的纤维，如涤纶、丙纶、锦纶等就必须借助其他鉴别方法。常见纤维的横截面形状及外观形态特征见表 2-12。

表 2-12　常见纤维的横截面形状及外观形态特征

纤维	横截面形状	纵向外观
棉	腰子形、有空腔	扭曲的扁平带状
亚麻	多角形、有空腔	有竹节状横节及条纹
苎麻	扁圆形、有空腔	有竹节状横节及条纹
羊毛	不规则圆形	有鳞片状横纹
蚕丝	三角形、圆角	表面光滑
黏胶纤维	锯齿形	有条纹
醋酯纤维	三叶形或豆形	有 1~2 根条纹
维纶	腰子形	有粗条纹
腈纶	哑铃形	有条纹
涤纶	圆形	表面光滑
锦纶	圆形	表面光滑
丙纶	圆形	表面光滑

2.5.2　燃烧法

燃烧法是根据不同纤维的燃烧特性来鉴别纤维的方法。燃烧特性包括燃烧速度、火焰的颜色和形状、燃烧时散发的气味、燃烧后灰烬的颜色和形状及硬度等。燃烧法简便易行，不需要特殊设备和试剂，但只能区别大类纤维，对混纺纤维、复合纤维和经阻燃处理的纤维等不能用此法鉴别。常见纤维的燃烧特性见表 2-13。

表 2-13　常见纤维的燃烧特性

纤维	燃烧情况	气味	灰烬颜色及形状
棉	易燃，黄色火焰	有烧纸气味	灰烬少，浅灰色灰末，细软
麻	易燃，黄色火焰	有烧纸气味	灰烬少，浅灰色灰末，细软
黏胶纤维	易燃，黄色火焰	有烧纸气味	灰烬少，浅灰色灰末，细软
羊毛	徐徐冒烟起泡并燃烧	有烧毛发臭味	灰烬少，质脆，黑色块状
蚕丝	燃烧慢	有烧毛发臭味	易碎黑褐色小球
醋酯纤维	缓缓燃烧	有醋酸刺激味	黑色硬块或小球
涤纶	边熔化，边缓慢燃烧	有芳香族气味	易碎，黑褐色硬块
锦纶	边熔化，边缓慢燃烧	有特殊臭味	坚硬褐色小球
丙纶	边收缩，边熔化燃烧	有烧蜡臭味	黄褐色硬块
腈纶	边熔化，边燃烧	有鱼腥臭味	易碎，黑色硬块
维纶	缓慢燃烧	有特殊臭味	易碎，褐色硬块

2.5.3　溶解法

溶解法是利用各种纤维在不同化学试剂中的溶解性能不同来鉴别纤维的方法。这种方法操作简单，试剂准备容易，准确性较高，且不受混纺、染色等影响，应用范围较广。对于混纺纤维，可用一种试剂溶去一种组分，从而可进行定量分析。由于一种溶剂能溶解多种纤维，所以，必要时需进行几种溶剂的溶解试验，才能确认纤维的种类。常见纤维的溶解性能见表 2-14。

表 2-14　常见纤维的溶解性能

试剂	5%氢氧化钠	20%盐酸	35%盐酸	60%硫酸	70%硫酸	40%甲酸	冰醋酸	铜氨溶液	65%硫氰酸钾	次氯酸钠	80%丙酮	100%丙酮	二甲基甲酰胺	四氢呋喃	苯/环己烷(2∶1)	苯酚/四氯乙烷(6∶4)
温度/℃	沸	室温	室温	23~35	23~35	沸	沸	18~22	70~75	23~25	23~25	23~25	40~45	23~25	40~50	40~50
时间/min	15	15	15	20	10	15	20	30	10	20	30	30	20	10	30	20
棉	×	×	×	×	√	×	×	√	×	×	×	×	×	×	×	×
麻	×	×	×	×	√	×	×	√	×	×	×	×	×	×	×	×
蚕丝	√	×	√	×	√	×	×	√	×	√	×	×	×	×	×	×
羊毛	√	×	√	×	—	×	×	√	×	×	×	×	×	×	×	×
黏胶纤维	×	×	√	√	√	×	×	√	×	×	×	×	×	×	×	×
醋酯纤维	×	×	√	√	√	√	×	×	×	◎	×	√	√	√	×	√
锦纶	×	√	√	√	√	√	×	×	×	×	×	×	×	×	×	√
维纶	×	√	√	√	√	√	×	×	×	×	×	×	×	×	×	√
涤纶	×	×	×	×	×	×	×	×	×	×	×	×	×	×	×	√
腈纶	×	×	×	×	×	×	×	×	√	×	◎	×	√	×	×	×
氯纶	×	×	×	×	×	×	×	—	×	×	◎	◎	×	×	×	◎×
偏氯纶	×	×	×	×	×	×	×	×	×	×	×	×	×	◎	◎	×

注　√表示溶解，◎表示部分溶解，×表示不溶。

2.5.4　着色法

着色法是利用纤维在着色剂中着色后的颜色不同来鉴别纤维的方法。所用着色剂是根据各种纤维适用的染料配制而成的专用着色剂，如酸性染料是羊毛、蚕丝等蛋白质纤维的专用着色剂。着色剂也可由多种染料混合调制而成，成为能使不同纤维呈现不同颜色的通用着色剂。例如，将不同的纤维在通用着色剂 HI-1 中煮沸 1min，取出洗净晾干后，各种纤维的颜色见表 2-15。

表 2-15　不同纤维经通用着色剂 HI-1 处理后的颜色

棉纤维	黏胶纤维	羊毛	腈纶	涤纶	锦纶	维纶	丙纶
蓝灰	蓝绿	红莲	桃红	红玉	朱红	橘红	无色

　　着色法比较简便易行且比较准确，但对于有色纤维、复合纤维、涂层或经化学处理的纤维，就需要借助其他方法进行鉴别。

第3章　天然纤维和再生纤维

3.1　植物纤维

3.1.1　棉纤维的结构与性质

棉花属锦葵科的棉属，在棉属中又分成许多种。中国、印度、埃及、秘鲁、巴西、美国等为世界主要棉花产地。黄河流域、长江流域、华南、西北、东北为我国五大产棉区。

（1）棉纤维的种类

棉纤维的种植历史悠久，种植区域广泛，因此棉纤维的品种较多。棉纤维种类一般按照品种、初加工和色泽进行分类。

①按棉花的品种分类。目前世界各国栽培的棉花，主要有四个栽培种，即陆地棉、海岛棉、亚洲棉与非洲棉。

陆地棉（细绒棉）：陆地棉主要起源于美洲大陆，由于纤维较细，又称为细绒棉，是世界棉花种植面积最多的品种，陆地棉于19世纪末传入中国，1955年在我国长江、黄河流域以及西北内陆棉区等主要产棉区种植陆地棉，种植面积占棉田总数的98%以上，为棉纺织产品的主要原料。陆地棉长度适中，纤维平均长度为23~32mm，中段复圆直径为16~20μm，中段线密度为1.4~2.2dtex，强度为2.6~3.2cN/dtex。

海岛棉（长绒棉）：原产于美洲西印度群岛，因纤维长而细，又称为长绒棉。长绒棉现在的主要产地为非洲的尼罗河流域，新疆、广东等地区是我国长绒棉的主产地。海岛棉纤维细而长，平均长度为33~75mm，中段复圆直径为13~15μm，中段线密度为0.9~1.4dtex，强度为3.3~5.5cN/dtex。海岛棉品质优良，是高档棉纺织产品和特殊产品的原料。

亚洲棉又称粗线棉，原产于印度，在中国种植已有两千多年，故又称中棉。由于纤维粗短，只能适应个别纺织品种的需要，近年大部分被陆地棉取代。

非洲棉又称草棉，原产非洲，品质与亚洲棉接近，因纤维粗短，已逐渐淘汰。

②按纤维初加工分类。籽棉：籽棉是由棉田中采摘的带有棉籽的棉花。籽棉要经过晾晒干燥后，进行除去棉籽的加工，即轧棉，或称轧花。皮棉（原棉）：皮棉是经过轧花加工后去除棉籽的棉纤维，又称为原棉。籽棉经轧棉加工后，得到的皮棉重量占籽棉重量的百分数，称为衣分率。白棉衣分率一般为30%~40%，彩色棉衣分率比白棉低，一般为20%~30%。锯齿棉：由锯齿轧棉机加工得到的皮棉称为锯齿棉。锯齿轧棉机用锯齿抓住纤维，由平行排列的肋条排阻挡住棉籽，采用撕扯方式使棉纤维沿根部切断，与棉籽分离。锯齿轧棉作用剧烈，容易损伤长纤维，也容易产生加工疵点，但纤维长度整齐度高，杂质和短纤维含量少。一般纺纱用棉多为锯齿棉。皮辊棉：由皮辊轧棉机加工得到的皮棉称为皮辊棉。皮辊轧棉机采用

表面粗糙的皮辊黏带纤维运动，棉籽被紧贴皮辊的定刀阻挡而无法通过，并且受到冲击刀的上下冲击，使棉纤维沿根部切断。这种挤切轧棉的方式作用缓和，不易损伤纤维，疵点少，但皮辊棉含杂、含短纤维多，纤维长度整齐度较差，黄根多。皮辊轧棉机产量低，多用于长级棉的轧棉加工。

③按原棉的色泽分类。白棉：正常成熟、正常吐絮的棉花，无论原棉的色泽呈洁白、乳白还是淡黄色，都称白棉。棉纺厂使用的原棉，绝大部分为白棉。黄棉：棉花生长晚期，棉铃经霜冻伤后枯死，铃壳上的色素染到纤维使棉颜色发黄。黄棉一般属低级棉，棉纺厂仅有少量应用。灰棉：生长在多雨地区的棉纤维，在生长发育过程中或吐絮后，如遇雨量多、日照少、温度低，纤维成熟就会受到影响，原棉呈现灰白色，这种原棉称为灰棉。灰棉强力低、质量差，棉纺厂很少使用。彩色棉：彩棉是指天然生长的非白色棉花，又称为有色棉。是在原来的有色棉基础上，用远缘杂交、转基因等生物技术培育而成。天然彩色棉花仍然保持棉纤维原有的松软、舒适、透气等优点，制成的棉织品可减少少许印染工序和加工成本，能适量避免对环境的污染，但色相缺失，色牢度不够，目前仍在进行稳定遗传的观察之中。

（2）棉纤维的形态及结构

棉纤维的主要成分是纤维素，其大分子化学结构式如下：

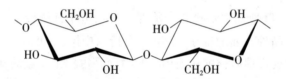

纤维素是天然高分子化合物，纤维素的化学结构式由葡萄糖为基本结构单元重复构成，化学式 $C_6H_{10}O_5$，其元素组成为碳 44%、氢 6.17%、氧 49.39%，棉纤维的聚合度为 6000~11000。此外，棉纤维还附有 5% 左右的其他物质，称为伴生物，伴生物对纺纱工艺与漂练、印染加工均有影响。棉纤维的表面含有脂蜡、棉蜡，棉蜡对棉纤维具有保护作用，是棉纤维具有良好纺纱性能的原因之一，但在高温时，棉蜡容易熔融。所以棉布在染整加工前，必须去除棉蜡。伴生物中糖分含量较多的棉纤维，在纺纱过程中容易绕罗拉、绕胶辊。经脱脂处理，原棉吸湿性增加，吸水能力可达本身质量的 23~24 倍。

（3）棉纤维的主要性质

①初始模量。棉纤维的初始模量为 60~82cN/dtex。

弹性：棉纤维的弹性较差，伸长 3% 时的弹性回复率为 64%；伸长 5% 时的弹性回复率仅为 45%。

②密度。棉纤维细胞壁的密度为 1.53g/cm³，外轮廓中的密度为 1.25~1.31g/cm³。

③天然转曲。棉纤维纵向的转曲是由于次生层中螺旋排列的原纤多次转向，使纤维结构不平衡而形成的。棉纤维的转曲因纤维品种、成熟程度及部位的不同而有所不同。转曲在纤维中部最多，梢部最少。正常成熟的棉纤维转曲多，陆地棉为 39~65 个/cm，未成熟纤维转曲少，过成熟的纤维几乎无转曲。

④吸湿性。棉纤维不溶于水，因为水分不能渗透纤维素密实的结晶区内，但棉纤维的多孔结构使水分可以迅速向原纤间的非结晶区渗透，与自由的纤维素羟基形成氢键。白棉的公定回潮率为 8.5%，在室温和相对湿度 100% 时，其值可以高达 25%~27%。彩色棉的蜡质含量高，其吸湿性不如白棉。

⑤耐酸性。纤维素对无机酸非常敏感，酸可以使纤维素大分子中的苷键水解，大分子链变短，还原能力提高，纤维素完全水解时生成葡萄糖。有机酸对棉的作用比较缓和，酸的浓度越高，作用越剧烈。

⑥耐碱性。一般情况下，纤维素在碱液中不会溶解，但会在伯羟基上取代氢，形成碱纤维素并扭转结晶构型，由纤维素Ⅰ转变为纤维素Ⅱ。在浓碱和高温条件下，纤维素会发生碱性降解（碱性水解和剥皮反应）。稀碱溶液在常温下处理棉纤维不会产生破坏作用，并可以使纤维膨化。利用棉纤维的这种性能进行的加工，称为"丝光"处理。采用 18%~25% 的氢氧化钠溶液，浸泡在一定张力作用下的棉织物，可以使纤维截面变圆，天然转曲消失，使织物有丝一样的光泽。

⑦耐热性。棉纤维在 150℃ 以上时，纤维素热分解会导致强度下降，且在热分解时生成水、二氧化碳和一氧化碳。超过 240℃ 时，纤维素中苷键断裂，并产生挥发性物质。加热到 370℃ 时，结晶区破坏，质量损失可达 40%~60%。

⑧染色性。棉纤维的染色性较好，可以采用直接染料、还原染料、活性染料、碱性染料、硫化染料等染色。

⑨防霉变性。棉纤维有较好的吸湿性，在潮湿环境下，容易受到细菌和霉菌的侵蚀。霉变后棉织物的强力明显下降，还有难以除去的色迹。

3.1.2　麻纤维的结构与性质

麻类植物茎秆的韧皮部分，纤维束相对柔软，又称为软质纤维。多属于双子叶草本植物，主要有苎麻、亚麻、黄麻、汉（大）麻、槿（洋）麻、苘麻（青麻）、红麻、罗布麻等。亚麻纤维在 8000 年前的古埃及就被人类发现并使用，是人类最早开发利用的天然纤维之一。大麻布和苎麻布在中国秦汉时期已是人们主要的服装材料，制作精细的苎麻布可以与丝绸媲美，从宋朝到明朝麻布才逐渐被棉布取代。

（1）苎麻

苎麻属苎麻科苎麻属，多年生草本植物。又名"中国草"，是中国独特的麻类资源，种植历史悠久。我国苎麻产量占世界 90% 以上，主要产地有湖南、四川、湖北、江西、安徽、贵州、广西等地区。苎麻俗称白苎、线麻、紫麻等，可分为白叶种和绿叶种。

①苎麻纤维结构。苎麻纤维是由单细胞发育而成，纤维细长，两端封闭，有胞腔，胞壁厚度与麻的品种和成熟程度有关。苎麻纤维的纵向外观为圆筒形或扁平形，没有转曲，纤维外表面有的光滑，有的有明显的条纹，纤维头端钝圆。苎麻纤维的横截面为椭圆形，且有椭圆形或腰圆形中腔，胞壁厚度均匀，有辐射状裂纹。图 3-1 为苎麻纤维截面及纵向外观。苎麻纤维初生胞壁由微原纤交织成疏松的网状结构，次生胞壁的微原纤互相靠近形成平行

层。苎麻纤维截面有若干圈的同心圆状轮纹，每层轮纹由直径 0.25~0.4μm 的巨原纤组成，各层巨原纤的螺旋方向多为 S 形，平均螺旋角为 8°15′。苎麻纤维结晶度达 70%，取向因子 0.913。

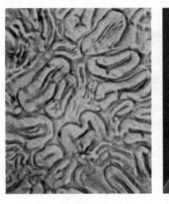 

（a）截面形态　　　　　　　（b）纵向外观

图 3-1　苎麻纤维截面形态和纵向外观

②苎麻纤维的主要性质。

纤维规格：苎麻纤维的细度与长度明显相关，一般越长的纤维越粗，越短的纤维越细。苎麻纤维的长度较长，一般可达 20~250mm，最长为 600mm。纤维宽度为 20~80μm，传统品种线密度为 6.3~7.5dtex，细纤维品种的线密度为 4.5~5.5dtex，最细品种的线密度可达 3.0dtex。

断裂强度与断裂伸长率：苎麻纤维的强度是天然纤维中最高的，但其伸长率较低。苎麻纤维平均强度为 6.73cN/dtex，平均断裂伸长率为 3.77%。

初始模量：苎麻纤维硬挺，刚性大，具有较高的初始模量。因此苎麻纤维纺纱时纤维之间的抱合力小，纱线毛羽较多。苎麻纤维初始模量为 170~210cN/dtex。

弹性：苎麻纤维的强度和刚性虽高，但是伸长率低，断裂功小，加之苎麻纤维弹性回复性较差，因此苎麻织物抗皱性和耐磨性较差。苎麻纤维在 1% 定伸长拉伸时的平均弹性回复率为 60%，伸长 2% 时的平均弹性回复率为 48%。

光泽：苎麻纤维具有较强的光泽。原麻呈白、青、黄、绿等深浅不同的颜色，脱胶后的精干麻色白且光泽好。

密度：苎麻纤维胞壁密度与棉相近，为 1.54~1.55g/cm³。

吸湿性：苎麻纤维具有非常好的吸湿、放湿性能，在标准状态下的纤维回潮率为 13%，润湿的苎麻织物 3.5h 即可阴干。

耐酸碱性：苎麻与其他纤维素纤维相似，耐碱不耐酸。苎麻在稀碱液下极稳定，但在浓碱液中，纤维膨润，生成碱纤维素。苎麻可在强无机酸中溶解。

耐热性：苎麻纤维的耐热性好于棉纤维，当达 200℃ 时，其纤维开始分解。

染色性：苎麻纤维可用直接染料、还原染料、活性染料、碱性染料等染色。

（2）亚麻

亚麻属亚麻科、亚麻属，为一年生草本植物。亚麻分为纤维用、油纤兼用和油用三类，我国传统称纤维用亚麻为亚麻，油纤兼用和油用亚麻为胡麻。亚麻适宜种植地区为北纬45°～55°，亚麻的主要产地在俄罗斯、波兰、法国、比利时、德国、中国等。我国的亚麻种植主要集中在黑龙江、吉林、甘肃、宁夏、河北、四川、云南、新疆、内蒙古等地区。目前，我国亚麻产量居世界第二位。亚麻植物由根、茎、叶、花、蒴果和种子组成，纤维用亚麻茎基部没有分支，上部有少数分支，茎高一般为60～120cm。

①亚麻的结构。亚麻茎的结构由外向内分为皮层和芯层，皮层由表皮细胞、薄壁细胞、厚角细胞、维管束细胞、初生韧皮细胞、次生韧皮细胞等组成；芯层由形成层、木质层和髓腔组成。韧皮细胞集聚形成纤维束，有20～40束纤维环状均匀分布在麻茎截面外围，一束纤维中有30～50根单纤维由果胶等粘连成束。每一束中的单纤维两端沿轴向互相搭接或侧向穿插。麻茎中皮层占13%～17%，皮层中韧皮纤维含量为11%～15%。在皮层和芯层之间有几层细胞为形成层，其中一层细胞具有分裂能力，这层细胞向外分裂产生的细胞，可以逐渐分化成新的次生韧皮层；向内分裂产生的细胞则逐渐分化成次生木质层。木质层由导管、木质纤维和木质薄壁细胞组成，木质纤维很短，长度只有0.3～1.3mm，木质层占麻茎的70%～75%。髓部由柔软易碎的薄壁细胞组成，是麻茎的中心，成熟后的亚麻麻茎在髓部形成空腔。

亚麻单纤维纵向中间粗，两端尖细、中空、两端封闭无转曲。纤维截面结构随麻茎部位不同而存在差异，麻茎根部纤维截面为圆形或扁圆形，细胞壁薄，中腔大而层次多；麻茎中部纤维截面为多角形，纤维细胞壁厚，纤维品质优良；麻茎梢部纤维束松散。亚麻纤维横截面细胞壁有层状轮纹结构，轮纹由原纤层构成，厚度为0.2～0.4μm，原纤层由许多平行排列的原纤以螺旋状绕轴向缠绕，螺旋方向多为左旋，平均螺旋角为6°18′，原纤直径为0.2～0.3μm。亚麻纤维结晶度约66%，取向因子为0.934。图3-2为亚麻纤维纵向外观和截面形态。

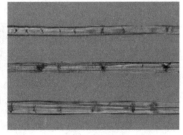

（a）截面形态　　　　　　　　　（b）纵向外观

图3-2　亚麻纤维截面形态和纵向外观

②亚麻纤维的主要性能。

纤维规格：亚麻单纤维的长度差异较大，麻茎根部纤维最短，中部次之，梢部最长。单纤维长度为10~26mm，最长可达30mm，宽度为12~17μm，线密度为1.9~3.8dtex。纱线用工艺纤维湿纺长为400~800mm，线密度为12~25dtex。

断裂强度与断裂伸长率：亚麻纤维有较好的强度，断裂强度约为4.4cN/dtex，断裂伸长率为2.50%~3.30%。

初始模量：亚麻纤维刚性大，具有较高的初始模量。亚麻单纤维的初始模量为145~200cN/dtex。

色泽：亚麻纤维具有较好的光泽。纤维色泽与其脱胶质量有密切关系，脱胶质量好，打成麻后呈现银白或灰白色；次者呈灰黄色、黄绿色；再次为暗褐色，色泽灰暗，同时其纤维品质较差。

密度：亚麻纤维胞壁的密度为$1.49g/cm^3$。

吸湿性：亚麻纤维具有很好的吸湿、导湿性能，在标准状态下的纤维回潮率为8%~11%，公定回潮率为12%，润湿的亚麻织物4.5h即可阴干。

抗菌性：亚麻纤维对细菌具有一定的抑制作用。古埃及时期人们用亚麻布包裹尸体，制作木乃伊。第二次世界大战时，人们将剪碎的亚麻布蒸煮，然后用蒸煮液代替消毒水给伤员冲洗伤口。亚麻布对金黄色葡萄球菌的杀菌率可达94%，对大肠杆菌杀菌率达92%。

3.2 动物纤维

3.2.1 毛纤维

天然动物毛的种类很多，主要有绵羊毛、山羊绒、马海毛、骆驼绒、兔毛、牦牛毛等。毛纤维是纺织工业的重要原料，它具有许多优良特性，如弹性好、吸湿性好、保暖性好、不易沾污、光泽柔和等。

（1）毛纤维的分类

①按纤维粗细和组织结构分类。可分为细绒毛、粗绒毛、刚毛、发毛、两型毛、死毛和干毛。

细绒毛：直径为8~30μm（上限随不同品种有差异，如骆驼细绒毛上限为30μm），无髓质层，鳞片多呈环状，油汗多，卷曲多，光泽柔和。异质毛中的底部绒毛，也为细绒毛。

粗绒毛：直径为30~52.5μm，无髓质层。

刚毛：直径为52.5~75μm，有髓质层，卷曲少，纤维粗直，抗弯刚度大，光泽强，亦可称为粗毛。

发毛：直径大于75μm，纤维粗长，无卷曲，在一个毛丛中经常突出于毛丛顶端，形成毛辫。

两型毛：一根纤维上同时兼有绒毛与刚毛的特征，有断断续续的髓质层，纤维粗细差异较大，我国没有完全改良好的羊毛多含这种类型的纤维。

死毛：除鳞片层外，整根羊毛充满髓质层，纤维脆弱易断，枯白色，没有光泽，不易染色，无纺纱价值。

干毛：接近于死毛，略细，稍有强力，绵羊毛纤维有髓腔。当在500倍显微镜下观察，髓腔长达25mm以上、宽为纤维直径的1/3以上的为腔毛，粗毛和腔毛统称为粗腔毛。

②按动物品种分类。目前加工应用的天然毛纤维的动物品种繁多，主要有以下品种。绵羊，如粗绵羊毛、细绵羊毛、超细绵羊毛；山羊，如山羊绒、山羊毛、安哥拉山羊毛、纸山羊与安哥拉山羊杂交种山羊毛；骆驼，如骆驼绒、骆驼毛；牦牛，如牦牛绒、牦牛毛；驼羊，如驼羊毛；骆马，如骆马毛；原驼，如原驼绒；兔，如安哥拉兔毛（长毛兔兔毛）、兔毛；貂，如貂绒、貂毛；狐狸，如狐绒、狐毛。其他特种毛皮动物，如马的鬃毛；禽类，如鸭、鹅、鸡的羽绒和羽毛等。

③按取毛后原毛的形状分类。可分为被毛、散毛和抓毛。从绵羊身上剪下的毛，粘连成一个完整的毛被叫被毛。剪下的毛不成整个片状的，叫散毛。如果在羊脱毛季节，用铁梳把毛梳下来，这种毛叫抓毛。抓毛中含有不同类型的毛纤维，加工时需要分开，山羊绒一般为抓毛。

④按纤维类型分类。可分为同质毛和异质毛。如果毛被中仅含有同一粗细类型的毛，叫同质毛。如果毛被中兼含有绒毛、发毛和死毛等不同类型的毛，叫异质毛。我国土种绵羊毛、山羊毛、骆驼毛、牦牛毛等均属于异质毛。

⑤按剪毛季节分类。可分为春毛（春天剪取的毛）、秋毛（秋天剪取的毛）和伏毛（有的地方夏天剪取的毛），春毛毛长，底绒多，毛质细，油汗多，品质较好；秋毛毛短，无底绒，光泽较好；伏毛毛最短，品质差。

⑥按加工程度分类。原毛或原绒（剪下或梳下的原始毛纤维）称为污毛；洗净后的称洗净毛或净绒；经分梳除去刚毛及粗绒毛后的细绒毛称为无毛绒。

（2）毛纤维的分子结构

毛纤维大分子是由多种 α-氨基酸由肽键连接成的多缩氨酸链为主链。在组成毛纤维的20多种 α-氨基酸中，以二氨基酸（精氨酸、松氨酸）、二羟基酸（谷氨酸、天冬氨酸）和含硫氨基酸（胱氨酸）等的含量最高，因此在毛纤维角蛋白大分子主链间能形成盐式键、二硫键和氢键等空间横向联键。毛纤维大分子间，依靠分子引力、盐式键、二硫键和氢键等相结合，呈较稳定的空间螺旋形态。

在组织学构造上，各种毛纤维都是由角质细胞（细胞变性，细胞壁中大分子间交联，细胞死亡、失水、硬化称为角质化，动物的角、蹄、指甲等均是）堆砌而成的细长物体，它分为鳞片层、皮质层和髓质层。细毛纤维没有髓质层，仅有鳞片层、皮质层。部分品种的毛纤维髓质层细胞破裂、贯通呈空腔形式（如羊驼羔毛等）。毛纤维的基本形态结构如图3-3所示。

①鳞片层。鳞片层居于羊毛纤维表面，由方形圆角或椭圆形扁平角质蛋白细胞组成，它覆盖于毛纤维的表面。由于外观形态似鱼鳞，故称为鳞片层。鳞片的上端伸出毛干，且永远指向毛尖，鳞片底部与皮质层紧密相连。鳞片是角质蛋白细胞，每一个细胞的平均高度为 $37.5 \sim 55.5\mu m$，宽度为 $35.5 \sim 37.6\mu m$，厚度为 $0.3 \sim 2.0\mu m$。鳞片细胞由根向梢层层叠置，

在每毫米长度内，一般叠置34~40层（骆驼毛纵向叠层约20层）。超细绒毛每一个鳞片围绕毛干一周呈环状。同时每一鳞片的边缘相互覆盖，不同品种有斜有正，一般绒毛和刚毛鳞片排列纵向由根向梢重叠，圆周方向接压、部分重叠，且通常整周重叠较多，半周重叠较少。部分刚毛鳞片排列较稀，例如骆驼刚毛、鳞片间基本不重叠覆盖。

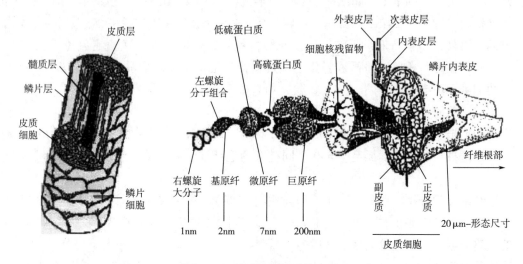

图 3-3　粗羊毛结构及鳞片层构造

鳞片细胞与所有细胞一样，最外层为磷脂分子和甾醇分子平行排列双分子层薄膜，即细胞表皮薄膜。毛纤维鳞片细胞表皮膜基础成分是磷脂（包括卵磷脂、神经鞘磷脂等以磷酸基团的一端为头端向外，两根14~20碳的碳氢链长尾为另一端向内的分子）的长尾分子和甾醇分子（包括胆甾醇、类甾醇、羊毛甾醇等多复环碳氢化合物）按1∶1平行排列的分子层，两层尾对尾衔接。极性基团向外结合氨基酸及蛋白质颗粒。膜层嵌有蛋白质分子团块，成为某些物质的细胞内外通道。膜本身具有很强的憎水性和化学稳定性，但这些蛋白质团块成为液体和离子的通道，如图 3-4 所示。薄膜的厚度 3.0~4.0nm，在氯水或溴水中会被剥离，成为可观察的 Allwörden 反应。

图 3-4　细胞壁表层膜结构示意图

在鳞片表皮细胞薄膜下面依次是鳞片外层与鳞片内层。它们是鳞片细胞角质化后的细胞壁，厚度分别为0.15~0.5μm和0.2~1.3μm。鳞片外层由a、b两个微层组成，a层的胱氨酸含量比b层高，角蛋白分子排列呈不规则状态，为无定形结构。鳞片内层胱氨酸含量极低，化学稳定性较差，易被酸、碱、氧化剂、还原剂降解和解朊酶酶化。鳞片外层和鳞片内层间，局部有细胞腔，且这些细胞腔内有残余细胞核与细胞原生质干涸后的残余物。

②皮质层。皮质层位于鳞片层的里面，由稍扁的截面细长的纺锤状细胞组成，它在毛纤维中沿着纤维的纵轴排列，皮质细胞紧密相连，细胞间由细胞间质黏结。皮质细胞和大部分蛋白质纤维的基本组成物质是蛋白质。是由25种α-氨基酸（$H_2N—CHR—COOH$）缩合的大分子堆砌而成。其中，随基团R不同分为不同的氨基酸。侧向基团R上只有碳、氢元素的属中性α-氨基酸，R带有氨基或羟基的，属碱性氨基酸，R带有羧基的，称酸性氨基酸，此外还有带有硫桥、硫醇和硫氢（巯）基的α-氨基酸。

皮质细胞是毛纤维的主要组成部分，也是决定毛纤维物理化学性质的基本物质。皮质细胞间及其与鳞片层之间由细胞间质紧密连接。皮质细胞的平均长度为80~100μm，宽度为2~5μm，厚度为1.2~2.6μm。细胞间质亦为蛋白质，含有少量胱氨酸，约占羊毛纤维质量的1%，厚约150nm，充满细胞的所有缝隙，易被酸、碱、氧化剂、还原剂降解和酶解。皮质细胞按结构不同，分为正皮质细胞、偏皮质细胞和间皮质细胞。毛纤维的所有皮质细胞的堆砌，包括单分子、基原纤、微原纤、原纤、巨原纤到细胞壁的多个层次。

绵羊毛皮质细胞中多缩氨酸大分子的聚合度n（未受破坏切断的）有许多种，最短的为104，其次为163~183、212~221、238~270、385~442、493~494、538~556等。单分子链在半胱氨酸含量低（≤2%）的片段，形成α螺旋链主链8个原子（占3.6个氨基酸残基单元），第1原子N上的—N—H与第9原子C上的C═O形成氢键，螺旋升距为0.514nm，直径约为1nm。在单分子链半胱氨酸含量高（7%~12%）的片段形成无规线团。

③髓质层。毛纤维的髓质细胞的共同特点是薄壁细胞，椭球形或圆角立方形，中腔大。髓质细胞壁中α-氨基酸成分与皮质细胞、鳞片细胞有重大差异，其含有较多的羊毛硫氨酸、鸟氨酸、瓜氨酸等，因此有髓毛和无髓毛的组成就有较明显的差异。髓质细胞外有细胞膜、细胞壁，同时它们也是由巨原纤堆砌而成，但壁内面有较多巨原纤须丛，形成似"毛绒"的表面。又由于细胞壁空腔较大，所以细胞原生质、细胞核残余等，均黏附在其内表面上。

髓质细胞一般分布在毛纤维的中央部位，绵羊、山羊、骆驼、牦牛、狐、貂、貉、藏羚羊等的细绒毛，一般没有髓质细胞。它们的粗绒毛中，髓质细胞呈断续分布。它们的刚毛中髓质细胞呈连续分布。死毛中几乎没有皮质细胞，只有鳞片层和髓质层，且髓质细胞连续，但髓质细胞的细胞壁极薄，一般加工中，其细胞壁均破裂，形成中心连续孔洞。

（3）毛纤维的品质特征

①物理特征。

a. 长度。由于天然卷曲的存在，毛纤维长度可分为自然长度和伸直长度。一般用毛丛的自然长度表示毛丛长度，用伸直长度来评价羊毛品质。自然长度是指不伸直纤维，且保留天然卷曲的纤维两端的直线距离。自然长度指标，主要用于养羊业鉴定绵羊育种的品质。把羊毛纤维的天然卷曲拉直，用尺测出其基部到尖部的直线距离数字，称为伸直长度。伸直长度指标，主要用于考核计数平均长度、计重平均长度及其变异系数和短纤维率。细绵羊毛的毛丛长度一般为 6~12cm，半细绵羊毛的毛丛长度为 7~18cm。长毛种绵羊毛丛长度为 15~30cm。

b. 细度。毛纤维截面近似圆形，一般用直径大小来表示它的粗细，称为细度，单位为微米（μm）。细度是确定毛纤维品质和使用价值的重要指标。绵羊毛的细度，随着绵羊的品种、年龄、性别、毛的生长部位和饲养条件的不同，有相当大的差别。在同一只绵羊身上，毛纤维的细度也不同，如绵羊的肩部、体侧、颈部、背部的毛较细，前颈、前腿、臀部和腹部的毛较粗，喉部、腿下部、尾部的毛较粗。最细的细绒毛直径约为 7μm，最粗的刚毛直径可以达 240μm。绵羊毛平均直径越粗，它的细度变化范围也越大。正常的细绒毛横截面近似圆形，截面长宽比在 1~1.2，不含髓质层。刚毛含有髓质层，随着髓质层增多，横截面呈椭圆形，截面长宽比在 1.1~2.5。死毛横截面是扁圆形截面，长宽比可达 3 以上。绵羊毛的细度指标有平均直径、线密度、公制支数和品质支数。

c. 密度。细绵羊毛（无髓毛）的密度约为 $1.32g/cm^3$，在天然纺织纤维中是最小的。有髓毛因细胞空腔大密度小，一般刚毛约为 $1.10g/cm^3$，死毛则更低。

d. 卷曲。毛纤维沿长度方向因正皮质、偏皮质细胞分布不同，干缩中形成自然的周期性卷曲。一般以每厘米的卷曲数来表示毛纤维卷曲的程度，称为卷曲度或卷曲数。卷曲度与动物品种，纤维细度有关，同时也随着毛丛在动物身上的部位不同而有差异。因此卷曲度的多少，对判断毛纤维细度、同质性和均匀性有较大的参考价值。按卷曲波的深浅，毛纤维卷曲形状可分为弱卷曲、常卷曲和强卷曲三类。常卷曲（常波）为近似半圆的弧形相对连接，略呈正弦曲线形状，细绵羊毛的卷曲大部分属于这种类型；卷曲波幅高深的为强卷曲，细毛中的腹毛多属这种类型；卷曲波幅较为浅平的，称为弱卷曲，半细毛卷曲多属这种类型。

e. 摩擦性能和缩绒性。羊毛表面有鳞片，鳞片的根部附着于毛干，尖端伸出毛干的表面而指向毛尖。由于鳞片的指向这一特点，羊毛沿长度方向的摩擦，因为滑动方向不同，则摩擦因数不同。滑动方向从毛尖到毛根，为逆鳞片摩擦，摩擦因数大；滑动方向从毛根到毛尖，为顺鳞片摩擦，摩擦因数小，这种现象称为定向摩擦效应。这一差异是毛纤维缩绒的基础。顺鳞片和逆鳞片的摩擦因数差异越大，羊毛缩绒性越好。毛纤维在湿热及化学试剂作用下，经机械外力反复挤压，纤维集合体逐渐收缩紧密，并相互穿插纠缠，交编毡化，这一性能称为羊毛的缩绒性。毛织物整理过程，经过缩绒工艺（又称缩呢），织物长度收缩，厚度和紧度增加。表面露出一层绒毛，可得到外观优美、手感丰厚柔软、保暖性能良好的效果。利用毛纤维的缩绒性，把松散的短纤维结合成具有一定强度、一定形状、一定密度的毛毡片，这一作用称为毡合。毡帽、毡靴等就是通过毡合制成的。

当毛织物或散纤维受到外力作用时，纤维之间产生相对移动，由于表面鳞片的运动具有定向性摩擦效应，纤维始终保持根端向前蠕动，又由于卷曲的存在，蠕动方向沿曲线螺旋前行，致使集合体中纤维紧密纠缠、穿插、交编。高度的回缩弹性是羊毛纤维的重要特性，也是促进羊毛缩绒的因素。外力作用下纤维受到反复挤压，毛纤维时而蠕动伸展，时而回缩恢复，形成相对移动，这样有利于纤维纠缠、穿插、交编，从而导致集合体密集。毛纤维缩绒性是纤维各项性能的综合反映。定向摩擦效应、高度回缩弹性和卷曲形态、卷曲度等是缩绒的内在原因，且它们与品种细度等密切相关。

②化学性质。在毛纤维分子结构中含有大量的碱性侧基和酸性侧基，因此毛纤维有既呈酸性又呈碱性的两性性质。

a. 酸的作用。酸的作用主要使角蛋白分子的盐式键断开，并与游离氨基相结合。此外，可使稳定性较弱的缩氨酸链水解和断裂，导致羧基和氨基的增加。这些变化的大小，依酸的类型、浓度高低、温度高低和处理时间长短而不同。如80%硫酸溶液，短时间在常温下处理，毛纤维的强度损伤不大。由于稀硫酸的作用比较缓和，毛纤维在稀硫酸中，沸煮几小时也无大的损伤。不同类型的毛纤维，用硫酸处理，它们的强度损失是不同的。表3-1是用0.005mol/L、0.01mol/L、0.05mol/L的硫酸处理的绵羊毛强力损伤情况，从表中可以看出，有髓的粗刚毛耐酸能力较弱，强度损失大；有机酸的作用较无机酸的作用缓和。乙酸和蚁酸等有机酸是毛纤维染色工艺中的重要促染剂，在毛染整工艺中广泛应用。

表 3-1　不同浓度硫酸处理的不同类型绵羊毛的强度　　　　　　单位：cN/dtex

处理		同质毛	两型毛	刚毛
乙醚萃取洗净毛		14.0	12.6	11.8
H_2SO_4 浓度	0.005mol/L	13.7	11.1	10
	0.01mol/L	12.5	10.7	8.4
	0.05mol/L	11.7	9.9	7.4

b. 碱的作用。碱对毛纤维的作用比酸剧烈。碱的作用使盐式键断开，多缩氨酸链分解切断，胱氨酸二硫键水解切断。随着碱的浓度增加，温度升高，处理时间延长，毛纤维会受到严重损伤。碱使毛纤维变黄，含硫量降低以及部分溶解。毛纤维在pH>10的碱溶液中，不能超过50℃。在温度100℃时，即使是pH在8~9，毛纤维也会受到损伤。在5%的氢氧化钠溶液中煮沸10min，毛纤维全部溶解，根据这一反应，可以测定毛纤维与其他耐碱纤维混纺织品的混纺比例。

c. 氧化作用。氧化剂主要用于毛纤维的漂白，作用结果也导致胱氨酸分解，毛纤维性质发生变化。常用的氧化剂有过氧化氢、高锰酸钾、高铬酸钠等。卤素对毛纤维也发生氧化作用，它使羊毛缩绒性降低，并增加染色速率。氧化法和氯化法是当前工业上广泛使用的毛纺织品防缩处理法，通过氧化使毛纤维表面鳞片变性而达到防缩和丝光的目的。

光对毛纤维的氧化作用极为重要，光照会使鳞片受损，易于膨化和溶解，同时光照可使胱氨酸键水解，生成亚磺酸并氧化为 R—SO_2H 和 R—SO_3H（磺酸丙氨酸）类型的化合物。光照的结果，使毛纤维的化学组成和结构、毛纤维的物理力学性能以及染料的亲和力等都发生变化。日光对毛纤维光泽的影响有两种不同的看法：一种认为日光对毛纤维有漂白作用；另一种意见则认为日光会使毛纤维发黄，他们都是以色光的实验为依据。也有人指出，日光暴晒毛纤维150h，具有漂白作用，而且如果去除可见光，则可进一步增进日光对毛纤维的漂白效果。太阳光对毛纤维的最终作用，随光谱组成而变化，如紫外光引起泛黄，波长较长的光具有漂白作用。因此，日光照射时间和位置的变化引起了毛纤维漂白和发黄的结果。

d. 还原剂作用。还原剂对胱氨酸的破坏较大，特别是在碱性介质中尤为激烈。如毛纤维与硫化钠作用，由于水解生成碱，毛纤维发生强烈膨胀。碱的作用是使盐式键断裂，胱氨酸还原为半胱氨酸。亚硫酸氢钠和亚硫酸钠可作为毛纤维的防缩剂和化学定形剂。

3.2.2　蚕丝

蚕丝纤维是蚕吐丝而得到的天然蛋白质纤维。蚕分家蚕和野蚕两大类。家蚕即桑蚕，结的茧是生丝的原料；野蚕有柞蚕、蓖麻蚕、樗蚕、天蚕、柳蚕、栗蚕等，其中柞蚕结的茧可以缫丝，其他野蚕结的茧不易缫丝，仅能作绢纺原料。我国是桑蚕丝的发源地，已有六千多年历史。柞蚕丝也起源于我国，根据历史记载，已有三千多年的历史。远在汉、唐时期，我国的丝绸就畅销于中亚和欧洲各国，在世界上享有盛名。

（1）桑蚕丝

桑蚕丝是高级的纺织原料，有较好的强伸度，纤维细而柔软，平滑，富有弹性，光泽好，吸湿性好。采用不同组织结构，丝织物可以轻薄似纱，也可厚实丰满。丝织物除供衣着外，还可作日用及装饰品，在工业、医疗及国防上也有重要用途。柞蚕丝具有坚牢、耐晒、富有弹性、滑挺等优点，柞丝绸在我国丝绸产品中占有相当的地位。

①桑蚕丝的分子结构。蚕丝纤维主要是由丝素和丝胶两种蛋白质组成，此外，还有一些非蛋白质成分，如脂蜡物质、糖类、色素和矿物质（灰分）等。

蚕丝的大分子是由多种 α-氨基酸以酰胺键连接而成的长链大分子，又称肽链。在桑蚕丝素中，甘氨酸、丙氨酸、丝氨酸和酪氨酸的含量占90%以上（在桑蚕丝胶中约占45%，柞蚕丝素中约占70%），其中甘氨酸和丙氨酸含量约占70%，且它们所含侧基小，因而桑蚕丝素大分子的规整性好，呈 β-曲折链形状，有较高的结晶性。柞蚕丝与桑蚕丝略有差异，桑蚕丝丝素中甘氨酸含量多于丙氨酸，而柞蚕丝丝素中丙氨酸含量多于甘氨酸。此外，柞蚕丝含有较多支链的二氨基酸，如天冬氨酸、精氨酸等，使其分子结构规整性较差，结晶性也较差。

②桑蚕丝的形态结构。桑蚕丝是由两根单丝平行黏合而成，各自中心是丝素，外围为丝胶。桑蚕丝的横截面形状呈半椭圆形或略呈三角形。三角形的高度，从茧的外层到内层逐渐降低，因此，自茧层外层、中层至内层，桑蚕丝横截面从圆钝逐渐扁平。丝素大分子平行排列，集束成微原纤。微原纤间存在结晶不规整的部分和无定形部分，集束堆砌成原纤，平行的原纤束堆砌成丝素纤维。在光学显微镜下观察蚕丝，可以发现生丝上有很多纤维不规则缠结的疵点——结节，如环结、小糠结、茸状结、毛羽结等，这是由于蚕吐丝结茧时温度变化、簇架振动，吐丝不规则等造成的。这些结节的存在，不仅影响生丝的净度，同时在缫丝过程中容易切断，降低了生丝的均匀度。

③长度、细度和均匀度。桑蚕和柞蚕的茧丝长度和直径的变化范围（内含两根丝素纤维）见表3-2，虽然柞蚕茧的茧层量和茧形均大于桑蚕，但因其茧丝直径比桑蚕大，所以柞蚕茧丝长度还是比桑蚕短。茧丝直径的大小主要和蚕吐丝口的大小及吐丝时的牵伸倍数有关，

一般速度越大茧丝越细。

表 3-2　桑蚕丝与柞蚕丝的长度与直径

纤维种类	长度/m	平均直径/μm
桑蚕茧丝	1200~1500	13~18
柞蚕茧丝	500~600	21~30

把一定长度的生丝绕取在黑板上，通过光的反射，黑板上呈现各种深浅不同、宽度不同的条斑，根据这些条斑的变化，可以分析生丝细度的均匀程度，或者用条干均匀度仪测试。生丝细度和均匀度是生丝品质的重要指标。丝织物品种繁多；如绸、缎、纱、绉等。其中轻薄的丝织物，不仅要求生丝纤度细，而且对细度均匀度有很高的要求。细度不匀的生丝，将使丝织物表面出现色档、条档等疵点，严重影响织物外观，造成织物其他性质（如强伸度）的不匀。

④力学性质。影响茧丝的力学性质的因素，有蚕品种、产地、饲养条件、茧的解舒和茧丝纤度等。茧层部位的变化，对茧丝的性质影响更大。一般桑蚕单根茧丝的强力为 7.8~13.7cN，常用生丝的强力为 59~78cN，相应的断裂伸长率分别为 10%~22% 和 18%~21%，如折算为应力的单位，它们的强度为 2.6~3.5cN/dtex，在纺织纤维中属于上乘。吸湿后，蚕丝的断裂强度和断裂伸长率发生变化。桑蚕丝湿强为干强的 80%~90%，湿伸长增加约 45%。柞蚕丝湿强增加，约为干强的 110%，湿伸长约增 145%，这种差别因柞蚕丝所含氨基酸的化学组成及聚集态结构与桑蚕丝不同所致。由茧丝构成的生丝，其强度与断裂伸长率除取决于茧丝的强伸度外，还与并合茧粒数、生丝的纤度、缫丝速度及张力等因素有关。

⑤其他性质。

a. 密度。桑蚕丝的密度较小，因此其织成的丝绸轻薄。生丝的密度为 1.30~1.37g/cm³，精练丝的密度为 1.25~1.30g/cm³，这说明丝胶密度较丝素大。

b. 抱合。生丝依靠丝胶把各根茧丝黏着在一起，产生一定的抱合力，使丝条在加工过程中能承受各种摩擦，而不会分裂。抱合不良的丝纤维受到机械摩擦和静电作用时，易引起纤维分裂、起毛、断头等，给生产带来困难。

c. 回潮率。无论是桑蚕丝还是柞蚕丝都有很好的吸湿性。在温度为 20℃、相对湿度为 65% 的标准条件下，桑蚕丝的回潮率达 11% 左右，在纺织纤维中属于比较高的。

d. 光学性质。丝的色泽包括颜色与光泽，丝的颜色因原料茧种类不同而不同，以白色、黄色茧为最常见。我国饲养的杂交种均为白色，有时带有少量深浅不同的淡红色。呈现这些颜色的色素大多包含在丝胶内，精练脱胶后成纯白色。一般地说，生丝截面越近圆形，光泽越柔和均匀，表面越光滑，反射光越强，精练后的生丝光泽更为优美。桑蚕丝的耐光性较差，在日光照射下，容易泛黄。在阳光暴晒之下，因日光中 290~315nm 近紫外线，易使桑蚕丝中酪氨酸、色氨酸的残基氧化裂解，致使其强度显著下降。日照 200h，桑蚕丝纤维的强度损失 50% 左右。柞蚕丝耐光性比桑蚕丝好，在同样的日照条件下，柞蚕丝强度损失较小。

e. 化学性质。桑蚕丝纤维的分子结构中，既有酸性基团（—COOH），又有碱性基团（—NH$_2$—OH），呈两性性质。其中酸性氨基酸含量大于碱性氨基酸含量。因此桑蚕丝纤维的酸性大于碱性，是一种弱酸性物质。酸和碱均能促使桑蚕丝纤维分解，水解的程度与溶液的pH 值，处理的温度、时间和溶液的浓度有很大关系。高浓度的无机酸，如浓硫酸、浓盐酸、浓硝酸等的作用，丝素急剧膨胀溶解呈淡黄色黏稠物。如在浓酸中浸渍极短时间，立即用水冲洗，丝素可收缩 30%~40%，这种现象叫酸缩，能用于丝织物的缩皱处理。氢氧化钠等强碱对丝素的破坏最为严重，即使在稀溶液中，也能侵蚀丝素。

（2）柞蚕丝

柞蚕丝是一种高贵的天然纤维，用它织造的丝织品具有其他纤维所没有的天然淡黄色和珠宝光泽，而且平滑挺爽，坚牢耐用，吸湿性强，水分挥发迅速，湿牢度高，耐酸耐碱，具有电绝缘性。

①茧丝的构造。柞蚕茧的茧丝长度平均为 800m 左右，其中长的在 1000m 以上，短的在400m 以下，平均直径为 21~30μm。柞蚕茧的茧丝细度，因茧形大小、茧层厚薄、茧层部位的不同而差异较大。一般是茧形大、茧层厚的茧，茧丝长，细度粗。柞蚕茧的平均细度一般为 6.2dtex（5.6 旦）左右。在同一粒茧中，外、中、内层的茧丝细度是不同的，一般外层茧丝细度为 6.9dtex（6.2 旦）左右，中层为 6.1dtex（5.5 旦）左右，内层为 5dtex（4.5 旦）左右。柞蚕茧丝的横截面呈扁平状，且越到茧层的内层，扁平程度越大，一般长径为 65μm，短径为 12μm，即长径为短径的 5~6 倍。

柞蚕茧丝是由两根单丝并合组成的。在单丝的周围不规则地凝固有许多丝胶颗粒，而且结合得非常坚牢，必须用较强的碱溶液才能把它们分离。每一根单丝是由许多巨原纤集聚构成的。这种巨原纤粗细相近，边缘整齐，直径一般为 0.75~0.96μm。各个巨原纤之间都有一定的空隙，且位于纤维中心的空隙较大。巨原纤束之间的距离为 0.53~0.60μm。

②酸性溶液对柞蚕丝性能的影响。柞蚕丝在 75% 的硫酸和浓硝酸中立刻溶解；常温下在浓盐酸中不能立刻溶解，如果浸渍 30min 后，用玻璃棒触及丝条，出现一触即断的现象，如果将盐酸升温至 60℃，丝立刻溶解。而柞蚕丝在甲酸和乙酸中既不溶解，也不呈现颜色反应。碱对丝有较大的破坏作用，并能使丝色发暗，有消光作用。因此，在煮漂茧和洗涤丝绸织物时，采用低浓度的弱碱和中性皂。

3.3 再生纤维素纤维

再生纤维素纤维是以自然界中广泛存在的纤维素物质（如棉短绒、木材、竹、芦苇、麻秆芯、甘蔗渣等）提取纤维素制成浆粕为原料，通过适当的化学处理和机械加工而制成的。该类纤维由于原料来源广泛、成本低廉，因此在纺织纤维中占有相当重要的位置。

3.3.1　黏胶纤维

黏胶纤维是再生纤维中的一个主要品种，也是较早研制和生产出的化学纤维。黏胶纤维是从纤维素原料中提取纯净的纤维素，经过烧碱、二硫化碳处理之后，将其制成黏稠的纺丝溶液，采用湿法纺丝加工而成，其基本制造流程如图 3-5 所示。

$$纤维素浆粕（C_6H_{10}O_5）_n \xrightarrow{NaOH} 碱纤维素（C_6H_4O_4 \!-\! ONa）_n$$

$$\xrightarrow{CS_2} 纤维素黄酸酯C\!\!\stackrel{OC_6H_9O_4}{=}\!\!S \xrightarrow[溶液]{NaOH} 黏胶液$$

$$\xrightarrow{H_2SO_4、Na_2SO_4、ZnSO_4} 纤维素再生 \xrightarrow{喷丝头} 喷出细流形成再生纤维素纤维$$

图 3-5　黏胶纤维的基本制造流程图

（1）黏胶纤维的结构特征

黏胶纤维的主要组成物质是纤维素，其分子结构式与棉纤维相同，聚合度低于棉，一般为 250～550。黏胶纤维的截面边缘为不规则的锯齿形，纵向平直有不连续的条纹。如对纤维切片用维多利亚蓝或刚果红染料进行快速染色，可以在显微镜中观察到纤维的表皮颜色较浅，而靠近中心的部分颜色较深。黏胶纤维中纤维素结晶结构为纤维素 Ⅱ。通过对其结构的研究发现，纤维的外层和内层在结晶度、取向度、晶粒大小及密度等方面具有差异，纤维这种结构称为皮芯结构。

黏胶纤维结构与截面形状源于湿法纺丝中，从喷丝孔喷出的黏胶流表层先接触凝固浴，黏胶溶剂析出并立即凝固生成一层结构致密的纤维外层（皮层）；随后内层溶剂陆续析出，凝固较慢。在拉伸成纤时，皮层中的大分子受到较强的拉伸，不仅取向度高，形成的晶粒小，晶粒数量多；而芯层中的大分子受到的拉伸较弱，不仅取向度低，而且由于结晶时间较长，形成的晶粒较大，致使黏胶纤维皮芯层在结晶与取向等结构上差异很大。当纤维芯层最后凝固析出溶剂，收缩体积形成纤维时，皮层已经首先凝固，不能同时收缩，因此皮层便会随芯层的收缩而形成锯齿形的截面边缘。不同黏胶纤维截面皮芯层情况，如图 3-6 所示。黏胶纤维的皮层在水中的膨润度较低，吸湿性较好，对某些物质的可及性较低。

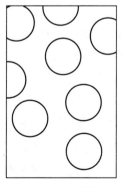  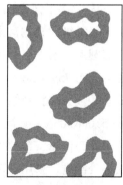

（a）全芯层黏胶　　　　　　（b）全皮层黏胶　　　　　　（c）皮芯层黏胶
　（铜氨纤维）　　　　（高强纤维、强力黏胶纤维）　　　（毛型普通黏胶纤维）

图 3-6　黏胶纤维的皮芯结构

（2）黏胶纤维的性能

①吸湿性和染色性。黏胶纤维的吸湿性良好，标准大气条件下（温度为20℃，相对湿度为65%）的平衡回潮率为12%~15%，相对湿度95%时的回潮率约为30%。纤维在水中润湿后，截面积膨胀率可达50%以上，最高可达140%，所以一般的黏胶纤维织物沾水后会发硬。普通黏胶纤维的染色性能良好，染色色谱全，色泽鲜艳，染色牢度较好。

②力学性质。普通黏胶纤维的断裂强度较低，一般在1.6~2.7cN/dtex，断裂伸长率为16%~22%。润湿后的黏胶纤维强度急剧下降，其湿干强度比为40%~50%。在剧烈的洗涤条件下，黏胶纤维织物易受损伤。此外，普通黏胶纤维在小负荷下容易变形，且变形后不易恢复，即弹性差，织物容易起皱，耐磨性差，易起毛起球。

③热学性质。黏胶纤维虽与棉纤维同为纤维素纤维，但因为黏胶纤维的分子量比棉纤维低得多，所以其耐热性较差，在加热到150℃时强力降低比棉纤维小，但在180~200℃时，会产生热分解。

④其他性质。黏胶纤维耐碱不耐酸，且其密度为$1.50~1.52g/cm^3$。

（3）黏胶纤维的种类和用途

黏胶纤维按纤维素浆粕来源不同区分为木浆（木材为原料）黏胶纤维、棉浆（棉短绒为原料）黏胶纤维、草浆（草本植物为原料）黏胶纤维、竹浆（以竹为原料）黏胶纤维、黄麻浆（以黄麻秆芯为原料）黏胶纤维、汉麻浆（以汉麻秆芯为原料）黏胶纤维等。按结构不同区可分为普通黏胶纤维、高湿模量黏胶纤维、新溶剂黏胶纤维等。

①普通黏胶纤维。普通黏胶纤维有长丝和短纤维之分。黏胶短纤维有棉型（长度为33~41mm，线密度为1.3~1.8dtex）、毛型（长度为76~150mm，线密度为3.3~5.5dtex）和中长型（长度为51~65mm，线密度为2.2~3.3dtex），可与棉、毛等天然纤维混纺，也可与涤纶、腈纶等合成纤维混纺，还可纯纺，用于织制各种服装面料和家庭装饰织物及产业用纺织品。其特点是成本低，吸湿性好，抗静电性能优良。长丝可以纯织，也可与蚕丝、棉纱、合成纤维长丝等交织，用于制作服装面料、床上用品及装饰织物等，但断裂强度较低，干态断裂强度为2.2~2.6cN/dtex，湿干强度比为45%~55%。

②高湿模量黏胶纤维。又称富强纤维，是通过改变普通黏胶纤维的纺丝工艺条件来开发的，其横截面近似圆形，厚皮层结构，断裂强度为3.0~3.5cN/dtex，高于普通黏胶纤维，湿干强度比明显提高，为75%~80%。我国商品名称为富强纤维或莫代尔。

③强力黏胶丝。强力黏胶丝结构为全皮层，是一种高强度、耐疲劳性能良好的黏胶纤维，断裂强度为3.6~5.0cN/dtex，其湿干强度比为65%~70%。其广泛用于工业生产，经加工制成的帘子布，可供作为汽车、拖拉机的轮胎，也可以制作运输带、胶管、帆布等。

④新溶剂法黏胶纤维。采用专用溶剂（N-甲基吗啉-N-氧化物、NMMO或离子溶液）直接溶解纤维素后纺制成的黏胶纤维。纤维截面呈圆形，巨原纤结构致密，拉伸、钩接、打结强度高。有的品种在挤破表面包膜后，分裂成超细的巨原纤，有利于生产桃皮绒类织物；有的品种皮芯不分，使产品悬垂性、柔软性良好。

3.3.2　铜氨纤维

铜氨纤维是将纤维素浆粕溶解在铜氨溶液中制成纺丝液，再经过湿法纺丝而制成的一种再生纤维素纤维。

铜氨溶液是深蓝色液体，它是将氢氧化铜溶解于浓的氨水中制得。将棉短绒（或木材）浆粕溶解在铜氨溶液中，可制得铜氨纤维素纺丝液，纺丝液中含铜约为4%、氨约为29%、纤维素约为10%。铜氨纤维的纺丝液从喷丝头细孔压出后，首先被喷水漏斗中喷出的高速水流所拉伸，使纺丝液一边变细、一边凝固；凝固丝通过稀酸浴（一般采用5%H_2SO_4）还原再生成铜氨纤维。刚纺出的铜氨纤维中含有其他物质，所以还需要进行酸洗、水洗等后处理。

（1）铜氨纤维的结构特征

由于铜氨纤维纺丝液的可塑性很好，可承受高度拉伸，因此可制成很细的纤维，其单纤维线密度为0.44~1.44dtex。铜氨纤维的横截面是结构均匀的圆形无皮芯结构，纵向表面光滑。在铜氨纤维的制造过程中，纤维素的破坏比较小，平均聚合度比黏胶纤维高，可达450~550。

（2）铜氨纤维的性能

①吸湿性和染色性。在标准状态下，铜氨纤维的回潮率为12%~13.5%，吸湿性比棉纤维好，与黏胶纤维相近，但吸水量比黏胶纤维高20%左右，吸水膨胀率也较高。铜氨纤维的无皮层结构使其对染料的亲和力较大，上色较快，上染率较高。

②力学性质。铜氨纤维的断裂强度较黏胶纤维稍高，干态断裂强度为2.6~3.0cN/dtex，湿干强度比为65%~70%。这主要是因为铜氨纤维的聚合度较高，而且铜氨纤维经过高度拉伸，大分子的取向度较好。此外，铜氨纤维的耐磨性和耐疲劳性也比黏胶纤维好。

③光泽和手感。铜氨纤维的单纤维很细，制成的织物手感柔软光滑。并且由于其单纤维的线密度小，同样线密度的长丝纱中可有更多根单纤维，使成纱散射反射增加，光泽柔和，具有蚕丝织物的风格。

④其他性能。铜氨纤维的密度与棉纤维及黏胶纤维接近或相同，为1.52g/cm³。铜氨纤维的耐酸性与黏胶纤维相似，能被热稀酸和冷浓酸溶解；遇强碱会发生膨化并使纤维的强度降低，直至溶解。铜氨纤维一般不溶于有机溶剂，但溶于铜氨溶液。铜氨纤维与黏胶纤维等纤维的性能比较见表3-3。

表3-3　铜氨纤维与黏胶纤维等纤维的性能比较

性能	Lyocell纤维	黏胶纤维	高湿模量黏胶纤维	铜氨短纤维	棉纤维
纤维纤度/dtex	1.7	1.7	1.7	1.4	1.65~1.95
干断裂强度/（cN/dtex）	4.0~4.2	2.2~2.6	3.4~3.6	2.5~3.0	2.0~2.4
湿强度/（cN/dtex）	3.4~3.8	1.0~1.5	1.9~2.1	1.7~2.2	2.6~3.0
干断裂伸长率/%	14~16	20~25	13~15	14~16	7~9
湿断裂伸长率/%	16~18	25~30	13~15	25~28	12~14

性能	Lyocell 纤维	黏胶纤维	高湿模量黏胶纤维	铜氨短纤维	棉纤维
公定回潮率/%	11.5	13	12.5	11	8.5
5%伸长湿模量/（cN/dtex）	270	50	110	50~70	100

（3）铜氨纤维的应用

铜氨纤维一般制成长丝，用于制作轻薄面料和仿丝绸产品，如内衣、裙装、睡衣等。铜氨纤维面料也是高档服装里料的重要品种之一，铜氨纤维与涤纶交织面料、铜氨纤维与黏胶纤维交织面料是高档西装的常用里料。铜氨纤维里料特点为滑爽、悬垂性好。

第4章 合成纤维

4.1 概述

合成纤维是由低分子物质经化学合成的高分子聚合物，再经纺丝加工而成的纤维。合成纤维可从不同的几个方面来进行分类：按其分子结构，可分为碳链合成纤维，如聚乙烯纤维、聚丙烯纤维、聚丙烯腈纤维、聚乙烯醇缩甲醛纤维、聚氯乙烯纤维、聚氟乙烯纤维等；杂链合成纤维，如聚酰胺纤维、聚酯纤维等。按合成纤维的纵向形态特征，可分为长丝和短纤维两大类；按照化学纤维的截面形态和结构，又可分成异形纤维和复合纤维。按照化学纤维的加工及性能特点又可分为普通合成纤维、差别化纤维及功能性纤维。

4.1.1 长丝和短纤维

化学纤维加工得到的连续丝条，不经过切断工序的称为长丝。长丝可分为单丝、复丝，单丝中只有一根纤维，复丝中包括多根单丝，单丝用于加工细薄织物或针织物，如透明袜、面纱巾等。一般用于织造的长丝，大多为复丝。

化纤在纺丝后加工中可以切断成各种长度规格的短纤维，长度基本相等的称为等长纤维，长度形成一个分布的称为不等长纤维，短纤维按长度区分为棉型（33mm、35mm、38mm、41mm）、中长型（45mm、51mm、60mm、65mm）、毛型（76～150mm），部分毛型化纤采用牵切法加工成不等长纤维，使加工得到的产品更具有毛型的风格。

4.1.2 普通合成纤维

普通合成纤维的命名，以化学组成为主，并形成学名和缩写代码，商品名为辅，或称俗名。国内以"纶"的命名，属商品名，主要是指传统的六大纶，即涤纶、锦纶、腈纶、丙纶、维纶和氯纶。其中前4种纤维在近半个世纪中发展成为大宗类纤维，以产量排序为涤纶>丙纶>锦纶>腈纶，它们主要作为服用纺织原料。合成纤维的名称及分类见表4-1。

表4-1 常见合成纤维的名称及代号

类别	化学名称	代号	国内商品名	常见国外商品名	单体
聚酯类纤维	聚对苯二甲酸乙二酯	PET PES	涤纶	Dacron, Terelon, Terlon, Teriber, Lavsan, Terital	对苯二甲酸或对苯二甲酸二甲酯，乙二醇或环氧乙烷

类别		化学名称	代号	国内商品名	常见国外商品名	单体
聚酯类纤维		聚对苯二甲酸环己基-1,4-二甲酯			Kodel，Vestan	对苯二甲酸或对苯二甲酸二甲酯、环己烷、1,4-二甲醇
		聚对羟基苯甲酸乙二酯	PEE		A-Tell	对羟基苯甲酸、环氧乙烷
		聚对苯二甲酸丁二醇酯	PBT	PBT 纤维	Finecell，Sumola，Artlo，Wonderon，Celanex	对苯二甲酸或对苯二甲酸二甲酯、丁二醇
		聚对苯二甲酸丙二醇酯	PTT	PTT 纤维	Corterra	对苯二甲酸、丙二醇
聚酰胺纤维	脂肪族	聚酰胺6	PA6	锦纶6	Nylon 6，Capron，Chemlon，Perlon，Chadolan	己内酰胺
		聚酰胺66	PA66	锦纶66	Nylon 66，Arid，Wellon，Hilon	己二酸、己二胺
		聚酰胺1010	PA1010	锦纶1010	Nylon 1010	癸二胺、癸二酸
		聚酰胺4	PA4	锦纶4	Nylon4	丁内酰胺
	脂环族	脂环族聚酰胺	PACM	锦环纶	Alicyclic nylon，Kynel	双-（对氨基环己基）甲烷、十二烷二酸
芳香族聚酰胺纤维		聚对苯二甲酰对苯二胺	PPTA	芳纶1414	Kevlar，Technora，Twaron	芳香族二元胺和芳香族二元羧酸或芳香族氨基苯甲酸
		聚间苯二甲酰间苯二胺	PMIA	芳纶1313	Nomex，Conex，Apic，Fenden，Mrtamax	芳香族二元胺和芳香族二元羧酸或芳香族氨基苯甲酸
		聚苯砜对苯二甲酰胺	PSA	芳砜纶	Polyulfone amide	4,4′-二氨基二苯砜、3,3′-二氨基二苯砜和对苯二甲酰氯
聚杂环纤维		聚对亚苯基苯并二噁唑	PBO		Zylon	聚-p-亚苯丙二噁唑
		聚间亚苯基苯并二噁唑	PBI		Polybenzimimidazole	
		聚醚醚酮	PEEK		Victrex PEEK	
聚烯烃类纤维		聚丙烯纤维	PP	丙纶	Meraklon，Polycaissis，Prolene，Pylon	丙烯
		聚丙烯腈系纤维（丙烯腈与15%以下的其他单体共聚物纤维）	PAN	腈纶	Orlon，Acrilan，Creslan，Chemilon，Krylion，Panakryl，Vonnel，Courtell	丙烯腈及丙烯酸甲酯或醋酸乙烯、苯乙烯磺酸钠、甲基丙烯磺酸钠

类别	化学名称	代号	国内商品名	常见国外商品名	单体
聚烯烃类纤维	改性聚丙烯腈纤维（指丙烯腈与多量第二单体的共聚物纤维）	MAC	腈氯纶	Kanekalon，Vinyon N，Saniv，Verel	丙烯腈、氯乙烯或偏二氯乙烯
	聚乙烯纤维	PE	乙纶	Vectra，Pylen，Platilon，Vestolan，Polyathylen	乙烯
	聚乙烯醇缩甲醛纤维	PVAL	维纶	Vinylon，Kuralon，Vinal，Vinol	乙二醇、或乙酸乙烯酯
	聚乙烯醇-氯乙烯接枝共聚纤维	PVAC	维氯纶	Polychlal，Cordelan，Vinyon	氯乙烯、乙酸乙烯酯
	聚氯乙烯纤维	PVC	氯纶	Leavil，Valren，Voplex，PCU	氯乙烯
	氯化聚氯乙烯（过氯乙烯）纤维	CPVC	过氯纶	Perchlorovinyl fiber	氯乙烯
	氯乙烯与偏二氯乙烯共聚纤维	PVDC	偏氯纶	Saran，Permalon，Krehalon	氯乙烯、偏二氯乙烯
	聚四氟乙烯纤维	PTFE	氟纶	Teflon	四氟乙烯

4.2　聚酯纤维

聚酯通常是指以二元酸和二元醇缩聚而得的高分子化合物，其基本链节之间以酯键连接。聚酯纤维的品种很多，如聚对苯二甲酸乙二酯纤维、聚对苯二甲酸丁二酯纤维、聚对苯二甲酸丙二酯。其中以聚对苯二甲酸乙二酯含量在 85% 以上的纤维为主，相对分子质量一般控制在 18000~25000。我国将聚对苯二甲酸乙二酯含量大于 85% 的纤维称为涤纶，有少量的单体（1%~3%）和低聚物存在，这些低聚物的聚合度较低（$n=2$，3，4 等），以环状形式存在。

4.2.1　涤纶的结构特征

（1）分子组成

从涤纶分子组成来看，它是由短脂肪烃类、酯基、苯环、端醇羟基所构成。

（2）分子结构

聚对苯二甲酸乙二酯（PET）是具有对称性苯环的线型大分子，没有大的支链，因此分子线型好，易于沿着纤维拉伸方向取向而平行排列。PET 分子链中的苯环基团刚性较大，因此纯净的 PET 熔点较高（约 267℃）。由于分子内 C—C 链的内旋转，故分子存在两种空间构象。无定形 PET 为顺式构象为：

结晶时即转变为反式结构：

聚酯分子链的结构具有高度的立体规整性，所有的苯环几乎处在同一平面上，这使相邻大分子上的凹凸部分便于彼此镶嵌，从而具有紧密敛集能力与结晶倾向。聚酯分子间没有特别强大的定向作用力，大分子几乎呈平面构型，相邻分子的原子间距是正常的范德华距离，其单元晶格属三斜晶系，晶胞参数及晶胞密度的典型值见表 4-2。

表 4-2 聚酯的晶胞参数

名称	a/nm	b/nm	c/nm	α/ (°)	β/ (°)	γ/ (°)	d/ (g/cm^3)
PET	0.448	0.588	1.075	99.5	118.4	111.2	1.515
	0.450	0.590	1.076	100.3	118.7	110.8	1.501
PTT	0.458	0.622	1.812	97.0	89.0	111.0	1.429
	0.459	0.621	1.831	98.0	90.0	111.7	1.432
PBT	0.495	0.567	1.259	101.7	121.8	99.9	1.545
	0.469	0.580	1.300	101.0	120.5	105.0	1.637

（3）形态结构和聚集态结构

采用熔体纺丝制成的聚酯纤维，具有圆形实心的横截面，纵向均匀而无条痕。聚酯纤维大分子的聚结态结构与生产过程的拉伸及热处理有密切关系，采用一般纺丝速度纺制的初生纤维几乎完全是无定形的，密度为 1.335~1.337g/cm^3，而经过拉伸及热处理后，就具有一定的结晶度和取向度。结晶度和取向度与生产条件及测试方法有关，涤纶的结晶度可达 40%~60%，取向度高的双折射率可达 0.188，密度为 1.38g/cm^3。

4.2.2 涤纶的性能

（1）吸湿性

涤纶除了大分子两端各有一个羟基（—OH）外，分子中不含有其他亲水性基团，而且其结晶度高，分子链排列很紧密，因此吸湿性差，在标准状态下回潮率只有 0.4%，即使在相对湿度 100% 的条件下吸湿率也仅为 0.6%~0.9%。由于涤纶的吸湿性低，在水中的溶胀度小，干湿强度和干湿断裂伸长率皆近于 1.0，导电性差，容易产生静电现象，并且染色困难。高密涤纶织物穿着时感觉气闷，但具有易洗快干的特性。

（2）热性能

热力学形态：涤纶具有良好的热塑性能，在玻璃化温度以上、软化点以下时，非晶区内某些链段活动，纤维柔韧，属高弹态。温度到涤纶的软化点时（230~240℃），非晶区的分子链运动加剧，分子间的相互作用力被拆开，类似黏流态，但结晶区内的链段仍未被拆开，纤维只软化而不熔融，但此时已丧失了纤维的使用价值，所以在加工中不允许超越此温度。温度升至 255~265℃时，结晶区内分子链开始运动，纤维熔融，此温度即涤纶的熔程。

涤纶在无张力的情况下，纱线在沸水中的收缩率达 7%，在 100℃的热空气中纤维收缩率为 4%~7%，200℃时可达 16%~18%。这种现象是涤纶纺丝时拉伸条件下应力残留的影响和结晶状况所造成的。经过高温定型处理后，涤纶的尺寸稳定性提高。在几种主要合成纤维中，涤纶的热稳定性最好。在温度低于 150℃时处理，涤纶的色泽不变；在 150℃下受热 168h 后，涤纶强度损失不超过 3%；在 150℃下加热 1000h，仍能保持原来强度的 50%。

涤纶的玻璃化温度 T_g 随其聚集态结构而变化，完全无定形的 T_g 为 67℃，部分结晶的 T_g 为 81℃，取向且结晶的 T_g 为 125℃。涤纶的 T_g 对于纤维、纱线和织物的力学性能（特别是弹性回复）有很大的影响。

（3）力学性能

涤纶大分子属线性分子链，侧面没有连接大的基团和支链，因此涤纶大分子相互间结合紧密，使纤维具有较高的强度和形状稳定性。

①断裂强度和断裂伸长率。涤纶的断裂强度和拉伸性能与其生产工艺条件有关，取决于纺丝过程中的拉伸程度。按实际需要可制成高模量型（强度高、伸长率低）、低模量型（强度低、伸长率高）和中模量型（介于两者之间）的纤维。涤纶具有较高的强度和伸长率，由于其吸湿性低，所以干湿强度基本相等，干湿断裂伸长率也接近。涤纶长丝的断裂强度为 3.8~5.2cN/dtex，断裂伸长率为 20%~32%，初始模量为 79.4~141.1cN/dtex。

②弹性和耐磨性。涤纶的弹性比其他合成纤维都高，与羊毛接近，这是由于在涤纶的线型分子链中分散着苯环。苯环是平面结构，不易旋转，当受到外力后虽然产生变形，但一旦外力消失，纤维变形迅速回复。涤纶的耐磨性仅次于锦纶，比其他合成纤维高出几倍。耐磨性是强度、断裂伸长率和弹性之间的综合效果。由于涤纶的弹性极佳，强度和伸长率又好，故耐磨性能也好，而且干态和湿态下的耐磨性大致相同。涤纶和天然纤维或黏胶纤维混纺，可显著提高织物的耐磨性。

③洗可穿性。涤纶织物的最大特点是优异的抗皱性和保形性，制成的衣服挺括不皱，外形美观，经久耐用。这是因为涤纶的强度高、弹性模量高、刚性大、受力不易变形以及其弹性回复率高，变形后容易回复，再加上吸湿性低，所以涤纶服饰穿着挺括、平整、形状稳定性好，能达到易洗、快干、免烫的效果。

（4）化学稳定性

在涤纶分子链中，苯环和亚甲基均较稳定，结构中存在的酯基是唯一能起化学反应的基团，另外纤维的物理结构紧密，化学稳定性较高。

①对酸碱的稳定性。涤纶大分子中存在酯键，可被水解，从而引起相对分子质量的降低。酸或碱对酯键的水解具有催化作用，碱更剧烈，涤纶对碱的稳定性比对酸的差。涤纶的耐酸性较好，无论是对无机酸或是有机酸都有良好的稳定性。将涤纶在60℃以下，用70%硫酸处理72h，其强度基本上没有变化。涤纶在碱的作用下发生水解，水解程度随碱的种类、浓度、温度及时间不同而异。由于涤纶结构紧密，热稀碱液能使其表面的大分子发生水解。水解作用由表面逐渐深入，当表面的分子水解到一定的程度后，便溶解在碱液中，使纤维表面一层层地剥落下来，造成纤维的失重和强度的下降，而对纤维的芯层则无太大影响，其相对分子质量也没有什么变化，这种现象称为"剥皮现象"或"碱减量处理"工艺。此工艺可以使纤维变细，从而增加纤维在纱中的活动性，这就是涤纶织物用碱处理后可获得仿真丝绸效果的原因。

②对氧化剂和还原剂的稳定性。涤纶对氧化剂和还原剂的稳定性很高，即使在浓度、温度、时间等条件均较高时，纤维强度的损伤也不十分明显。因此在染整加工中，常用的漂白剂有次氯酸钠、亚氯酸钠、双氧水等，常用的还原剂有保险粉、二氧化硫脲等。

③耐溶剂性。常用的有机溶剂如丙酮、苯、三氯甲烷、苯酚—氯仿、苯酚—氯苯、苯酚—甲苯，在室温下能使涤纶溶胀，在70~110℃下能使涤纶很快溶解。涤纶还能在2%的苯酚、苯甲酸或水杨酸的水溶液、0.5%氯苯的水分散液、四氢萘及苯甲酸甲酯等溶剂中溶胀。所以酚类化合物常用作涤纶染色的载体。

（5）染色性能

涤纶染色比较困难，原因除涤纶缺乏亲水性、在水中膨化程度低以外，还可以从两方面加以说明。一是，涤纶分子中缺少像纤维素或蛋白质那样能和染料发生结合的活性基团，因此原来能用于纤维素或蛋白质纤维染色的染料，不能用来染涤纶，但可以采用醋酯纤维染色的分散染料。二是，即使采用分散染料染色，除某些分子量较小的染料外，也还存在着另外的一些困难，主要是由于涤纶分子排列得比较紧密，纤维中只存在较小的空隙。当温度低时，分子热运动改变其位置的幅度较小，并且在潮湿的条件下，涤纶又不会像棉纤维那样通过剧烈溶胀而使空隙增大，因此染料分子很难渗透到纤维内部去，所以必须采取一些有效的方法，如载体染色法、高温高压染色法和热熔染色法等。

（6）起毛起球性

涤纶的最大缺点之一是织物表面容易起毛起球。这是因为其纤维截面呈圆形，表面光滑，纤维之间抱合力差，纤维末端容易浮出织物表面形成绒毛，经摩擦后，纤维纠缠在一起结成小球，并且由于纤维强度高，弹性好，小球难于脱落，因而涤纶织物起球现象比较显著。

（7）抗静电性

涤纶由于吸湿性低，表面具有较高的电阻率，当它与别的物体相互摩擦又立即分开时，涤纶表面易积聚大量电荷而不易逸散，产生静电，这不仅给纺织染整加工带来困难，而且使穿着者有不舒服的感觉。

（8）其他性能

①燃烧性。涤纶与火焰接触时能燃烧，伴随纤维发生卷缩并熔融成珠状滴落。燃烧时会产生黑烟且具有芳香味，燃烧后灰烬为黑色硬颗粒状。

②微生物的作用。涤纶不受虫蛀和霉菌的作用，这些微生物只能侵蚀纤维表面的油剂和浆料，对涤纶本身无影响。

③耐光性。涤纶的耐光性好，仅次于腈纶和醋酯纤维，优于其他纤维。涤纶对波长为300~330nm 范围的紫外光较为敏感，如果在纺丝时加入消光剂二氧化钛等，可导致纤维的耐光性降低；而在纺丝或缩聚时加入少量水杨酸苯甲酯或 2,5-羟基对苯二甲酸乙二酯等耐光剂，可使其耐光性显著提高。

4.3　聚酰胺纤维

聚酰胺纤维是指其分子主链由酰胺键（—CO—NH—）连接的一类合成纤维，各国的商品名称不同，我国称聚酰胺纤维为锦纶。聚酰胺纤维是世界上最早实现工业化生产的合成纤维，也是化学纤维的主要品种之一。脂肪族聚酰胺主要包括锦纶 6、锦纶 66、锦纶 610 等；芳香族聚酰胺包括聚对苯二甲酰对苯二胺即对位芳纶（我国称芳纶 1414、Kevlar）和聚间苯二甲酰间苯二胺即间位芳纶（我国称芳纶 1313，Nomex）等；混合型的聚酰胺包括聚己二酰间苯二胺（MXD6）和聚对苯二甲酰己二胺（聚酰胺 6T）等。

脂肪族聚酰胺纤维一般可分成两大类。一是由二元胺和二元酸缩聚制成的，根据二元胺和二元酸的碳原子数目，可得到不同品种的聚酰胺纤维。命名原则是聚酰胺纤维前面一个数字是二元胺的碳原子数，后一个数字是二元酸的碳原子数，如聚酰胺 66 纤维（锦纶 66）即由己二胺和己二酸缩聚而成，聚酰胺 610 纤维（锦纶 610）是由己二胺和癸二酸缩聚而成的。二是由 ω-氨基酸缩聚或由内酰胺开环聚合而得。聚酰胺后面的数字即氨基酸或内酰胺的碳原子数，聚酰胺 6 纤维（锦纶 6）即由己内酰胺经开环聚合而制得的纤维。

4.3.1　聚酰胺纤维的结构特征

（1）分子结构

聚酰胺的分子是由许多重复结构单元（链节）通过酰胺键连接起来的线型长链分子，在晶体中为完全伸展的平面曲折形结构。成纤聚酰胺的平均分子量要控制在一定范围内，过高和过低都会给聚合物的加工性能和产品性质带来不利影响，通常成纤聚己内酰胺的相对分子质量为 14000~20000，成纤聚己二酰己二胺的相对分子质量为 20000~30000。

（2）形态结构和聚集态结构

锦纶是由熔体纺丝制成的，在显微镜下观察其截面近似圆形，纵向无特殊结构，在电子显微镜下可以观察到丝状的原纤组织，锦纶 66 的原纤宽度为 10~15nm。锦纶的聚集态结构是折叠链和伸直链晶体共存的体系。聚酰胺分子链间相邻酰胺基可以定向型成氢键，这导致聚酰胺倾向于形成结晶。纺丝冷却成型时由于内外温度不一致，一般纤维的皮层取向度较高，结晶度较低，而芯层则结晶度较高，取向度较低。锦纶的结晶度为50%～60%，甚至高达70%。

4.3.2　聚酰胺纤维的主要性能

聚酰胺纤维大分子中的酰胺键与丝素大分子中的肽键结构相同，但聚酰胺分子链上除了氢、氧原子外，并无其他侧基，因此分子间结合紧密，纤维的化学稳定性、力学强度、形状稳定性等都比蚕丝高得多，但不及蚕丝柔软和轻盈。

（1）密度

聚己内酰胺的密度随着内部结构和制造条件的不同而有差异，通常聚己内酰胺是部分结晶的，测得的密度为$1.12～1.14g/cm^3$；聚己二酰己二胺也是部分结晶的，其密度为$1.13～1.16g/cm^3$。

（2）热性能

①热转变点。聚酰胺是部分结晶高聚物，具有较窄的熔融转变温度范围。锦纶6和锦纶66的分子结构十分相似，化学组成可以认为完全相同，但锦纶66的熔点比锦纶6高40℃。通常测得聚己内酰胺的熔点为215～220℃，软化点为160～180℃，玻璃化温度为47～50℃，聚己二酰己二胺的熔点为250～265℃，软化点为235℃，玻璃化温度为47～50℃。

②耐热性。锦纶的耐热性较差，在150℃下受热5h，断裂强度和断裂伸长率会明显下降，收缩率增加。锦纶66和锦纶6的安全使用温度分别为130℃和93℃。在高温条件下，锦纶会发生各种氧化和裂解反应，主要是—C—N—键断裂形成双键和氰基。

（3）力学性能

锦纶的初始模量接近羊毛，比涤纶低得多，其手感柔软，但易变形。在同样条件下，锦纶66的初始模量略高于锦纶6。锦纶短纤维的断裂强度为3.352～4.851cN/dtex；一般纺织用锦纶长丝的断裂强度为3.528～5.292cN/dtex；特殊用途的高强力丝强度可达6.174～8.379cN/dtex，甚至更高，这种强力丝适合制造载重汽车和飞机轮胎的帘子线及降落伞、缆绳等。湿态时，锦纶的断裂强度稍有降低，为干态的85%～90%。锦纶的断裂伸长率比较高，普通长丝为25%～40%，高强力丝为20%～30%，湿态断裂伸长率较干态高3%～5%。在所有普通纤维中，锦纶的回弹性最高。当伸长3%时，锦纶6的回弹率为100%，当伸长10%时，回弹率为90%，而涤纶为67%，黏胶长丝为32%。由于锦纶的强度高、弹性回复率高，所以锦纶是所有纤维中耐磨性最好的纤维，它的耐磨性比蚕丝和棉纤维高10倍，比羊毛高20倍，因此最适合做袜子，与其他纤维混纺，可提高织物的耐磨性。

（4）耐光性

锦纶的耐光性较差，但优于蚕丝，在长时间日光或紫外光照射下，会引起大分子链断裂，强度下降，颜色发黄。实验表明，经日光照射16周后，有光锦纶、无光锦纶、棉纤维和蚕丝的强度分别降低23%、50%、18%和82%。

（5）吸湿与染色性能

锦纶除大分子首尾的一个氨基和一个羧基都是亲水性基团外，链中的酰胺基也具有一定的亲水性，因此它具有中等的吸湿性（标准大气条件下回潮率为 4.5% 左右）。可以用酸性染料染色，也可以用阳离子染料（碱性染料）染色，还可以用分散染料染色。

（6）化学性质

与碳链纤维相比，锦纶因含酰胺键，因此容易发生水解，在温度为 100℃ 以下时，水解作用不明显；但温度超过 100℃ 时，则水解反应逐渐剧烈。酸是水解反应的催化剂，因此锦纶对酸是不稳定的，对浓的强无机酸特别敏感。在常温下，浓硝酸、盐酸、硫酸都能使锦纶迅速水解，如在 10% 的硝酸中浸渍 24h，锦纶强度将下降 30%。锦纶对碱的稳定性较高，在温度为 100℃、浓度为 10% 的氢氧化钠溶液中浸渍 100h，纤维强度下降不多，对其他碱及氨水的作用也很稳定。锦纶对氧化剂的稳定性较差。在通常使用的漂白剂中，次氯酸钠对锦纶的损伤最严重，氯能取代酰胺键上的氢，进而使纤维水解。双氧水也能使聚酰胺大分子降解。因此，锦纶不适于用次氯酸钠和双氧水漂白。

4.4　聚烯烃纤维

4.4.1　概述

聚烯烃类纤维在合成纤维中属后起之秀，发展速度居于各种合成纤维之首。聚烯烃类纤维以其表面性能和低密度著称，目前它的主要用途是产业用纺织品，如滤布和非织造织物。然而，在家庭、运动和汽车用纺织品方面也有巨大的潜在市场。聚烯烃类纤维是高分子长链合成聚合物的合成纤维，此聚合物由至少 85% 的乙烯、丙烯或其他烯烃类单体组成，且具有光滑表面的棒状结构。聚烯烃是非极性柔性高分子，熔点和玻璃化温度较低，结晶性较好。聚烯烃类纤维一般采用熔体纺丝成型，且纤维强度高，有很好的亲油性和疏水性。

（1）聚烯烃类纤维的物理性能

优点：聚烯烃类纤维是一种轻型纤维，其强度很高，耐磨性能良好，这种纤维还具有较强的抗阳光和耐气候能力。聚烯烃类纤维几乎是全疏水性（回潮率仅为 0.1%），污渍容易去除，可用于室内外地毯、浴室和厨房地毯及室内装饰品。聚烯烃类纤维可以水洗和干洗。虽然这种纤维为疏水性纤维，但是在非常细的时候具有优异的芯吸作用，同时，它还具有优异的回弹性。

缺点：由于这类纤维几乎是全疏水性的，故不利于制作大多数服装，当聚烯烃类纤维与其他纤维混合时，其疏水性和芯吸作用能使其成为运动服面料和其他高性能用织物的组成部分。聚烯烃类纤维有时会产生静电和起球现象。因为这类纤维的软化点很低，所以其必须在低温（65℃）下熨烫、机洗和干燥。

（2）聚烯烃类纤维的用途

由于聚烯烃类纤维具有较优异的芯吸作用，所以其可作为运动服等的纤维原料，也可作为非织造织物和地毯表面的纱线，还可以用作装饰织物、工业用织物（如过滤布、袋包装布）。

4.4.2 超高分子量聚乙烯纤维

超高分子量聚乙烯（UHMWPE）纤维，我国称为乙纶，是目前世界上强度最高的纤维之一，其相对分子质量一般为 10^6 以上。采用凝胶纺丝工艺生产的长丝纤维，其断裂强度达 2.7~3.8cN/dtex。这种纤维的密度低，只有 0.96g/cm³，用其加工的缆绳及制品轻，可以漂在水面上。纤维能量吸收性强，可制作防弹、防切割和耐冲击品的材料。UHMWPE 纤维具有良好的疏水性、耐化学品性、抗老化性、耐磨性、耐疲劳性和柔软弯曲，同时又耐水（包括海水）、耐湿、抗震。UHMWPE 纤维在极低温度下，其电绝缘性和耐磨性均优良，是一种理想的低温材料。纤维的主要缺点是耐热性差，使用温度为 100~110℃，在 125℃ 左右时即可熔化，断裂强度和模量随温度的升高而降低，因此要避免在高温下使用。

4.4.3 聚丙烯纤维

聚丙烯纤维，我国称丙纶，是以丙烯聚合得到的等规聚丙烯为原料纺制而成的合成纤维。其产品主要有普通长丝、短纤维、膜裂纤维、膨体长丝、工业用丝、纺黏和熔喷法非织造织物等。

（1）丙纶的形态结构和聚合态结构

丙纶由熔体纺丝法制得，一般情况下，纤维截面呈圆形，纵向光滑无条纹。从等规聚丙烯的分子结构来看，虽然不如聚乙烯的对称性高，但它具有较高的立体规整性，因此比较容易结晶。

（2）丙纶的性能

①密度。丙纶的密度为 0.90~0.92g/cm³，在所有化学纤维中是最轻的，因此聚丙烯纤维质轻、覆盖性好。

②吸湿性。丙纶大分子上无极性基团，纤维的微结构紧密，其吸湿性是合成纤维中最差的，吸湿率低于 0.03%，因此用于衣着时多与吸湿性高的纤维混纺。

③热性能。丙纶是一种热塑性纤维，熔点较低，因此加工和使用时温度不能过高，在有空气存在的情况下受热，容易发生氧化裂解。

④力学性能。丙纶与其他合成纤维一样，断裂强度与断裂伸长率与加工工艺有关，其主要力学性能见表4-3。丙纶的断裂强度高，断裂伸长率和弹性回复率较高，所以丙纶的耐磨性也较高，特别是耐反复弯曲性能优于其他合成纤维。它与棉纤维的混纺织物具有较高的耐曲磨牢度，丙纶耐平磨的性能也很好，与涤纶接近，但比锦纶差些。

表4-3 丙纶的主要性能

性能	短纤维	长丝	性能	短纤维	长丝
初始模量/（cN/tex）	23~63	46~136	弹性回复率（伸长 5% 时）/%	88~95	88~98
断裂强度/（cN/tex）	2.5~5.3	3.7~6.4	沸水收缩率/%	0~5	0~5
断裂伸长率/%	20~35	15~35			

⑤染色性能。丙纶不含可染色的基团，吸湿性又差，故难以染色，采用分散染料只能得到很浅的颜色，且色牢度很差。通常采用原液着色、纤维改性、在熔融纺丝前掺混染料络合剂等方法，可解决丙纶的染色问题。

⑥化学稳定性。丙纶是碳链高分子化合物，又不含极性基团，故对酸、碱及氧化剂的稳定性很高，耐化学性能优于一般化学纤维。

⑦耐光性。丙纶耐光性较差，日光暴晒后易发生强度损失，这主要是由于光分解或光氧化作用。从化学组成来看，丙纶没有吸收紫外光的羰基，但由于分子链中叔碳原子的氢比较活泼，易被氧化，所以其耐光性差。

⑧其他性能。丙纶的电阻率很高（$7 \times 10^{19} \Omega \cdot cm$），热导率很小，与其他化学纤维相比，它的电绝缘性和保暖性最好。同时丙纶抗微生物性也好，不霉不蛀。

（3）细线密度丙纶

"芯吸效应"是细线密度丙纶织物所特有的性能，其单丝线密度越小，这种芯吸透湿效应越明显，且手感越柔软。因此，细线密度丙纶织物导汗透气，穿着时可保持皮肤干爽，出汗后无棉织物的凉感，也没有其他合成纤维的闷热感，从而提高织物的舒适性和卫生性。在纺丝过程中添加陶瓷粉、防紫外线物质或抗菌物质，可开发出各种功能性丙纶产品。

4.4.4　聚丙烯腈纤维

聚丙烯腈系纤维，通常是指含丙烯腈85%以上的丙烯腈共聚物或均聚物纤维，我国称为腈纶，丙烯腈含量为35%～85%的共聚物纤维，则称为改性聚丙烯腈纤维或改性腈纶。腈纶自实现工业化生产以来，因其性能优良、原料充足，发展很快。该纤维柔软，保暖性好，密度比羊毛小（腈纶密度为1.17g/cm³，羊毛密度为1.32g/cm³），可广泛用于代替羊毛制成膨体绒线、腈纶毛毯、腈纶地毯，故有"合成羊毛"之称。

（1）腈纶的结构特征

①化学组成。由于均聚丙烯腈制得的腈纶结晶度极高，不易染色，手感及弹性都较差，还常呈现脆性，不适应纺织加工和服用的要求，为此聚合时加入少量其他单体。一般的成纤聚丙烯腈大多采用三元共聚体或四元共聚体。通常将丙烯腈称为第一单体，它是腈纶的主体，对纤维的许多化学、物理及力学性能起着主要的作用；第二单体为结构单体，加入量为5%～10%，通常选用含酯基的乙烯基单体，如丙烯酸甲酯、甲基丙烯酸甲酯或醋酸乙烯酯等，这些单体的取代基极性较氰基弱，基团体积又大，可以减弱聚丙烯腈大分子间的作用力，从而改善纤维的手感和弹性，克服纤维的脆性，也有利于染料分子进入纤维内部；第三单体又称染色单体，是使纤维引入具有染色性能的基团，改善纤维的染色性能，一般选用可离子化的乙烯基单体，加入量为0.5%～3%。第三单体又可分为两大类，一类是对阳离子染料有亲和力，含有羧基或磺酸基的单体，如丙烯磺酸钠、苯乙烯磺酸钠、对甲基丙烯酰胺苯磺酸钠、亚甲基丁二酸（又称衣康酸）单钠盐等，其中用磺酸基的单体，耐日晒色牢度较高，而羧基的单体耐日晒色牢度差，但染浅色时色泽较为鲜艳；另一类是对酸性染料有亲和力，含有氨

基、酰胺基、吡啶基的单体，如乙烯吡啶、2-甲基-5-乙基吡啶、丙烯基二甲胺等。显然，因第二、第三单体的品种不同，用量不同，可得到不同的腈纶，染整加工时应予注意。

②形态结构。腈纶的界面随溶剂及纺丝方法的不同而不同。用通常的圆形纺丝孔，采用硫氰酸钠为溶剂的湿纺腈纶，其截面是圆形的；而以二甲基甲酰胺为溶剂纺腈纶，其截面是花生果形的。腈纶的纵向一般都比较粗糙，似树皮状。湿纺腈纶的结构中存在着微孔，微孔的大小和数量影响纤维的力学及染色性能。微孔的大小与共聚体的组成、纺丝成型的条件等有关。

③聚集态结构。由于侧基—氰基的作用，聚丙烯腈大分子主链呈螺旋状空间立体构象。在丙烯腈均聚物中引入第二、第三单体后，大分子侧基有很大变化，增加了其结构和构象的不规则性。腈纶中存在着与纤维轴平行的晶面，也就是说沿垂直于大分于链的方向（侧向或径向）存在一系列等距离排列的原子层或分子层，即大分子排列侧向是有序的；而纤维中不存在垂直于纤维轴的晶面，也就是说沿纤维轴（即大分子纵向）原子的排列是没有规则的，即大分子纵向无序。因此通常认为腈纶中没有真正的晶体存在，而将这种只是侧向有序的结构称为准晶。腈纶的聚集态结构与涤纶、锦纶不同，它没有严格意义上的结晶部分，同时无定形区的规整度又高于其他纤维的无定形区。进一步研究认为，用侧序分布的方法来描述腈纶的结构较为合适，其中准晶区是侧序较高的部分，其余则可粗略地分为中等侧序度部分和低侧序度部分。腈纶不能形成真正晶体的原因可以认为是聚丙烯腈大分子上含有体积较大和极性较强的侧基——氰基（—CN）。同一大分子上相邻的氰基因极性方向相同而相斥，相邻大分子间因氰基极性方向相反而相互吸引。

（2）腈纶的性能

①力学性能。腈纶的干态断裂强度，毛型为 $1.764 \sim 3.087 cN/dtex$，棉型为 $2.911 \sim 3.175 cN/dtex$，湿态强度为干态强度的 $80\% \sim 100\%$。腈纶的干态断裂伸长率一般为 $25\% \sim 46\%$。初始模量为 $22 \sim 53 cN/dtex$，比涤纶小，比锦纶大，因此它的硬挺性介于这两种纤维之间。腈纶的弹性回复率在伸长较小时（2%），与羊毛相差不大，但在穿着过程中，羊毛的弹性回复率优于腈纶。

②玻璃化温度。腈纶不像涤纶、锦纶有明显的结晶区和无定形区，而只存在着不同的侧向有序度区，所以腈纶没有明显的熔点，其软化温度为 $190 \sim 240℃$，$250℃$ 以上出现热分解。一般认为，丙烯腈均聚物有两个玻璃化温度，分别为低序区的 T_{g1}（$80 \sim 100℃$）和高序区的 T_{g2}（$140 \sim 150℃$）。T_{g1} 和 T_{g2} 都比较高，而丙烯腈三元共聚物的两个玻璃化温度比较近，为 $75 \sim 100℃$，这是因为引入了第二、第三单体后，大分子的组成发生了变化，T_{g1} 和 T_{g2} 也产生了较大的变异，使 T_{g2} 向 T_{g1} 靠拢或消失，只存在一个 T_g。在含有较多水分或膨化剂的情况下，还会使 T_g 下降到 $75 \sim 80℃$。因此，染色、印花时的固色温度都应在 $75℃$ 以上。

③热弹性。由于腈纶为准晶高分子化合物，不如一般结晶高分子化合物稳定，经过一般拉伸定形后的纤维还能在玻璃化温度以上再拉伸 $1.1 \sim 1.6$ 倍，这是螺旋棒状大分子发生伸直的宏观表现。由于氰基的强极性，大分子处于能量较高的稳定状态，它有恢复到原来稳定状态的趋势。若在紧张状态下使纤维迅速冷却，纤维在具有较大内应力的情况下固定下来，这

种纤维就潜伏着受热后的收缩性，即热回弹性，这种在外力作用下，因强迫热拉伸而具有热弹性的纤维，称为腈纶的高收缩纤维，可制作腈纶膨体纱。

④热稳定性。聚丙烯腈具有较好的热稳定性，一般成纤用聚丙烯腈加热到170~180℃时不发生变化，如存在杂质，则会加速聚丙烯腈的热分解并使其颜色变化。

⑤燃烧性。腈纶能够燃烧，但燃烧时不会像锦纶、涤纶那样形成熔融黏流，这主要是由于它在熔融前已发生分解。燃烧时，除氧化反应外，还伴随高温分解反应，不但产生 NO、NO_2，而且产生 HCN 以及其他氰化物，这些化合物毒性很大，所以要特别注意。另外，腈纶织物不会由于热烟灰或类似物质溅落其上而熔成小孔。

⑥吸湿性和染色性。腈纶的吸湿性比较差，标准状态下其回潮率为 1.2%~2.0%，在合成纤维中属中等程度。聚丙烯腈均聚物很难染色，但加入第二、第三单体后，降低了结构的规整性，而且引入少量酸性基团或碱性基团，从而可采用阳离子染料或酸性染料染色，使染色性能得到改善，其染色牢度与第三单体的种类密切相关。

⑦化学稳定性。聚丙烯腈属碳链高分子化合物，其大分子主链对酸、碱比较稳定，然而其大分子的侧基氰基在酸、碱的催化作用下会发生水解，先生成酰胺基，进一步水解生成羧基。水解的结果是使聚丙烯腈转变为可溶性的聚丙烯酸而溶解，造成纤维失重，强度降低，甚至完全溶解。腈纶对常用的氧化性漂白剂稳定性良好，在适当的条件下，可使用亚氯酸钠、过氧化氢进行漂白；对常用的还原剂，如亚硫酸钠、亚硫酸氢钠、保险粉（连二亚硫酸钠）也比较稳定，故与羊毛混纺时可用保险粉漂白。

⑧耐光、耐晒和耐气候性。腈纶具有优异的耐日晒及耐气候性能，在所有的天然纤维及化学纤维中居首位。腈纶优良的耐光和耐气候性，主要是聚丙烯腈的氰基中，碳和氮原子间的三价键能吸收较强的能量，如紫外光的光子，转化为热，使聚合物不易发生降解，从而使最终的腈纶具有非常优良的耐光性能。棉纤维如用丙烯腈接枝或氰乙基化处理后，耐光性能也大幅改善。

⑨其他性能。腈纶不被虫蛀，这是优于羊毛的一个重要性能，另外对各种醇类、有机酸（甲酸除外）碳氢化合物、油、酮、酯及其他物质都比较稳定，但可溶解于浓硫酸、酰胺和亚碱类溶剂中。

4.4.5 聚乙烯醇缩甲醛纤维

聚乙烯醇缩甲醛纤维是合成纤维的重要品种之一，我国的商品名为维纶，日本称为维尼龙。其基本组成部分是聚乙烯醇。

（1）维纶的结构

用硫酸钠为凝固浴成型的维纶，截面是腰子形的，有明显的皮芯结构，皮层结构紧密，而芯层有很多空隙，空隙与成型条件有关。一般经热处理后，纤维的结晶度为 60%~70%，经缩醛化后纤维的 X 射线衍射图基本不变，说明缩醛化主要发生在无定形区及晶区的表面。

（2）维纶的性能

①密度。维纶的密度为 1.26~1.30g/cm³，约比棉纤维轻 20%。聚乙烯醇晶胞为单斜晶

系，结晶区的密度为 $1.34g/cm^3$，无定形区的密度为 $1.269g/cm^3$，一般缩醛化后密度为 $1.26g/cm^3$。

②回潮率。维纶在标准状态下的回潮率为 $4.5\% \sim 5.0\%$，在主要合成纤维中名列前茅。由于导热性差，它具有良好的保暖性。

③力学性能。维纶外观形状接近棉纤维，因此俗称合成棉花，但强度和耐磨性都优于棉纤维。棉/维（50/50）混纺织物，其强度比纯棉织物高 60%，耐磨性可以提高 $50\% \sim 100\%$。维纶的弹性不如聚酯纤维等其他合成纤维，其织物不够挺括，在服用过程中易产生折皱。

④耐热水性。维纶的耐热水性能与缩醛化度有关，随着缩醛化度的提高，耐热水性能明显提高。在水中软化温度高于 $115℃$ 的维纶，在沸水中尺寸稳定性好，如在沸水中松弛处理 1h，纤维收缩仅为 $1\% \sim 2\%$。

⑤耐干热性。维纶的耐干热性能较好。普通的棉型维纶短纤维纱在 $40 \sim 180℃$ 范围内，温度提高，纱线收缩略有增加；超过 $180℃$ 时，收缩为 2%；超过 $200℃$ 时，收缩增加较快；$220℃$ 时收缩达 6%；$240℃$ 后收缩直线上升；$260℃$ 时达到最高值。

⑥化学稳定性。维纶的耐酸性能良好，能经受温度为 $20℃$、浓度为 20% 的硫酸或温度为 $60℃$，浓度为 5% 的硫酸作用。在浓度为 50% 的烧碱和浓氨水中，维纶仅发黄，而强度变化较小。

⑦染色性。未经缩醛化处理的聚乙烯醇纤维，无定形区存在大量的羟基，其染色性能与纤维素纤维相似，可以采用直接、硫化、还原、不溶性偶氮染料染色，而且吸附染料的量比棉纤维大；缩醛化处理后，无定形区的羟基与甲醛反应，生成亚甲醚键，使其具有类似的醋酯、聚酯等纤维的染色性能，对分散染料具有亲和力。维纶的染色性能较差，存在着上染速度慢、染料吸收量低和色泽不鲜艳等问题，其原因是采用湿法纺丝，使纤维存在着皮层和芯层结构，皮层结构紧密，影响染料扩散。纤维经热处理后结晶度提高（达 $60\% \sim 70\%$），缩醛化处理后无定形区的游离羟基有一部分被封闭，也影响了对染料的吸收。

⑧耐日晒性能。将棉帆布和维纶帆布同时置于日光下暴晒六个月，棉帆布强度损失 48%，而维纶帆布强度仅下降 25%，故维纶适合于制作帐篷或运输用帆布。

⑨耐溶剂性。维纶不溶解于一般的有机溶剂，如乙醇、乙醚、苯、丙酮、汽油、四氯乙烯等。在热的吡啶、酚、甲酸中溶胀或溶解。

⑩耐海水性能。将棉纤维和维纶同时浸在海水中 20 天，棉纤维的强度会降为零（即强度损失 100%），而维纶强度损失为 12%，故适合制作渔网。不醛化的聚乙烯醇纤维可溶于温水，称为可溶性维纶，是天然纤维纺制超细线密度纱线的重要原料。目前我国聚乙烯醇纺丝厂主要生产可溶性维纶。同时，聚乙烯醇纤维在适当条件下可纺制成高强高模量维纶，目前也有少量生产。

第 5 章　高性能纤维

5.1　高性能纤维的定义

高性能纤维，顾名思义在于"高性能"，是指具有特殊的结构、性能和用途，或具有某些特殊功能的化学纤维。高性能纤维早期定义的依据是力学性能，往往指断裂强度超过 15cN/dtex 的纤维，如碳纤维、对位芳纶、UHMWPE 纤维等，但该定义在实际生产和应用中有一定的局限性；广义上，具有耐高温、耐辐照、耐腐蚀等特性的纤维，也称为高性能纤维，比如间位芳纶、聚四氟乙烯纤维、聚苯硫醚纤维等，这些产品的主要特点在于耐热性和阻燃性等方面。高性能纤维是近年来化学纤维工业的主要发展方向之一，不但是发展航空航天和国防工业迫切需要的重要战略物资，而且在推进各类战略性新兴产业和低碳经济、节能减排中起着不可替代的作用，是体现一个国家综合实力和技术创新的标志之一。

高性能纤维是新材料产业的重要组成部分，是我国化纤行业重点发展的关键材料，其发展水平关系到国民经济发展和国家战略安全，对航空航天、国防军工、风力发电、土木建筑、汽车轻量化、海洋工程等领域的高质量发展发挥着重要作用。

5.2　高性能纤维的分类

高性能纤维可根据材料的属性进行分类，包括金属纤维、无机纤维和有机纤维。金属纤维因其密度高、强度低等特点，在高性能纤维家族中的规模相对较小。无机纤维的主要特点是耐高温、耐腐蚀、优良的力学性能，在航空航天、武器装备等领域应用广泛，包括碳纤维、碳化硅纤维、氮化硼纤维、硅硼氮纤维、氧化铝纤维、玄武岩纤维、玻璃纤维等。

有机高性能纤维品种较多，根据大分子链的特性可分为柔性链纤维和刚性链纤维。柔性链有机纤维的典型代表是 UHMWPE 纤维、高强聚乙烯醇纤维等，其大分子主链由—CH$_2$—组成，因分子链的高度取向使纤维的力学性能得到明显提升。刚性链纤维包括芳香族聚酰胺纤维（即芳纶）、聚芳酯纤维、聚酰亚胺纤维、聚对亚苯基苯并噁唑纤维（PBO）、聚苯并咪唑纤维等，其中后三种纤维又称为芳杂环类纤维。另外，也可依据纤维的典型特性对有机高性能纤维进行分类，如高强高模纤维（如对位芳纶、高强聚酰亚胺纤维、PBO 纤维、UHMWPE 纤维等）、耐高温纤维（间位芳纶、聚苯并咪唑纤维、聚醚酰亚胺纤维等）等。

5.3　高性能纤维的力学性能

无机纤维除了具有优良的力学性能外，耐热性好是其明显的优势，无机纤维还具有韧性低、密度高、制备相对复杂等特点，几种典型的无机纤维的性能见表 5-1。

表 5-1　部分无机纤维和金属纤维的力学性能

纤维名称	断裂强度/GPa	初始模量/GPa	断裂延伸率/%	密度/（g/cm³）	软化温度/℃
E 玻璃纤维	3.5	72	4.8	2.54	1316
S 玻璃纤维	4.8	85	5.4	2.49	1650
碳纤维 T300	3.5	230	1.5	1.76	—
碳纤维 T700	4.9	230	2.1	1.80	—
SiC 纤维	3.0	约 200	约 1	3.20	约 1500
玄武岩纤维	3.0~4.8	79~100	3.2	约 2.80	960
钢纤维	2.8	200	1.8	7.81	1621

注　数据来自相关产品说明书。

与无机纤维相比，有机高性能纤维不仅具有优良的力学性能，而且其低密度、高韧性的特点，使其在轻质复合材料领域得到广泛应用，部分有机高性能纤维的特性见表 5-2。

表 5-2　部分有机高性能纤维的特性

纤维名称	断裂强度/GPa	初始模量/GPa	断裂延伸率/%	初始分解温度/℃	极限氧指数/%
Vicwa-V49	2.9	124	2.8	550	29
Technora-HM	3.2	115	4.5	500	25
Armos	5.5	140	3.5		32
Zylon HM	5.8	280	2.5	650	68
Dyneema SK-66	3.0	95	3.7	150（熔融）	<28
Vectran-HT	3.2	75	3.0	350	>30
Zyex, UK PEEK 纤维					32
耐热型聚酰亚胺纤维	0.7	30	15%	576	38
高强型聚酰亚胺纤维	4.0	150	2.2%	536	36

注　聚酰亚胺纤维的数据来自东华大学研发的纤维指标，其他均来自相关产品手册。

高性能纤维的品种较多，各自表现为不同的应力—应变行为，图 5-1 给出了几种典型的纤维应力—应变曲线。可见，高强高模纤维的断裂伸长率普遍小于4%，应力—应变曲线呈线性行为，初始模量较高。耐热型纤维则不强调力学性能，应力—应变曲线与普通纤维比较近似。

与传统的金属和无机陶瓷材料相比，由有机高性能纤维增强的聚合物基复合材料具有高强度、高模量、可设计性强等优点，已在国防军事、航空航天、风力发电、建筑补强、环境保护、汽车行业等诸多领域得到广泛应用。作为轻质复合材料的重要组成部分，增强纤维的强度和模量指标在某些领域（如航空航天等）显得尤为重要。图5-2给出了几种典型高性能纤维的强度和模量对比图，可见有机纤维以其低密度体现出明显的优势。

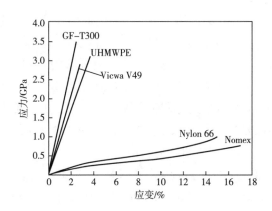

图 5-1　几种典型高性能纤维的应力—应变曲线

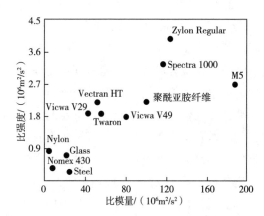

图 5-2　几种典型高性能纤维的性能对比

2019年我国高性能纤维总产能约15.4万吨，碳纤维、芳纶、超高分子量聚乙烯纤维和玄武岩纤维等产品产量已突破万吨。聚苯硫醚纤维、聚四氟乙烯纤维等产品稳步发展，年产量均突破5000t。聚醚醚酮纤维、碳化硅纤维、聚对亚苯基苯并二噁唑纤维、液晶聚芳酯纤维等制备关键技术取得新进展，可小批量供应市场。目前，我国已成为全球品种覆盖面最广的高性能纤维生产国之一，高性能纤维产能产量均居世界前列。

5.3.1　碳纤维

由碳元素组成的一种特种纤维。目前工业化生产的有黏胶基碳纤维、沥青基碳纤维、聚丙烯腈（PAN）基碳纤维，聚丙烯腈基碳纤维是主流工艺，国内碳纤维基本上都是PAN基。碳纤维具有耐高温、抗摩擦、导电、导热及耐腐蚀等特性，外形呈纤维状、柔软、可加工成各种织物，由于其石墨微晶结构沿纤维轴择优取向，因此沿纤维轴方向有很高的强度和模量。碳纤维的密度小，因此强度和模量高。碳纤维的主要用途是作为增强材料与树脂、金属、陶瓷等复合，制造先进复合材料。碳纤维增强环氧树脂复合材料，具有很高的强度及模量。

5.3.2　PAN 预氧丝

PAN预氧丝是制备碳纤维过程中重要的中间产品，作为一种阻燃材料，预氧丝具有碳纤维产品的诸多优点，且成本比碳纤维低。PAN 基预氧丝不仅具有优良的阻燃、耐热性能，而且纤维的耐化学试剂性能也优于一般的合成纤维。PAN 基预氧丝是随着碳纤维的发展而兴起的一种新型耐热耐焰材料，在隔热、防火、阻燃等领域具有广泛的应用价值，并且具有无机耐火耐焰材料所不具备的纺织加工性能和服用性能，又无石棉对人体的危害作用。PAN 基预氧丝可用作建筑保温材料、管道保温材料及高温炉保温材料，防火服及阻燃装饰材料，隔音材料等，经济效益和社会效益显著，已成为一个独立的材料品种投放市场，且需求量日益增长，具有良好的市场前景。

5.3.3 芳纶

"芳纶"一词是"聚芳酰胺"的简称。聚芳酰胺最初于 20 世纪 60 年代初期在商业上用作间位芳纶，而对位芳纶诞生于 20 世纪 60~70 年代。芳纶具有超高强度、高模量和耐高温、耐酸耐碱、重量轻等优良性能，其强度是钢丝的 5~6 倍，模量为钢丝或玻璃纤维的 2~3 倍，韧性是钢丝的 2 倍，而重量仅为钢丝的 1/5 左右，在 560℃，不分解，不熔化。它具有良好的绝缘性和抗老化性能。芳纶也是重要的国防军工材料，为了适应现代战争的需要，美、英等国家的防弹衣均为芳纶材质，芳纶防弹衣、头盔的轻量化，有效提高了军队的快速反应能力和杀伤力。目前国产芳纶纤维主要用于高温过滤、防护、密封等材料中。

聚对苯二甲酰对苯二胺（PPTA）纤维（商品名为 Kevlar，美国杜邦公司；Twaron、Technora，日本 Teijin 公司）是用 PPTA 经溶液纺丝制成的纤维。PPTA 的合成采用低温溶液聚合，以 N-甲基吡咯烷酮（NMP）与六甲基磷酰胺（HMPA）的混合溶剂或添加 LiCl、$CaCl_2$ 的 NMP 为溶剂，相对分子质量为 20000~25000。PPTA 分子链中苯环之间是 1,4-位连接，呈线型刚性伸直链结构并具有高结晶度，属溶致液晶聚合物。PPTA 在硫酸中能形成向列型液晶，可采用液晶纺丝法，但溶液浓度存在临界浓度 C^*（8%~9%），即 PPTA 在溶液的质量分数 $>C^*$，溶液呈光学各向异性（液晶态）。PPTA 纺丝液的浓度 >14%。Kevlar 主要有三个品种：Kevlar29 是高韧性纤维，Kevlar49 是高模量纤维，Kevlar149 是超高模量纤维，其性能见表 5-3。芳纶具有沿径向梯度的皮芯结构，芯层中结晶体的排列接近各向同性，皮层中结晶体的排列接近各向异性。芳纶作为高性能的有机纤维和先进复合材料的增强体，主要应用于航空航天领域（如火箭发动机壳体和飞机零部件）、防弹领域（如头盔、防弹运钞车和防穿甲弹坦克）、土木建筑领域（如混凝土、代钢筋材料）和轮胎帘子线。芳纶作为先进复合材料增强体时需要进行表面处理，常用的方法是用氨气低温等离子体处理。

表 5-3 Kevlar 的性能

性能	Kevlar29	Kevlar49	Kevlar149
模量/GPa	78	113	138
强度/GPa	2.58	2.40	2.15
伸长率/%	3.1	2.47	1.5

聚间苯二甲酰间苯二胺采用间苯二甲酰氯和间苯二胺为原料，在二甲基乙酰胺溶剂中进行低温溶液聚合。其分子中苯环之间全是1,3-位连接，呈约120°夹角，大分子为扭曲结构，在溶液中不能形成液晶态。聚间苯二甲酰间苯二胺纤维采用溶液纺丝法，商品名为 Nomex。Nomex 的力学性能见表5-4。Nomex 可加工成绝缘纸在变压器和大功率电机中应用，蜂窝结构材料在飞机上应用；毡作为工业滤材和非织造布在印刷电路板应用。

表 5-4 Nomex 的力学性能

性能	数值	性能	数值
拉伸强度/GPa	720.6	干热收缩率/%	<1（265℃）
弹性模量/GPa	18.63	高温强度保持率/%	65（260℃，1000h）
断裂伸长率/%	17		

5.3.4 超高分子量聚乙烯纤维（UHMWPE 纤维）

超高分子量聚乙烯纤维又称高强高模聚乙烯纤维，是相对分子质量在100万~500万的聚乙烯所纺出的纤维。UHMWPE 纤维是世界上最坚强有韧性的纤维之一。它"轻薄如纸，坚硬如钢"，比强度是钢铁的15倍，比碳纤维和芳纶1414还要高2倍，是目前制造防弹衣的主要材料。其强度是同等截面钢丝的十多倍，模量仅次于特级碳纤维，冲击吸收能比 Kevlar 纤维高近一倍，耐磨性好，摩擦系数小。由于超高分子量聚乙烯纤维具有众多的优异特性，它在高性能纤维市场上，包括从海上油田的系泊绳到高性能轻质复合材料方面均显示出极大的优势，在现代化战争和航空、航天、海域防御装备等领域发挥着举足轻重的作用。它具有轻柔的优点，防弹效果优于芳纶，现已成为占领美国防弹背心市场的主要纤维。它和碳纤维、芳纶合称为"世界三大高科技纤维"。

5.3.5 聚酰亚胺（PI）纤维

聚酰亚胺纤维是由均苯四酸二酐和芳香族二胺聚合得到聚酰胺酸预聚体，再通过熔液纺丝而制得的高性能纤维。聚酰亚胺纤维与 UHMWPE、聚苯硫醚等高性能纤维相比，具有更广的耐温性（-267~550℃）；与芳纶相比，耐热等级更高，阻燃更好，耐候性更佳。同时还具有独特的纺织加工和人体亲和性等综合特性。聚酰亚胺纤维拥有良好的可纺性，可以制成各类特殊场合使用的纺织品。由于具有耐高低温特性、阻燃性，不熔滴，离火自熄以及极佳的隔温性，聚酰亚胺纤维隔热防护服穿着舒适，皮肤适应性好，永久阻燃，而且尺寸稳定、安全性好、使用寿命长，和其他纤维相比，由于材料本身的热导率低，也是绝佳的隔温材料。

5.3.6 聚苯硫醚（PPS）纤维

由聚苯硫醚经熔融纺丝制得。PPS 纤维具有良好的耐热性，主要用作高温过滤织物，耐受温度可达190℃。该纤维还具有优良的耐化学试剂和水解性，以及阻燃性能。聚苯硫醚纤维具有优良的纺织加工性能。其强度、伸长与棉纤维相近，但模量较低，吸湿率也较低。可用作阻燃织物、家庭装饰织物、烟道气过滤材料等。袋式除尘技术的快速发展带动了国内纤维级 PPS 树脂生产企业的发展。国内 PPS 纤维主要应用在滤料行业。

5.3.7　芳砜纶（PSA）

芳砜纶又称聚苯砜对苯二甲酰胺纤维（PSA），芳砜纶的化学结构为：

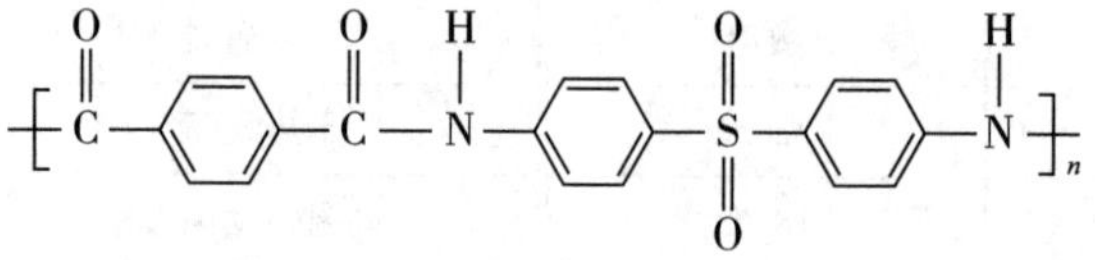

芳砜纶是我国自主研发并产业化的高性能纤维（商品名为特安纶），由 4,4-二氨基二苯砜、3,3-二氨基二苯砜和对苯二甲酰氯的缩聚物制成。芳砜纶的耐热性、耐化学性和阻燃性都优于芳纶，价格也低于芳纶。

5.3.8　聚苯并咪唑（PBI）纤维

聚苯并咪唑（PBI）是间苯二甲酸二苯酯和四氨联苯的缩聚物：

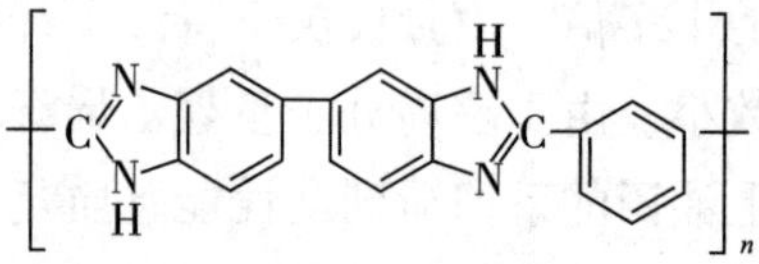

以二甲基乙酰胺为溶剂（纺丝液浓度为 20%～30%）在氮气下进行干纺得到 PBI 纤维，PBI 纤维可经酸处理，提高尺寸稳定性：

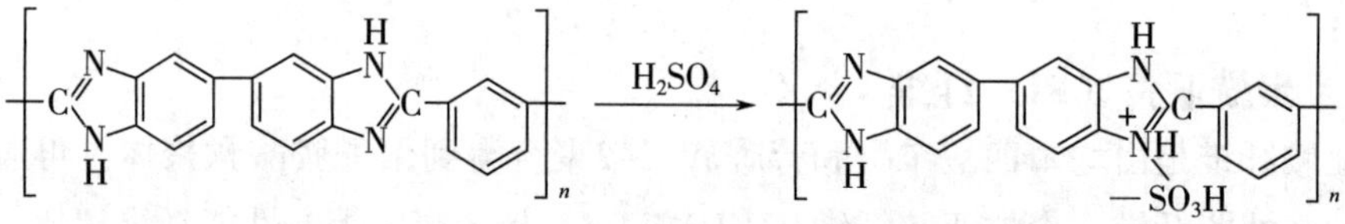

PBI 纤维具有优异的耐热性，在 600℃ 开始热分解，900℃ 的热失重为 30%。然而 PBI 纤维的吸水性大，限制了其工程应用的范围。PBI 纤维的力学性能见表 5-5。

表 5-5　PBI 纤维的力学性能

性能	经酸处理	未经酸处理	性能	经酸处理	未经酸处理
线密度/dtex	1.67	1.67	回潮率（25℃，RH 65%湿度）/%	15	13
强度/（cN/dtex）	2.7	3.7	收缩率（263℃空气）/%	<1	>2
伸长率/%	30	30	相对密度	1.43	1.39
初始模量/（cN/dtex）	39.6	79.2			

5.3.9　聚亚苯基苯并二噁唑（PBO）纤维

聚亚苯基苯并二噁唑（PBO）由 2，4-二氨基间苯二酚盐酸盐与对苯二甲酸缩聚而得的含苯环和苯杂环（苯并二噁唑）刚性棒状分子链：

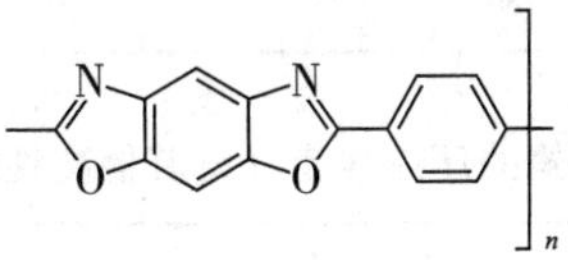

具有溶致液晶性。采用干喷湿纺可获得高取向度、高强度、高模量、耐高温（N_2 下的热分解温度 >650℃，330℃ 空气中加热 144h 失重 <6%），耐水和化学稳定的纤维，商品名为 Zylon（美国道化学公司）。PBO 纤维的结构含许多似毛细管状的细孔，在横截面上分子链沿径向取向，在纵截面上伸直的分子链沿纤维轴取向，高强度 PBO 纤维的取向度因子 >0.95，高模量 PBO 纤维的取向度因子为 0.99。PBO 纤维的强度超过碳纤维和芳纶（表 5-6），缺点是压缩性差。

表 5-6　PBO 纤维的性能

性能	高强度型（AS）	高模量型（HM）
相对密度	1.5	1.5
强度/GPa	5.8	5.8
模量/GPa	180	280
伸长率/%	3.5	3.2
吸水率/%	2.0	0.6

5.3.10　M5（PIPD）纤维

2,5-二羟基-1,4-亚苯基吡啶并二咪唑纤维的化学结构为：

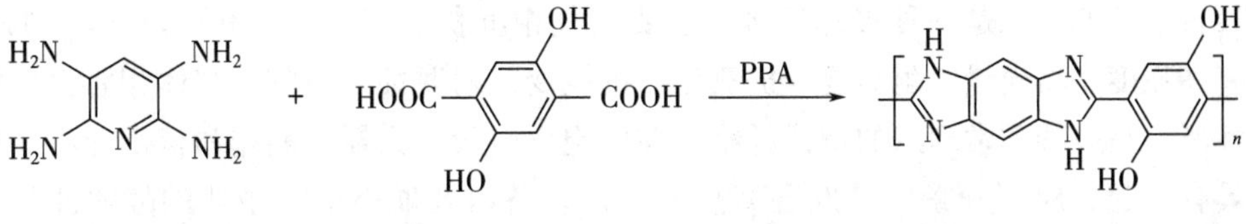

聚合物纤维的拉伸强度由主链的化学键决定，而压缩强度由链间二次作用力决定。PIPD 有双向分子内和分子间氢键网络，使 M5 纤维不仅具有高强度和高模量（表 5-7），而且具有高压缩强度（表 5-8）。此外，M5 纤维还具有优异的耐燃性和自熄性，LOI≥50%。PIPD 纤维的刚棒状分子结构决定了其具有较高耐热性、热稳定性和力学性能。其在空气中热分解温度达到 530℃，高于芳纶纤维而接近 PBO 纤维，还具有许多高性能纤维所无法比拟的优良的力学性能和黏合性能。并且 M5 是迄今为止开发的最耐火的有机纤维之一。

表 5-7　M5 纤维的力学性能

性能	高强度型（AS）	高模量型（HM）
强度/GPa	150	330
模量/GPa	2.5	5.5
伸长率/%	2.7	1.7

表 5-8　M5 纤维的压缩强度（与其他高性能纤维的比较）

性能	M5	PBO	Kevlar
压缩强度/GPa	1.7	0.3	0.7

5.3.11　芳纶Ⅲ

芳纶Ⅲ纤维（简称 F3）是主链由芳纶和杂环组成的一类高分子聚合物纤维，全称杂环芳香族聚酰胺纤维，又称杂环芳纶，被工程界誉为"超级纤维"。芳纶Ⅲ是对位芳杂环共聚酰胺纤维的系列产品，具有超高强/高模、高韧性、耐高低温、优异电绝缘性、耐辐照、抗腐蚀、耐疲劳、高阻燃性等特点，广泛应用于飞机部件、雷达罩、卫星部件、防弹材料、电力电信、输送材料、体育用品等领域。

5.3.12　聚芳酯纤维

聚芳酯纤维是经熔融聚合纺丝法获得的特种纤维，在整个制备过程中没有溶剂挥发和有害气体排放，纤维属于绿色环保节能低碳材料。在聚芳酯熔融纺丝过程中，其高分子链高度取向，从而赋予聚芳酯纤维高耐热、高强度、高模量、低吸水、抗蠕变、介电常数低等优异特性，广泛应用于航空航天、抗低温抗辐射、装甲防护、舰艇绳缆等国防、交通领域以及高温过滤材料、电子绝缘材料、体育用品等军民两用领域，具有重大的军事和工业价值。

5.3.13　碳化硅（SiC）纤维

SiC 纤维（连续）是一种多晶纤维，主要由气相沉积法（CVD）和前驱丝法制得。SiC纤维具有高强度、高模量、耐高温、抗氧化、抗蠕变、耐腐蚀、与陶瓷基体相容性好等一系列优异性能，是一种非常理想的增强纤维，在航空、航天、兵器、船舶和核工业等一些高技术领域具有广泛的应用前景，是发展高技术武器装备以及航空航天事业的战略原材料。由SiC 纤维增强的金属基（钛基）复合材料、陶瓷基复合材料已用于制造航天飞机部件、高性能发动机等高温结构材料，是 21 世纪航空、航天及高技术领域的新材料。

5.3.14　玄武岩纤维

玄武岩纤维是以天然玄武岩拉制的连续纤维。是玄武岩石料在 1450～1500℃熔融后，通过铂铑合金纺丝漏板高速纺丝制成的连续纤维。它是由二氧化硅、氧化铝、氧化钙、氧化镁、氧化铁和二氧化钛等氧化物组成，是一种新型无机环保绿色高性能纤维材料。玄武岩连续纤维不仅强度高，而且具有电绝缘、耐腐蚀、耐高温等多种优异性能。此外，玄武岩纤维的生产工艺决定了产生的废弃物少，对环境污染小，且产品废弃后可直接在环境中降解，无任何危害，因此是一种名副其实的绿色、环保材料。我国已把玄武岩纤维列为重点发展的四大纤维（碳纤维、芳纶、超高分子量聚乙烯、玄武岩纤维）之一，实现了工业化生产。玄武岩连续纤维已在纤维增强复合材料、摩擦材料、造船材料、隔热材料、高温过滤织物以及防护领域等多个方面得到了广泛的应用。

第6章　功能纤维

功能纤维是指除一般纤维所具有的力学性能以外，还具有某种特殊功能的新型纤维。随着社会发展的需要，人们希望纤维材料具有更强大的功能性，纤维材料的功能化利用受到持续关注。

6.1　耐腐蚀纤维

众所周知，含有卤素的材料一般具有较好的化学稳定性和阻燃性能。目前氯纶有两类：

①用无规立构聚氯乙烯制备的氯纶（是通称的氯纶），聚氯乙烯的制备采用悬浮聚合法在45~60℃聚合，所得聚氯乙烯的玻璃化温度为75℃，成纤聚氯乙烯的相对分子质量为60000~100000，经溶液纺丝制成氯纶，其性能见表6-1。氯纶具有抗静电性、保暖性和耐腐蚀性的特点。

②用间规度聚氯乙烯制备的氯纶（第二代氯纶，商品名为列维尔，Leavil），采用低温（-30℃）聚合得到高间规度的聚氯乙烯，玻璃化温度为100℃，经溶液纺丝制成列维尔。

表 6-1　氯纶的性能

性能	数值	性能	数值
强度/(cN/dtex)	2.28~2.65	弹性模量/GPa	53.9~68.6
湿强/干强/%	100~101	3%伸长弹性回复/%	80~85
伸长率/%	18.4~21.2	沸水收缩率/%	50~61

聚四氟乙烯的制备采用乳液聚合法，凝聚后生成0.05~0.5μm的颗粒，分子量为300万。其纤维（氟纶）的制造多采用乳液纺丝法（载体纺丝法），把聚四氟乙烯分散在聚乙烯醇水溶液中（乳液），按照维纶纺丝的工艺条件纺丝，然后在380~400℃烧结，此时聚乙烯醇被烧掉，聚四氟乙烯则被烧结成丝条，在350℃拉伸得到氟纶。氟纶的化学稳定性突出，能耐强酸和强碱。氟纶的力学性能见表6-2。

表 6-2　氟纶的力学性能

性能	数值	性能	数值
强度/(cN/dtex)	1.15~1.59	初始模量/(cN/dtex)	14.21~17.66
伸长率/%	13~15	回潮率/%	0.01

6.2 阻燃纤维

纤维的可燃性也用 LOI 表示。LOI 是纤维点燃后在氧—氮混合气体中维持燃烧所需的最低含氧量的体积分数：

$$LOI = \frac{O_2}{O_2 + N_2} \times 100\%$$

在空气中氧的体积分数为21%，故纤维的 LOI≤21% 就意味着能在空气中继续燃烧，属于可燃纤维；LOI>21% 的纤维属于阻燃纤维。一些合成纤维的燃烧性见表6-3，其中腈纶和丙纶易燃（容易着火，燃烧速率快），聚酰胺、涤纶和维纶可燃（能发烟燃烧，但较难着火，燃烧速率慢），氯纶、维氯纶、酚醛纤维等难燃（接触火焰时发烟着火，离开火焰自灭）。维氯纶是聚乙烯醇—聚氯乙烯的共聚物经缩醛化制备的纤维，具有很好的阻燃性。丙烯腈—氯乙烯共聚物经溶液纺丝制备的纤维称为腈氯纶或阻燃腈纶。酚醛纤维是热塑性酚醛树脂经熔体纺丝制备的交联型热固性纤维，具有很好的阻燃性。腈纶在张力、热（从180～300℃分段加温）和空气进行热氧化处理发生环化、脱氢和氧化反应得到的预氧化纤维，也具有优异的阻燃性。

表6-3　合成纤维的燃烧性

纤维		LOI/%	纤维		LOI/%
耐燃纤维	氟纶	95	阻燃纤维	涤纶	28～32
阻燃纤维	酚醛树脂	32～34		腈纶	27～32
	偏氯纶	45～48		丙纶	27～31
	氯纶	35～37	可燃纤维	聚酰胺	20.1
	维氯纶	30～33		涤纶	20.6
	腈氯纶	26～31		维纶	19.7
	PBI	41		腈纶	18.2
	芳烃	33～34		丙纶	18.6

6.3 医用纤维

医用纤维要求纤维具有生物相容性，可分为生物可降解性和不可降解性纤维。可降解性合成纤维有脂肪族聚酯纤维，包括聚羟基乙酸（PGA）、聚乳酸（PLA）、聚己内酯（PCL）、聚羟基丁酸酯（PHB）、聚羟基戊酸酯（PHV）及其共聚物。纤维分子链中的酯键易水解或酶解，降解产物可转变为其他代谢物或消除。所以具有生物可降解性的脂肪族聚酯纤维可用于医学可吸收缝线、自增强人造骨复合材料（PGA 纤维增强 PGA）、非织造布。非降解性合成纤维有锦纶、涤纶、腈纶、丙纶等，它们也可医用，如丙纶、聚酰胺和涤纶用于非吸收性缝合线，涤纶和氟纶用于制造人工血管，聚丙烯腈中空纤维用于人工肾（血液透析器），聚丙烯中空纤维用于人工心脏，膨胀的氟纶用于韧带。

6.4　导电/绝缘纤维

导电纤维是利用导电成分赋予纤维导电的性能，用途为无尘、抗电、防爆工作服及工业用材料与地毯，在半导体、精密仪器、生物医学领域有广阔市场。主要包括金属系导电纤维、炭黑系导电纤维、导电高分子型纤维、金属化合物型导电纤维等。绝缘材料配套用的主要是无碱玻璃纤维，能够用于电绝缘，因为它具有优异的电绝缘性能，在常态下的体积电阻率为 $10^{14} \sim 10^{16}\Omega \cdot cm$，介电常数为 6.6~6.2，介电损耗因数为 $2.0 \times 10^{-3} \sim 1.0 \times 10^{-3}$。

6.5　新合纤和差别化纤维

新合纤是指采用超细合成纤维制备的具有新质感（新颖、独特且超过天然纤维风格和感觉）的纤维织物。超细合成纤维的结构可分为单一结构型和复合结构型两类。复合结构型的超细纤维可用两种不同的纤维原材料通过复合纺丝工艺制备。差别化纤维是指通过分子设计合成或通过化学和物理改性制备具有预想结构和性能的成纤聚合物或利用改进的纺丝工艺赋予纤维新的性能并与通用纤维有差别的纤维。通过对合成纤维分子链和表面的改性和复合化技术（图6-1），可提高纤维染色性，制备抗静电纤维、阻燃性通用合成纤维（阻燃涤纶、阻燃丙纶等）、抗起球纤维等。染色技术是纺织品后整理的一道工序，要求纤维的可染性好，具有染色均一性和坚牢度，直接影响纤维的光泽和色彩。用四溴双酚 A 双羟乙基醚作为阻燃共聚单体合成的涤纶具有很好的阻燃性。添加无机阻燃剂，如氢氧化铝、氢氧化镁、红磷、氧化锡等或有机阻燃剂，如磷系的磷酸三辛酯、磷酸丁乙醚酯、磷酸三（2，3-二氯丙基）酯、磷酸三（2，3-二溴丙基）酯、氯系的氯化石蜡、氯化聚乙烯、溴系的四溴双酚 A、十溴二苯醚等可制备阻燃性纤维。

合成纤维在加工和使用过程中产生的静电是有害的。合成纤维的带电性序列见图6-2，即当前后两种纤维摩擦接触时，前者带正电，后者带负电。在纤维分子侧链中引入极性基团可有效地消除静电。

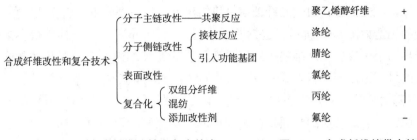

图6-1　合成纤维改性和复合技术　　　图6-2　合成纤维的带电性序列

6.6　智能纤维

　　对合成纤维日益增多的要求是智能化，即能对环境具有感知能力并对人们的需求做出反应，智能合成纤维和服装应运而生。服装设计师正在设计可以监测身体功能的服装，可以判断人情绪的饰物以及可以改变颜色的服装。智能服装中装备有特殊的微型计算机和全球定位系统及通信装置，可以不断监视使用者的体温、饥饿和心脏跳动情况，当人体出现异常情况时可提醒使用者，如果发现使用者无反应则会提醒急救中心。衣服上还安装有太阳能处理系统，可以不间断地满足衣服上各种仪器的电能需求。抗菌纤维可以防止细菌传染和减少细菌造成的气味，已经用于体育服装。自洗衣是在衣服纤维上植入不同种类的细菌，不但能除去衣服上的污垢、气味和汗味，还会排出芳香气味，使衣物爽洁怡人。智能泳衣参考了鲨鱼的游泳姿态、鲨鱼皮的纹理和飞机外形结构，采用新的高弹力织物可以对水产生排斥作用，减小在水中游动时的阻力。具有救生功能的电子滑雪服的作用是当测得滑雪者体温过低时，衣服面料便会自动加热。可根据环境条件调节温度（暖或凉）的服装也已经问世，如用形状记忆合金纤维制造的衬衫使用镍钛记忆合金纤维和聚酰胺混织而成，比例为五根尼龙丝配一根镍钛合金丝。当周围温度升高时，这件衬衣的袖子会立即自动卷起，让你凉快一下。一种可使医生及时了解人体能状况的生命衬衣已研制成功，它装有六个传感器，分别织入领口、腋下胸骨及腹部等部位，与佩戴在腰带上的微型计算机连接，将使用病人的心跳、呼吸、心电图及胸、腹容积变化等指标，通过微型计算机，经互联网传至分析中心，再由分析中心将结果通知医生，对防止绞痛、睡眠性呼吸暂停等突发性衰竭的病人非常有效。微电路板中的导电聚合物纤维织物可以储藏信息。利用光子的智能纤维可以像含光敏性染料的纤维那样随环境变化而改变颜色。对雷达惰性的纤维可以用于隐身飞机、坦克和军服。

6.7　高分子光纤

　　电缆通信是将声音转变成电信号，通过电线把电信号传给对方。光纤通信是将记录的声音的电信号转变成光信号，通过光纤把信号传给对方，最后把光信号转变成电信号完成通话。高分子光纤的构造如图 6-3 所示，包括芯材、包层（20μm）和保护性外套。高分子光纤是因光在纤维界面上全反射或纤维的折射率梯度而使光在纤维内曲折反复传播把光约束在纤维内进行导光的材料，以聚甲基丙烯酸甲酯（PMMA）或聚苯乙烯（PS）为芯材，以氟聚合物（如氟化聚甲基丙烯酸甲酯）为包层的光纤，属于阶跃型光纤，即用折射率低的皮层包覆折射率高的芯层，入射到芯层的光通过在芯和皮的界面反复全反射而传输光。对芯材的要求是光学各向同性，在可见光区不吸收、不散射，折射率高于包层。对包层的要求是其折射率要低于芯材。光损失是表征光纤透光程度和传输质量的指标，与入射和出射的光强度比值的常用对数值成正比。一些聚合物的光性能见表 6-4。目前聚甲基丙烯酸甲酯芯材的光损失可达到 55dB/km（567nm），氘代聚甲基丙烯酸甲酯芯材的光损失可达到 20dB/km（680nm），但仍比玻璃（硅）光纤的光损失（5~6dB/km，820nm）大，影响了高分子光纤的竞争力。

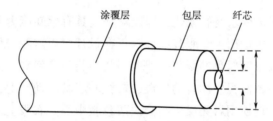

图 6-3　高分子光纤的构造

表 6-4　一些聚合物的光性能

聚合物	光损失/(dB/km)	带宽/GHz·km	折射率比（芯/包层）	芯层直径/μm
PMMA	55（538nm）	0.003	1.492/1.417	250~1000
PS	330（570nm）	0.0015	1.592/1.416	500~1000
PC	600（670nm）	0.0015	1.582/1.305	500~1000
无定形氟聚合物（CYTOP）	16（1310nm）	0.59	1.353/1.34	125~500
包层硅（PCS）	5~6（820nm）	0.005	1.46/1.41	110~1000

塑　料　篇

第7章 合成树脂与塑料工业

塑料作为一种原料易得、性能优越、加工方便、加工费用低廉的合成高分子材料,在众多材料中别具一格。随着塑料材料在工农业生产、人民生活以及各种高新技术领域的广泛应用,塑料材料及其制品需求迅速增长,获得了超越金属等传统材料的高速发展(表7-1),在材料工业中已占有相当重要的地位。几十年来,我国塑料制品工业从无到有得到了长足发展,目前已基本可生产现有所有塑料品种,塑料产销量也跃入了大国行列,并仍在迅速发展,2019年达到9574.1万吨(表7-2)。

表7-1 21世纪初世界各区域塑料材料的发展

地区	2002 年			2003 年			2004 年		
	产量/Mt	增长率/%	份额/%	产量/Mt	增长率/%	份额/%	产量/Mt	增长率/%	份额/%
亚洲	60	1.7	30.9	69	15.0	34.2	73	5.8	34.4
欧洲	60	3.4	30.9	63	5.0	31.2	65	3.2	30.7
北美洲	50	2.0	25.8	53	6.0	26.2	55	3.8	25.9
其他	20	33.3	10.3	18	-10.0	8.9	19	5.6	9.0
合计	190	40.4	97.9	203	16.0	100	212	18.4	100

表7-2 2015~2019年中国五大塑料树脂产量 单位:百万吨

年份	2015	2016	2017	2018	2019
所有树脂	77.182	80.182	82.136	85.58	95.74
PE	13.855	14.355	13.363	14.02	17.449
PP	16.864	18.106	19.095	20.419	23.485
PVC	16.190	16.899	17.745	18.739	20.107
PS	3.053	1.958	2.025	1.757	2.983
ABS	3.089	3.098	3.244	3.258	3.93

数据来源:《中国塑料工业年鉴2016—2020》。

7.1 塑料工业的发展

塑料工业的发展经历了很漫长的时间(表7-3)。1868年,人们将纤维素硝化,然后加入樟脑,制成了第一个塑料制品,称为硝酸纤维素塑料,又名赛璐珞。由于优良的力学性能、美观及良好的加工性能,第二次世界大战前一直居于塑料的首位。1920年又制成了另一个由纤维素加工而成的塑料,即醋酸纤维素塑料。这些都是利用天然高分子材料进行化学加工得到的塑料品种。直到20世纪初的1909年才出现了第一个利用合成树脂制作的塑料，即酚醛塑料，从此揭开了合成塑料材料的历史。1920年又一个合成塑料——氨基塑料诞生，人们称这两个品种为塑料工业的元老，至今仍广泛地用于电器、日用品、泡沫制品、黏结剂及处理剂等方面。

1920年，德国化学家施陶丁格（Staudinger）提出链型高分子的概念，建立了高分子学说。这一理论的提出大幅开阔了人们的视野，有力地推动了高分子学科的研究和发展，同时也极大地促进了塑料等高分子材料工业的发展。20世纪30年代到40年代末，PE、PVC、PMMA、PS、环氧塑料和氟塑料等相继投入生产。随着高分子结构的理论和实用性能的不断深入研究，合成塑料的应用不断扩大。20世纪50年代到70年代，又出现了一大批塑料新品种。从1957年意大利蒙特卡蒂尼（Montecatini）公司生产的PP起，先后投入工业生产的有聚碳酸酯（PC）、聚苯醚（PPO）、聚苯硫醚（PPS）、氯化聚醚、聚甲醛和聚砜等，这些新品种主要用作耐磨、坚韧的工程塑料。火箭、导弹、宇航以及原子能等尖端技术的迅速发展，促进了耐高温和纤维增强塑料的迅速发展。1961年，美国杜邦公司首先研制成了H级聚酰亚胺薄膜。接着，聚苯咪唑、聚苯并噻唑和聚苯醚等典型的耐高温合成材料也先后投入生产，并应用到某些尖端工业中。此外，开始于20世纪40年代的玻璃纤维增强塑料，在60年代得到了巨大发展，一些国家已经成功将其应用到航空工业和汽车、造船、建筑等工业中。

近年来由于石油化工的迅速发展，与其密切相关的塑料品种，如聚烯烃塑料的产量迅速增加，大量应用于日用品、包装材料和农业薄膜等方面。随着塑料使用环境的扩大，对它提出了更高的要求，如高模量、耐高温、质轻等。为了适应这种需求，除了合成少数新材料外，主要是将老品种不断改性，其中包括共聚改性、交联改性、物理改性、化学改性、掺和改性、增强改性等。如聚酰亚胺和聚砜等塑料都已发展了不少改性品种，美国3M公司的聚芳砜、英国的聚醚砜、美国Amoco公司的聚酰胺—亚胺、法国罗纳·普朗克（Rhone-Poulec）公司的聚双马来酰亚胺等。

表7-3　世界主要塑料品种的工业化时间

名称	工业化	发明	名称	工业化	发明
硝酸纤维素	1868年	1833年	聚四氟乙烯	1943年	1938年
酚醛树脂	1909年	1872年	环氧树脂	1947年	1934年
醋酸纤维	1927年	1865年	低压聚乙烯	1954年	1952年
聚氯乙烯	1936年	1872年	聚丙烯	1957年	1954年
聚苯乙烯	1938年	1839年	聚碳酸酯	1958年	1956年
聚酰胺66	1938年	1935年	聚甲醛	1959年	1926年
高压聚乙烯	1939年	1933年	聚酰亚胺	1963年	1959年
聚苯醚	1965年	1964年	聚丁烯	1973年	—

今后塑料的发展主要集中在两个方面：一是工程塑料，二是功能塑料。

对于工程塑料，现有品种已不少。当前工程塑料的主要发展方向是利用现有单体和聚合物，通过各种手段（物理或化学方法）来获得人们所需性能的新材料。在合成方面，略微改变一下聚合物的化学结构或在原有结构基础上再引入一部分其他结构，往往就可以得到性能有较大改善的新产品，如在碳酸酯分子主链中引入一定量的苯二甲酰结构就得到耐热达160℃、加工性能良好的聚酯碳酸酯。物理改性（增强、掺混、合金、无机填充等复合材料）也是工程塑料提高物性、改善加工性能、开发新品级、扩大应用领域的重要途径之一。如目前的工程塑料大多有被玻璃纤维和碳纤维增强品级，提高机械强度和耐热性。一般，无定形聚合物经玻璃纤维增强后，其热变形温度只提高 10~20℃，而结晶性聚合物可提高 70~170℃。塑料改性的最大课题是研究复合材料，特别是纤维增强型复合材料。至于功能塑料及功能复合材料，已引起许多人的兴趣。离子交换树脂是一种功能高分子材料。今后功能高分子材料的发展趋势主要致力于研制高分子催化剂、导电导磁塑料、光敏塑料、医用塑料和水声材料等。表 7-4~表 7-7 为常用塑料的名称缩写、性能和用途。

表 7-4　常用塑料材料及其英文缩写

缩写	名称	缩写	名称
AAS	丙烯腈—丙烯酸酯—苯乙烯共聚物	PET	聚对苯二甲酸乙二醇酯
ABS	丙烯腈—丁二烯—苯乙烯共聚物	PF	酚醛树脂
CA	乙酸纤维素	PFEP	聚四氟乙烯
CFM	聚三氟氯乙烯	PI	聚酰亚胺
CPE	氯化聚乙烯	PMA	聚丙烯酸甲酯
CPVC	氯化聚氯乙烯	PMAN	聚甲基丙烯腈
ER	环氧树脂	PMMA	聚甲基丙烯酸甲酯
E/P	乙烯—丙烯共聚物	POM	聚甲醛
EVA	乙烯—乙酸乙烯酯共聚物	POP、PPO	聚苯醚
HDPE	高密度聚乙烯	PP	聚丙烯
HIPS	高抗冲聚苯乙烯	PPS	聚苯硫醚
LDPE	低密度聚乙烯	PPSU	聚苯砜
MDPE	中密度聚乙烯	PS	聚苯乙烯
MF	三聚氰胺—甲醛树脂	PSO	聚砜
PA	聚酰胺	PTFE	聚四氟乙烯
PAA	聚丙烯酸	PU	聚氨酯
PAM	聚丙烯酰胺	PVA	聚乙烯醇
PAN	聚丙烯腈	PVAc	聚醋酸乙烯酯
PAS	聚芳砜	PVB	聚乙烯醇缩丁醛
PBI	聚苯并咪唑	PVC	聚氯乙烯
PBT	聚对苯二甲酸丁二醇酯	PVCA	氯乙烯—乙酸乙烯酯共聚物
PC	聚碳酸酯	PVDC	聚偏氟乙烯
PDMS	聚二甲基硅氧烷	PVFO	聚乙烯醇缩甲醛
PE	聚乙烯	PVP	聚乙烯吡咯烷酮
PEG	聚乙二醇	UF	脲醛树脂
PES	聚酯纤维	UHMWPE	超高分子量聚乙烯
PESU	聚醚砜	UP	不饱和聚酯

表 7-5　通用塑料和工程塑料的基本物性

项目	通用塑料		工程塑料			
	PS	PP	PC	POM	PES	PEEK
结晶性或非结晶性	非结晶	结晶	非结晶	结晶	非结晶	结晶
透光率/%	91	半透明	88	半透明~不透明	透明	不透明
密度/(g/cm³)	1.05	0.91	1.20	1.42	1.37	1.32
拉伸强度/MPa	46	38	50	75	86	94
弹性模量	3100	1500	2500	3700	2700	3700
悬臂梁冲击强度（缺口）/(J/cm²)	17	31	900	80	86	85
热变形温度/℃	88	113	140	170	210	>300
熔点/℃	—	175	—	178	—	338
耐溶剂性	一般	优	一般	优	良	优

表 7-6　常用塑料的密度

材料名称	密度/(g/cm³)	材料名称	密度/(g/cm³)
低密度聚乙烯	0.917~0.932	聚酰胺6	1.12~1.14
高密度聚乙烯	0.930~0.965	聚酰胺66	1.13~1.15
聚丙烯	0.90~0.91	聚甲醛	1.40~1.42
聚1-丁烯	0.91~0.925	聚对苯二甲酸丁二醇酯	1.30~1.38
软质聚氯乙烯	1.2~1.4	聚苯硫醚	1.35
硬质聚氯乙烯	1.4~1.6	聚酰亚胺	1.33~1.43
氯化聚乙烯	1.13~1.26	聚碳酸酯	1.2
聚苯乙烯	1.04~1.05	聚醚醚酮	1.30~1.32
高抗冲聚苯乙烯	1.03~1.06	酚醛树脂	1.24~1.32
ABS 树脂	1.01~1.08	不饱和聚酯	1.01~1.46
聚四氟乙烯	2.14	聚氨酯	1.03~1.50
聚偏氟乙烯	1.77~1.78	环氧树脂	1.11~1.40

表 7-7　常用塑料的力学性能和用途

塑料名称	拉伸强度/MPa	压缩强度/MPa	弯曲强度/MPa	冲击韧性/(kJ/m²)	使用温度/℃	用途
聚乙烯	8~36	20~25	20~45	>2	-70~100	一般机械构件，电缆包覆，耐蚀、耐磨涂层等
聚丙烯	40~49	40~60	30~50	5~10	-35~121	一般机械零件，高频绝缘电缆、电线包覆等

续表

塑料名称	拉伸强度/MPa	压缩强度/MPa	弯曲强度/MPa	冲击韧性/（kJ/m²）	使用温度/℃	用途
聚氯乙烯	30~60	60~90	70~110	4~11	−15~55	化工耐蚀构件，一般绝缘，薄膜，电缆套管等
聚苯乙烯	>60	—	70~80	12~16	−30~75	高频绝缘，耐蚀及装饰，也可作一般构件
ABS	21~63	18~70	25~97	6~53	−40~90	一般构件，减磨、耐磨、传动件，一般化工装置管道、容器等
聚酰胺	45~90	70~120	50~110	4~15	<100	一般构件，减磨、耐磨、传动件，高压油润滑密封圈，金属防蚀、耐磨涂层等
聚甲醛	60~75	约70	约100	约6	−40~100	一般构件，减磨、耐磨、传动件，绝缘、防蚀件及化工容器等
聚碳酸酯	55~70	约70	约100	65~75	−100~130	耐磨、受力受冲击的机械和仪表零件，透明、绝缘件等
聚四氟乙烯	21~28	约70	11~14	约98	−180~260	耐蚀件，耐磨件，密封件，高温绝缘件等
聚砜	约70	约100	约105	约5	−100~150	高强度耐热件，绝缘件，高频印刷电路板
有机玻璃	42~50	80~126	75~135	1~6	−60~100	透明件，装饰件，绝缘件等
酚醛塑料	21~56	105~245	56~84	0.05~0.82	约110	一般构件，水润滑轴承，绝缘件，耐蚀衬里，复合材料
环氧塑料	56~70	84~140	105~126	约5	−80~155	塑料模，精密仪表构件，电气元件，金属涂覆、包封、修补，复合材料

7.2 塑料的定义及分类

7.2.1 塑料的定义

塑料是指以合成树脂（或天然树脂改性）为主要成分，加入（个别情况下也可以不加入）某些具有特定用途的添加剂，经加工成型而构成的固体材料（室温下弹性模量为 10^3 ~ 10^4 MPa）。塑料种类繁多，彼此性质互有差异。例如，塑料可以是软的（如软聚氨酯泡沫塑料）或硬的（如聚甲醛塑料），透明的（如有机玻璃）或不透明的（酚醛塑料）；耐热的

（如聚芳砜塑料）或热水即可使之变软的（如低密度聚乙烯塑料）；轻于水的（如聚丙烯塑料）或重于铁的（如铅填充的环氧树脂塑料）等。

7.2.2 塑料的分类

塑料的性能主要取决于树脂，与其他组分，如稳定剂、润滑剂、填充剂、增塑剂、交联剂、色料等的加入也有重要关系。

（1）按组分的结构分类

人们通常用塑料中树脂的结构来命名和区分塑料，如树脂组分为聚乙烯、聚丙烯、聚氯乙烯、聚苯乙烯、聚甲醛，则可称为聚乙烯塑料、聚丙烯塑料、聚氯乙烯塑料、聚苯乙烯塑料、聚甲醛塑料，或称乙烯塑料、丙烯塑料、氯乙烯塑料、苯乙烯塑料、甲醛塑料。这就是依据塑料的基本化学组成分类，按照这种分类方法，塑料可分为聚烯烃塑料、乙烯基塑料、聚酰胺塑料、氟塑料等，每一类别中，均有许多不同的品种。

（2）按应用分类

按塑料的应用可分为通用塑料、工程塑料、功能塑料。通用塑料是塑料中产量最大的一种，约占塑料总产量的 80%。通用热塑性塑料是指综合性能较好、力学性能一般、产量大、应用范围广泛、价格低廉的一类树脂，通用热塑性塑料可以反复加工成型，一般来说，其柔韧性大、脆性低、加工性能好，但是刚性、耐热性及尺寸稳定性较差；通用热固性塑料为树脂在加工过程中发生化学变化，分子结构从加工前的线型结构转变成为体型结构，再加热后也不会软化流动的一类聚合物，由于热固性塑料是体型结构的聚合物，所以它的刚性高、耐蠕变性好、耐热性好、尺寸稳定性好、不易变形。工程塑料除具有通用塑料所具有的一般性能外，还具有优异的力学性能以及耐热性、耐化学腐蚀性等优异的理化特性，在苛刻的环境中可以长时间工作，并保持固有的优异性能，适宜在工程上作为结构材料使用，如聚碳酸酯、聚酰胺、聚甲醛、聚砜、聚苯醚、聚苯硫醚、ABS 等。功能塑料指的是有某种或某些特殊性能的塑料，如导电塑料、导磁塑料、磁性塑料、耐高温塑料、可控降解塑料、光敏塑料、离子交换树脂、生物相容医用塑料、可食塑料等。

（3）按加工性能分类

按塑料的加工性能可分为热塑性塑料和热固性塑料。热塑性塑料加热时变软以至熔融流动，冷却时凝固变硬，这种过程是可逆的，可以反复进行；热固性塑料在第一次加热时可以软化流动，加热到一定温度时产生分子链间化学反应，形成化学键，成为网状或三维体型结构而固化变硬，这一过程是不可逆的化学变化，固化后再加热时不再能使其变软和流动。

从成型方法和形态上可分为模压塑料、层压塑料、粒料、粉料、糊塑料、塑料溶液等。

7.3 塑料的性能

塑料是一种具有多种特性的实用材料。由于塑料性能的多样化随之带来了实用性能的多样化，基本每一个品种在应用性能上都有特长。塑料在实用性能上的多样化特点，一方面来源于塑料大分子的结构和组成特点；另一方面来源于塑料性能的可调性，即指通过许多不同的途径可以改变其性能，以满足使用上的各种要求。塑料常用的改性方法有共混、共聚、复合、增强、发泡、添加不同助剂和进行不同的加工处理等。

从应用的角度出发，将塑料在工程方面的主要实用性能归纳如下。

①密度。塑料一般都比较轻，各种泡沫塑料的相对密度为 0.01~0.5，普通塑料的相对密度为 0.9~2.3，因此，对要求减轻自重的车辆、船舶、飞行器等机械装备和建筑来说，塑料材料有着特殊的意义。

②电性能。塑料材料在电学性能方面有着极其宽广的性能指标，它们的介电常数小到 2 左右，体积电阻率高达 $10^{16}~10^{20}\Omega\cdot cm$，介电损耗（$\tan\delta$）低到 10^{-4}，因而总的来说，大多数塑料在低频、低压的情况下具有良好的电绝缘性，不少塑料即使在高压、高频条件下也能做电绝缘和电容器介质材料。可以说，现在的电子、电工技术离开塑料材料是不可想象的。

③热性能。塑料的许多性能对温度有强烈的依赖性，在性能—温度坐标图上呈现多种转变过程。从实用角度看，多数材料的熔点或软化点都不高，因而限制了它们的应用。一般塑料的热膨胀系数比金属材料大几倍或几十倍，这也使塑料在工程上的应用受到限制。塑料本身热导率极低，是热的不良导体或绝热体，通常塑料的热导率比金属要小上百倍到上千倍之多，而比静止空气高得多，塑料的这种重要性能是用作绝热保温材料的依据。泡沫塑料的热导率与静止空气的热导率相当，这对塑料在保温设施中的应用是极为有利的。因此，聚苯乙烯、聚氨酯等许多泡沫塑料被广泛地应用于冷藏、建筑隔热、节能装置和其他绝热工程中。然而塑料的极低的热导性在塑料的成型加工和作为摩擦材料的应用中造成了不少弊病。

④力学性能。塑料材料的力学性能随品种变化较大，柔软、坚韧、刚脆均有。大多数的模塑品的刚度与木材相近，属于坚韧固体材料。至于强度，不同塑料差别很大，拉伸强度从 10MPa 到 500MPa，甚至更大。塑料因为质量轻因而强度高，接近或超过传统的金属材料。如尼龙 66 取向丝，密度约为 $1.14g/cm^3$，抗张强度约为 500MPa；钢丝密度为 $7.8g/cm^3$，抗张强度约为 3200MPa。如按单位质量计算强度，尼龙为 500/1.14＝438MPa，钢丝为 3200/7.8＝410MPa。若尼龙加 30%玻璃纤维增强，抗张强度可增加一倍，密度为 $1.35g/cm^3$，故强度远超过钢丝。普通塑料特别适用于受力不大的一般性结构件，如仪器仪表、常压低压容器、管道管件等化工设备以及机车车辆壳体等。

⑤减震消音性能。生活中，巨大的冲击和频繁的振动是十分有害的，它们除了造成机器零部件的损坏和缩短使用寿命外，还会发出损伤人们身心健康的噪声，恶化环境。由于某些塑料柔顺而富于黏弹性，当它受到外在的机械冲击振动或频繁的机振、声振等机械波作用时，材料内部产生黏弹内耗将机械能转变成热能。因此，工程上利用它们作为减震消音材料。如机械设备、仪器、仪表在运输过程中用泡沫防震，利用塑料齿轮使齿轮传动中产生的冲击和由冲击产生的噪声明显改善。

⑥耐磨性能。大多数塑料摩擦系数很小，且具有优良的减磨、耐磨和自润滑特性。许多采用工程塑料制造的摩擦零件可以在各种液体摩擦（包括油、水和腐蚀介质等）、边界摩擦

和干摩擦等条件下有效地工作，如各种氟塑料以及用氟塑料增强的聚甲醛、尼龙等。塑料的耐磨性质为许多金属耐磨材料所不及，因此，塑料常常用于制造轴承、活塞环、叶片叶轮和凸轮齿轮等，在机械工程上获得了广泛的应用。

⑦耐腐蚀性能。一般塑料都有较好的化学稳定性，对酸、碱、盐溶液、蒸汽、水、有机溶剂等具有不同程度的稳定性，超过了金属与合金，因此，广泛用作防腐材料，如聚乙烯塑料、玻璃钢等。号称"塑料王"的聚四氟乙烯甚至能耐"王水"等极强腐蚀性电介质的腐蚀。

⑧光学性能。多数塑料，如 PE、PP、PVC、PS、PC 和丙烯酸类塑料是部分结晶或无定形的，有些塑料虽然结晶度高，但其晶粒可以控制很小，如尼龙、聚酯等，所以它们都可以做成透明或半透明的制品。其中 PS 和丙烯酸类塑料像玻璃一样透明，常用作特殊环境下的玻璃替代品。利用 PVC、PE、PP 等塑料薄膜既透光又保暖的特性，大量地用于农用薄膜材料。

⑨阻透性能。塑料是一类具有多种防护性能的材料。由于多数塑料具有很小的吸水、透水、透气性能，比木材、纸张要小得多，因而常将塑料膜、箱、桶等用作包装用品。其中无毒材料用于包装食品和医药；某些透气性较好而透湿性较差的材料特别宜于包装水果；一般的塑料薄膜材料可用于包装工业用品和农产品。近年来，为了满足薄膜包装上的各种要求，出现了许多复合薄膜材料。例如，用防水透气无毒的 PE 膜与气密无毒吸湿透湿的尼龙膜复合起来，适合于储藏食品，以防香味或水分的散失。

综上所述，由于塑料优良多样的实用性能，在工程上获得了广泛的应用，然而作为一种新兴的工程材料，与金属等传统材料相比，还有很多的不足之处。例如，聚合物材料的性能对温度的依赖性十分显著，在不太高的温度下，温度足以改变大分子的热运动方式和聚集状态，甚至化学结构，从而影响到材料的几乎所有性能，因此，塑料的使用温度范围较窄和耐热性较差。目前，在国内已有相当生产能力的塑料中，长期工作温度还没有超过 360℃ 的；一般塑料强度较低，刚度则更低；易产生蠕变，不易成型加工出尺寸精密的零件；冷流、疲劳和后结晶等现象，影响使用性能；塑料的耐老化性较差，在日晒（包括紫外辐射）、受热或机械力长期作用等环境条件下使用时，会逐渐失去原有的优良性能；导热性不良和膨胀系数较大，常常限制了不少塑料的应用等。

随着塑料工业的不断发展和研究的不断深入，这些缺点可以不断地得到适当的克服。近年来，能克服这些缺点的新颖塑料或复合材料正在不断出现。

7.4 塑料的成型加工

塑料材料可以用多种方法加工成型，可以采用注射、挤出、压制、压延、缠绕、铸塑、烧结、吹塑等方法来成型制品，也可以采用喷涂、浸渍、黏结、等离子喷涂等方法将高分子材料覆盖在金属或非金属基体上，还可以采用车、磨、刨、铣、刮、锉、钻以及抛光等方法来进行二次加工。热塑性塑料的成型方法见表7-8，热固性塑料的成型方法见表7-9。

表7-8 热塑性塑料的成型方法

项目	基本原理	主要过程+ 视频文件编号	特点	应用范围
注射成型	利用螺杆（或柱塞）的推力将已塑化的熔融料注入闭合模内，经冷却定型得到制件	原料干燥闭模注射，加料，冷却、起模和后处理	生产效率高，易于实现自动化生产，易成型形状复杂、尺寸精确的制件	成型各种形状的制件
挤出成型	利用螺杆的推力连续不断地将熔融料从模口挤出不同断面的管、棒、型材等	原料干燥、加料、牵引、冷却、卷绕、锯切	生产效率高，更换口模可得到不同断面的制件，设备简单	电线电缆的包层、管、棒、型材、线；回收料和着色料的造粒
压延成型	塑料通过加热辊筒的间隙，产生挤压、延展而成型薄型制件	配料、捏和、密炼、塑化、压延、牵引、卷绕、切割	生产效率高，制件表面光洁，但设备造价高，不宜生产高温塑料	薄膜、片、板材
中空成型（挤出）	经挤出的熔融管料夹持在吹塑模内，在管料内充气，使其横向胀大、冷却定型	挤出、充气、冷却、定型	生产效率高，设备简单，易成型中空制件	管状薄膜、瓶、桶
热熔冷压成型	将熔融料在模内加压并冷却定型	原料加热呈熔融状态，加压，在压力下冷却	制件平整、光洁、尺寸易控制，但生产效率低	硬板制作
热成型	片（板）料加热呈现热弹态，置于模内靠充气、吸气或机械力的作用，贴于模壁并冷却成型	备料、加热，在模内加压冷却、修整	设备、模具简单，成本低，宜成型壁薄、表面积大、深度有限的敞开式制件，生产效率低	罩、壳、杯等
浇注成型	在常压或低压下将液态树脂混合物浇注入模内或外壳内，聚合或冷却成型，如MC尼龙	配料、模具准备、浇注、变硬、起模	设备、模具简单，宜制成大型制件毛坯，生产量小，尺寸精度差	中、大型毛坯，灌注物

项目	基本原理	主要过程+ 视频文件编号	特点	应用范围
塑料涂覆	将粉状塑料涂覆在金属表面上的一种方法，涂覆形式有火焰喷涂、热熔覆、沸腾床、静电喷涂、浸涂和膜辊压等	制件加热、粉料熔化喷射、冷却（火焰喷涂）	耐蚀性、耐磨性和绝缘性等	大、中型金属制件表面涂覆和修补
冷压烧结成型	粉料压成冷坯、烧结、冷却，它类似于粉末冶金的冷压烧结成型。用于成型聚四氟乙烯，超高分子量聚乙烯或熔融黏度很高的塑料	压成冷坯、烧结、冷却	一种特殊的加工方法，用于注射、挤出等通用成型方法很难成型的材料。成型的制件尺寸精度低，常需机械加工	聚四氟乙烯、聚酰亚胺、超高分子量聚乙烯等制件的成型
泡沫塑料成型	配制成泡沫塑料组分，形成一定黏度的液体或糊状物，借发泡剂或机械搅拌，经加热而制成多孔性的泡沫塑料	配料、加热、发泡、起模	方法多样，物理法、化学法、机械法，也可将树脂合成与制造泡沫塑料一次完成	各类泡沫制件
粘接	将两种以上塑料或塑料与其他材料用热熔法、溶剂法或胶黏剂粘接	制件表面清理，热熔，用溶剂或胶黏剂粘接压合、固化	可使简单零件变成复杂的部件，修补残缺，满足特殊要求	塑料本身或塑料与其他材料的粘接
旋转成型	定量的粉状、糊状塑料装入空心模内，料在加热熔化、缓慢旋转时，均匀分布于模内，然后冷却定型	装料，加热旋转，分布模具内壁、冷却、起模	制作大型中空容器或制件，设备、模具简单，成本低，但生产周期长、品种较少	聚乙烯、聚苯乙烯、聚氯乙烯等中空制件或搪塑制件

表 7-9　热固性塑料的成型方法

项目	基本原理	主要过程	特点	应用范围
压缩模塑	料在闭合模内经加热、加压、固化的成型方法	预热、加料、闭模、固化、起模	模具结构简单，易成型大、中、小型制件，各种形状（粉、纤维带、布等）的原材料，应用广泛	各种模塑制件

续表

项目	基本原理	主要过程	特点	应用范围
传递模塑	料在加料室内加热软化，压入热的模内并固化成型	闭模、加料、固化、起模	模具结构较复杂，用于成型有一定流动性的粉状和短纤维原材料。易成型尺寸精确、形状复杂、配件多、薄壁的制件，但制件易产生合缝	复杂模塑制件
注射成型	利用螺杆（或柱塞）的推力，将在料筒内已预塑化的料注入高温模内固化成型	闭模、注射、加料、固化、起模	生产效率高，料筒温度控制严格，用注射料成型，料筒短，压缩比小	各种中、小型制件
浇注成型	在常压或低压下将液态树脂混合物或预聚体浇注入模内或外壳内，固化成型	模具准备、配料、浇注、固化、起模、修整	用于注射料成型，料筒短，压缩比小	封装物、浇注件
增强塑料成型	浸有胶黏剂的增强塑料铺设在模内，在较低压力和较低温度下固化成型	模具准备、配料、铺设、加压、固化、起模、修整	增强塑料的成型，宜成型中、大型或特殊用途制件	增强塑料制件

虽然高分子材料的加工方法有很多，但其中最主要及最常用的加工方法是挤出成型、注射成型、吹塑成型和压制成型这四种成型方法。

7.4.1 挤出成型

挤出成型也称为挤塑，是在挤出成型机中通过加热、加压而使物料以流动状态连续通过口模成型的方法。它是用加热或其他方法使塑料成为流动状态，然后在机械力（压力）作用下使其通过塑模（口模）而制成连续的型材。挤出成型几乎能加工所有的热塑性塑料和某些热固性塑料。目前用挤出法加工的塑料有聚氯乙烯、聚乙烯、聚丙烯、聚苯乙烯、聚酰胺、聚丙烯酸酯类、丙烯腈-丁二烯-苯乙烯、聚偏氯乙烯、聚三氟氯乙烯、聚四氟乙烯等热塑性塑料以及酚醛、脲醛等热固性塑料。挤出成型的塑料制品有薄膜、管材、板材、单丝、电线电缆包层、棒材、异形截面型材、中空制品以及纸和金属的涂层制品等。此外，挤出成型还可用于粉料造粒、塑料着色、树脂掺和等。

挤出成型在塑料成型加工工业中占有很重要的地位。挤出成型不但劳动生产率高，而且挤出产品均匀密实，只要更换机头就可以改变产品的断面形状。尤其在塑料制品应用越来越广泛、塑料制品的需要量越来越大的形势下，挤出成型设备比较简单、工艺容易控制、投资少、收效大，因而更具有特殊的意义。

（1）挤出成型的过程

挤出过程中，从原料到产品需要经历三个阶段：第一阶段是塑化，就是经过加热或加入溶剂使固体物料变成黏性流体；第二阶段是成型，就是在压力的作用下使黏性流体经过口模而得到连续的型材；第三阶段是定型，就是用冷却或溶剂脱除的方法使型材由塑性状态变为固体状态。挤出成型机和一些附属装置就是完成这三个过程的设备。

（2）挤出工艺的分类

①按照塑料塑化方法的不同，挤出工艺可分为干法和湿法两种。干法的塑化是靠加热将塑料变为熔融体，塑化和加压可在同一设备内进行，其定型处理仅为简单的冷却。湿法的塑化则是用溶剂将塑料充分软化，塑化和加压必须分成两个独立的过程，定型时须使溶剂脱除，操作比较复杂，同时还要考虑溶剂的回收问题。湿法挤出虽具有塑化均匀和避免塑料过度受热等优点，但由于上述缺点，它的适应范围仅限于硝酸纤维素和少数乙酸纤维素料的挤出。

②按照塑料加压方式的不同，挤出工艺可分为连续和间歇两种。前一种所用设备为螺杆挤出成型机，后一种为柱塞式挤出成型机。螺杆挤出机进行挤出时，装入料斗的塑料借助转动的螺杆进入加热的料筒中，由于料筒的传热、塑料之间的摩擦以及塑料与料筒及螺杆间的剪切摩擦热，使塑料熔融而呈流动状态。与此同时，塑料还受螺杆的搅拌而均匀混合，并不断前进，最后塑料在口模处被螺杆挤出到机外而形成连续体，经冷却凝固，即成产品。

（3）挤压成型机的构成

柱塞式挤出成型机的主要部件是一个料筒和一个由液压操纵的柱塞。操作时，先将一批已预先塑化好的塑料加入料斗内，而后借柱塞的压力将塑料挤出口模处。料斗内的塑料挤完后，应立即退回柱塞，以便进行下一次操作。柱塞挤出成型机的优点是能给予塑料以较大的压力，而缺点是操作不连续，且塑料还要预先塑化，因而应用很少，只有挤出聚四氟乙烯塑料和硬聚氯乙烯大型管材等方面尚有应用。

近年来，随着塑料工业的发展，对成型设备也提出了更多的要求。在挤出成型设备方面，目前主要是向高速、大型、自动化以及制造特殊挤出成型机（多螺杆、排气式）等方面发展。由于目前用于挤出成型的绝大多数都是热塑性塑料，且又是采用连续操作和干法塑化，在设备方面，目前单螺杆挤出成型机应用最广泛。单螺杆挤出机主要由以下五个部分组成：传动装置、加料装置、料筒、螺杆和机头。

①传动装置。传动装置是带动螺杆传动的装置，通常由电动机、减速箱和轴承等组成。在挤出过程中，要求螺杆转速稳定，不随螺杆负荷的变化而改变，因为螺杆转速若有变化，将会引起料流压力的波动，造成供料速度不均匀而出现废品。在正常操作情况下，不管螺杆负荷是否变化，螺杆转速应该稳定。但是在有些场合又要求螺杆能变速，以便使同一台挤出机能挤出不同的制品或不同的物料。为此，传动装置一般采用交流整流子电动机、直流电动机等装置，以达到无级变速，一般螺杆转速为 $10 \sim 100 \text{r/min}$。

②加料装置。供给挤出机的物料多采用粒料，也可采用带状料或粉料。装料设备通常使用锥形加料斗，料斗底部有截断装置，侧面有视孔和计量装置。在挤出成型时，对物料一般要求是粒料均匀和含水率达到最低标准。因此，料斗容积不宜过大，以免烘干的物料在料斗中停留时间过长而吸收空气中的水分。一般料斗的容积以能容纳 1h 的用料较好。现在有的料

斗还带有真空装置、加热装置和搅拌器。

③料筒。料筒也可称为机筒，由于物料在料筒内要经受高温、高压，因此料筒一般要选用耐温、耐压、强度高、坚固耐磨、耐腐蚀的合金钢或内衬合金钢的复合钢管制成。料筒的外部设有分区加热和冷却装置，而且附有热电偶和自动仪表等。料筒冷却系统的主要作用是防止物料过热或者是在停车时使之快速冷却，以免物料降解。料筒的长度一般为其直径的15~30倍，以便使物料受到充分加热和塑化均匀。有的料筒刻有各种沟槽以增大与物料间的摩擦力。

④螺杆。螺杆是挤出机最主要的部件，被称为是挤出机的心脏。通常是用耐热耐腐蚀高强度的合金钢制成。通过螺杆的转动，料筒内的物料才能发生移动。表示螺杆结构特征的基本参数有直径 D、压缩比、长径比、螺旋角 Q、螺距 S、螺槽深度 H 等，一般螺杆的结构如图7-1所示。

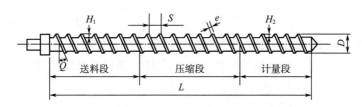

图7-1　螺杆的结构示意图

螺杆结构按压缩比（螺杆尾部螺槽的容积和螺杆头部螺槽的容积之比）的大小和形成压缩方式的不同，可分为渐变型和突变型两种。渐变型的螺槽深度是逐渐增加的，而突变型螺槽深度往往在一个螺距内完成所要求的变化。螺杆的直径决定挤出机生产能力的大小，直径增大，则加工能力提高。螺杆的长径比（L/D）即螺杆的有效长度与直径之比决定挤出机的塑化效率。长径比大，则能够改善物料温度的分布，有利于物料的混合和塑化，并能够减少漏流和逆流，可提高挤出机的生产能力。而且长径比大的螺杆适应性强，可用于多种物料的挤出。

物料沿螺杆向前移动时，经历着温度、压力和黏度等的变化，这种变化在螺杆全长范围内是不相同的，根据物料的变化特征可将螺杆分为加料段、压缩段和均化段。加料段的作用是将料斗供给的物料送往压缩段，物料一般保持固体状态，但由于受热也会部分熔融。加料段长度随工程塑料的品种而异，一般挤出结晶性品种为最长，硬性非结晶性品种次之，软性非结晶性品种最短。压缩段（又称迁移段）的作用是压实物料，使物料由固体转化为熔融体，并排除物料中的空气。螺杆对物料产生较大的剪切作用和压缩。长度主要与物料的熔点有关。均化段（又称计量段）的作用是将熔融物料定压地送入机头，使其在口模中成型。均化段的螺槽容积与加料段一样恒定不变。为避免物料因滞留在螺杆头端面死角处引起分解，螺杆头部常设计成锥形或半圆形；有些均化段是表面光滑的杆体，称为鱼雷头。均化段长度一般为螺杆全长的20%~25%。

⑤机头。机头是挤出成型机的成型部件，由机头体和机颈组成，它是料筒和口模之间的

过渡部分，其长度和形状随所用塑料的种类、制品的形状、加热方法及挤压速度等而定。口模和模芯的定型部分决定制品横截面的形状，它是用螺栓或其他方法固定在机头上的，机头和口模有时是一个整体，这时就没有再区分的必要。不过在习惯上，即使它们不是一个整体，往往也统称机头。其设计的好坏，对制品产量和质量影响很大，一般由经验决定。设计机头时，大致应考虑以下几方面问题。

a. 熔融物料的通道应光滑、呈流线型，不存在死角。物料的黏度越大，流道变化的角度应越小。通常机头的扩张角与收缩角均不能小于90°，而收缩角一般又比扩张角小。

b. 机头定型部分横截面积的大小，必须保证物料有足够的压力，以使制品密实，压缩比取5~10（指分流器支架出口处流道截面积与口模和芯模间形成的环隙面积之比）。若压缩比过小不仅产品不密实，且熔融物料通过分流器支架时的接缝痕迹不易消除，而使制品的内表面出现纵向条纹，此处力学强度极低。若压缩比过大，则料流阻力增加，产量降低，机头尺寸也势必增大，加热也不易均匀。

c. 在满足强度的条件下，结构应该紧凑，与料筒衔接应严密，易于装卸，连接部分尽量设计成规则的对称形状，机头与料筒的连接多用急启式，以便定时清理滤网、螺杆和料筒。

d. 由于磨损较大，机头与口模通常都由硬度较高的钢材或合金钢制成。机头与口模的外部一般附有电热装置校正制品外型装置、冷却装置等。

在挤出成型中，还有一些辅助设备。主要有挤出前处理物料的设备，如原料输送、预热、干燥等；定型和冷却设备，如定型装置、冷却槽、空气冷却喷嘴等；处理挤出物的设备，如可调速的牵引装置、成品切断和卷取装置等；还有控制生产的设备，如温度控制器、电动机启动装置、电流表、螺杆转速表等。

7.4.2　注射成型

注射成型是热塑性塑料成型中应用得极为广泛的一种成型方法，它是由金属铸压工艺演变而来的。注射成型又称为注射模塑或注塑，除少数的热塑性塑料外，绝大多数的热塑性塑料都可用此方法来成型。近年来，此种成型工艺也成功地用于某些热固性塑料的生产。由于注射成型能一次成型制得外形复杂、尺寸精确或带有金属嵌件的制品，而且可以制得满足各种使用要求的塑料制品，因此得到广泛应用。目前注射成型的制品占塑料制品总量的20%~30%。

（1）注射成型的过程

注射成型的工艺原理是将塑料颗粒经注塑机的料斗送至加热的料筒，使其受热熔融至流动状态，然后在柱塞或螺杆的连续加压下，熔融料被压缩至流动状态，然后熔融料被压缩并向前移动，从料筒前端的喷嘴中射出，注入一个温度较低的预先闭合好的模具中，充满模具型腔的熔融料经降温硬化，即可保持模具型腔所赋予的形状，打开模具后即可得到所需要的制品。所以注射成型的过程一般可分为加料、物料熔融、注射、制品冷却和脱模五个步骤。当注射工艺条件确定后，上述五个步骤可以采用集成电路、数字程序控制或群控等实现半自动或全自动操作。

（2）注射机的构成

注塑机按外形特征可分为立式、卧式、直角式、旋转式和偏心式等多种，目前以卧式为最常用。按照工程塑料在料筒中熔融塑化的方式来分，常用的有柱塞式和螺杆式两种。柱塞式注塑机由于存在塑化能力较低，塑化不易均匀，注射压力损耗大，注射速率较低等缺点，近年来很少发展。目前应用最广的是往复螺杆式注塑机。往复螺杆式注塑机主要由注射装置、合模装置及液压传动和电气控制系统组成。注射装置是使工程塑料均匀地塑化成熔体，并以足够的压力和速度将熔体注入模腔。一般由料筒、螺杆、喷嘴、料斗、计量装置、螺杆传动装置、注射与移动油缸、料筒与喷嘴的加热装置组成。合模装置是使模具可靠地闭合，实现模具启闭动作及取出制品。一般由固定模板、移动模板、连接模板用的拉杆、合模油缸、制品顶出装置等组成。液压传动和电气控制系统是保证整个注射成型工艺过程按预定的要求和动作程序准确有效地进行工作的动力和控制系统，一般由电动机、油泵、管道、阀件和电气控制箱等组成。

（3）注射成型的工艺条件

注射成型最重要的工艺条件是影响塑化、流动和冷却的温度、压力和相应的各个作用时间等。

①温度。注射成型过程中需要控制的温度有料筒温度、喷嘴温度和模具温度等。前两种温度主要影响塑料的塑化和流动，而后一种温度主要影响塑料的流动和冷却。

料筒温度的选择一般应保证物料塑化良好，能顺利实现注射又不会引起塑料分解。影响料筒温度的主要因素有：塑料的特性、塑料制品的厚薄及形状以及注塑机的类型。喷嘴温度通常要略低于料筒最高温度，这是为了防止熔料在直通式喷嘴发生流延现象。但是，喷嘴温度也不能过低，否则将会造成喷嘴处的熔料凝固而将喷嘴堵死或者由于凝固料被注入型腔而影响产品质量。模具温度对塑料制品的内在性能和表观质量影响很大。模具温度的高低决定塑料是否结晶以及结晶程度、制品的尺寸和结构、性能要求等。模具一般均需加热和冷却。加热是为了使物料熔体黏度大、流动性差的品种容易充模，同时使厚壁制品内外冷却速率尽可能均匀一致；冷却是为了加速制品冷却，缩短成型周期，且防止制品在脱模时产生变形。一般模具温度通常是靠通入定温的冷却介质来控制的。也有将熔融的物料注入模具自然升温和自然散热达到平衡而保持一定的模温的。在特殊情况下，也有采用电阻加热圈或加热棒对模具加热而保持一定模温的。

②压力。注射成型过程中的压力包括塑化压力（背压）和注射压力两种，这些压力都直接影响物料的塑化程度和制品质量。塑化压力可以通过调整注塑机液压系统中的溢流阀来控制大小。在注射过程中，塑化质量的大小是随螺杆的设计、塑料的种类以及产品质量的要求不同而异的。一般操作过程中，塑化压力的确定应在保证产品质量优良的前提下越低越好，其具体数值应随所用塑料的品种而异，一般很少超过2MPa。注射压力的大小取决于注塑机的类型、塑料的种类、熔体的黏度、模具的浇口尺寸、制品的壁厚、注射成型的工艺等。一般对于成型大尺寸、形状复杂的制品，应采用较高的压力；对于熔体黏度大、玻璃化温度高的塑料（如聚碳酸酯、聚芳砜、聚酰亚胺等），也要采用较高的注射压力。

在注射过程中，注射压力和物料温度实际上是相互制约的。料温高时注射压力减小，料温低时所需要的注射压力就要加大。

③成型周期（时间）。完成一次注射成型过程所需要的时间称为成型周期，它主要包括注射时间、闭模冷却时间以及其他时间（指开模、脱模、安放嵌件和闭模时间等）。在整个成型周期中，以注射时间和冷却时间最重要，它们对制品的质量均有决定性的影响。注射时间主要由充模时间和保压时间组成。而保压时间就是对型腔内物料的压实时间，在整个注射时间内所占的比例较大，一般为20~120s（特厚制件可高达5~10min）。另外，在浇口处的熔融料凝结之前，保压时间的长短对制品的尺寸精度也有着直接的影响。保压时间的最佳值将依赖于模温、料温、主流道及浇口的大小。冷却时间的长短主要取决于制品的厚度、材料的热性能、结晶性能以及模具温度等。冷却时间的选取，应以保证制件脱模时不引起变形为原则，冷却时间一般为30~120s。成型周期直接影响劳动生产率和设备利用率。因此在生产过程中，应在保证质量的前提下，尽量缩短成型周期中各个有关时间。

7.4.3　吹塑成型

吹塑成型主要包括中空吹塑成型，其产品如各种各样的塑料瓶、儿童玩具、水壶以及储存酸、碱的大型容器等；吹塑薄膜、吹塑薄片等成型方法。

（1）中空吹塑成型

中空吹塑成型为塑料材料的二次成型，它一般是把一次成型制得的棒、板、片等通过二次加工再制成制品的方法，因为在二次成型过程中，塑料材料通常要处在熔融或半熔融的状态，所以这种方法仅适用于热塑性塑料的成型。吹塑成型的制品根据其种类的不同，加工过程也有所不同。制作中空吹塑制品时，吹塑用的管坯一般是通过挤出或注射的方法制造。由于挤出法具有适应于多种塑料、生产效率高、型坯温度比较均匀、制品破裂少、能生产大型容器、设备投资较少等优点，因此，在当前中空制品生产中占有绝对的优势。制造中空吹塑制品的方法是将从挤出机中预先挤出的管状坯料置于两个半组合的模具中加热软化，切割成两端封闭的小段，把压缩空气吹进管芯，使坯料胀大到紧贴模壁，冷却脱模后即可得到瓶、桶等形状的中空制品。用于中空吹塑的塑料有聚乙烯、聚氯乙烯、聚丙烯、热塑性聚酯、聚酰胺、乙酸纤维素等。其中以聚乙烯使用最为广泛，凡熔体流动指数为0.04~1.12都是常用的中空吹塑材料，大多用于制造各种容器。聚氯乙烯因气密性和透明度都比较好，所以也是中空吹塑的常用材料。另外，采用双轴定向拉伸吹塑后的聚丙烯，由于它的透明度和强度在原有的基础上有了很大的提高，可用来制作薄壁透明瓶，并能节省原材料，因而也得到较广泛的应用。

一般用于中空吹塑的材料应具有以下特性。

①气密性要好。气密性是指阻止氧气、二氧化碳、氮气及水蒸气等向容器内外透散的特性。

②耐环境应力开裂性要好。作为容器，当与表面活性剂溶液接触时，在应力作用下，应具有防止龟裂的能力。因此，一般应选用分子量较大的材料。

③抗冲击性要好。为了保护容器内装的物品，一般制品应具有从 1m 以上高度落下而不碎不裂的抗冲击性。此外，还要求有较好的抗静电性、耐试剂性和耐挤压性等。

（2）吹塑薄膜

吹塑薄膜是塑料膜生产中采用比较广泛的一种。吹塑薄膜可以看作是管材挤出成型的继续，其原理是把熔融的物料经机头呈圆筒形薄管挤出，并从机头中心吹入压缩空气，将薄管吹为直径较大的管状薄膜（即管泡），并经过一系列的冷却导辊卷曲装置，然后加工成袋状制品或剖开成为薄膜。为了提高薄膜的强度，需要再在单向或双向拉伸机上，在一定温度下进行拉伸，使大分子排列整齐，然后在拉紧状态下冷却定型。

吹塑薄膜的原料主要有聚氯乙烯、聚偏氯乙烯、聚乙烯、聚丙烯、聚酰胺等。近年来还发展了多层吹塑薄膜。随着薄膜用途的日益扩大，单层薄膜已不能满足要求。为了弥补一种材料性能上的不足，将几种树脂挤出的薄膜复合使用，这就是多层吹塑薄膜或称复合薄膜。这种多层吹塑薄膜能使几种材料互相取长补短，得到性能优越的制品。原先制造这种多层吹塑薄膜采用黏合或涂层的工艺，近些年来创造了共挤法，这是由几台挤出机供料，使几种塑料同时从同一口模挤出而形成整体的技术。多层吹塑薄膜的挤出可用 T 形机头挤出，也可用吹塑机头挤出，以后一种方法居多。多层吹塑薄膜的共挤出是制造高质量制品的先进工艺，在多样化设计和提高结合强度等问题更好地解决后，其用途会更广泛。

7.4.4　压制成型

压制成型物料的性能、形状以及成型加工工艺的特征，可分为模压成型和层压成型。

（1）模压成型

模压成型是将一定量的模压粉（粉状、粒状或纤维状等塑料）放入金属对模中，在一定的温度和压力作用下成型制品的一种方法。模压成型是一种较古老的成型方法，成型技术已相当成熟，目前在热固性塑料和部分热塑性塑料（如超高分子量聚乙烯、聚酰亚胺等）加工中仍然是应用范围最广而居主要地位的成型加工方法。模压热固性塑料时，处于型腔中的热固性塑料在热的作用下，先由固体变为熔体，在压力下熔体流满型腔而取得型腔所赋予的形状，随后交联反应的进行，树脂的分子量增大，固化程度随之提高。模压料的黏度逐渐增加以致变为固体，然后脱模成为制品；热塑性塑料的模压，前期状况与热固性塑料相同，但没有发生交联，当熔体充满型腔后，需将模具冷却，熔体固化后就能脱模成为制品，对热塑性塑料制品而言，只有在模塑较大平面的塑料制品或因塑料的流动性甚差难于用注塑法时，才采用模压成型，而对于增强塑料使用模压成型更为重要。

对于增强塑料的模压成型，在模压料充满模腔的流动过程中，不仅树脂流动，增强材料也要随之流动，也就是在压力作用下熔融树脂黏裹着增强材料（如纤维）一道流动，直至填满型腔，因此其成型压力也较高，属于高压成型。当型腔充满后，在继续受热条件下，树脂交联反应进行，形成网状结构，但增强材料基本不变，当交联密度增加致使树脂变为不溶不熔的体型结构，就到达了"硬固阶段"，并且整个反应是不可逆的。模压成型工艺的种类很多，主要分为下面几类。

①模塑粉模压法。这是生产热固性塑料制品的一种古老的方法，虽然目前已发展出热固性塑料的注射成型，但此法仍有应用。

②吸附预成型坯模压法。此法是指在成型模压制品之前，预先将玻璃纤维制成与模压制品结构、形状、尺寸相一致的坯料，然后将其放入金属对模内与液体树脂混合、加温、加压成型纤维增强塑料的一种工艺过程。吸附预成型工艺可采用较长的短切纤维，制品中可以含较高的玻璃纤维，使制品具有优良的力学性能。这种工艺适合于生产深度及外形尺寸较大的大型部件或形状不十分复杂而又要求强度较高的短纤维模压制品。

③团状模塑料及散状模塑料模压法。团状模塑料（DMC）是一种纤维增强热固性模塑料。通常是由不饱和聚酯树脂、短切纤维、填料、固化剂等混合而成的一种油灰成型材料。此法的特点是模压压力较低，制品的尺寸与形状限制少，但制品力学强度不高，表面质量欠佳。散状模塑料（BMC）也是一种聚酯树脂的模塑料，但它是一种化学增稠的低收缩型预混料，使制品外观获得大大改善。DMC 和 BMC 模制品的应用很广，目前已在电气、仪表、化工、运输、军工等领域中广泛应用。

④片状模塑料模压成型法。片状模塑料（SMC）是一种"干法"制造玻璃纤维增强聚酯制品的新型模压用材料。其物理形态是一种类似"橡皮"的夹芯材料，"芯子"由经树脂糊充分浸渍的短切纤维（或毡）组成，上下两面为聚乙烯薄膜所覆盖。SMC 的成型工艺过程主要包括片状模塑料的制备和成型两部分。这种成型的优点是操作方便，生产率高，制品的表面质量好，物理性能优良，材料损害少等。其缺点是设备造价高，设备操作及过程控制比较复杂。片状模塑料的应用十分广泛，主要应用领域有运输工业、电气工业和家具工业等。

⑤高强度短纤维料模压成型。这种成型主要用于制备高强度异形制品和一些具有特殊性能要求的制品（如耐热、防腐），该成型过程所需的成型温度较高（一般为 160~170℃），成型压力大（200~300MPa），玻璃纤维含量可高达 60% 以上，这类制品在机械、运输、化工、电气、军事等领域得到广泛的应用。

⑥定向铺设模压成型。这是指模压制品成型前使玻璃纤维沿制品主应力方向取向铺设形成预定形坯，然后进行模压定型制品。定向铺设模压成型能充分发挥增强材料的强度特性，制品性能重复性好，能提高制品中的纤维含量（增强材料重量可达 70%），这种工艺适于制造形状不是十分复杂的大批高强度模压制品。

此外还有缠绕模压法、织物、毡料以及碎布料模压法等。模压制品具有优良的电气性能（尤其是抗漏电性能）、力学性能、耐热性、耐燃性、耐化学腐蚀性和尺寸稳定性，同时可根据需要调节各组分的类型和用量以获得具有特殊性能要求的产品。模压成型是塑料成型中建立很早的一种古老工艺技术，随着工业的发展，这一工艺技术的研究开发工作从未停止过。由于模压成型技术的日益改进与提高，使现代的模压成型具有以下特点：一是自动化程度高，适于大批量制品生产；二是设备的模具费用低；三是产品大多能一次成型，无须二次加工，制品的尺寸精度较高，表面质量好，变形小；四是成型压力低；五是价格低廉等。但是与注射成型相比，在有些方面仍逊一筹。如技术要求较高，尺寸黏度仍不如后者，劳动强度大等，但是随着模压成型的不断进步，增强塑料的广泛应用，对此法优缺点的综合衡量，模压成型仍是一种有发展前途、目前仍不可缺少的成型工艺方法。

（2）层压成型

层压成型就是以片状或纤维状材料作为填料，在加热、加压条件下把相同或不同材料的两层或多层结合成为一个整体的方法。成型前填料必须浸有或涂有树脂。常用的树脂有环氧树脂、酚醛树脂、不饱和聚酯树脂、氨基树脂等；常用的填料有棉布、玻璃布、纸张、玻璃毡、石棉毡或合成纤维及其织物等。层压成型过程主要包括填料的浸胶、浸胶材料的干燥和压制等几个步骤。在浸胶过程中，要求填料浸渍有足够多的胶液，一般为 25%～46%，浸渍时填料必须被树脂浸透，避免夹入空气。浸胶的方法除了可用直接浸渍法外，还可采用喷射法、刮胶法等。浸好胶液的填料，经过干燥后，再按照不同的使用要求叠加在一起，最后通过加热、加压制成层压材料。

层压成型所制得的层压塑料往往是板状、管状、棒状或其他简单形状的制品，压制板状材料所用的设备一般为多层压机。目前工业上所用多层压机的层数可以从十几层至几十层不等。压制单元是当下压板处于最低位置时推入的。这时垫板的位置均利用自带的凸爪挂在特设的条板阶梯上得到固定。各个垫板上的凸爪尺寸并不相同，而是向下逐渐缩小的。施压时，下压板上推，使各个垫板相互靠拢，于是所装的板坯就会受到应有的压力。

装有层板坯的压机在进行各个垫板闭合时，所需要的力并不很大，可以用两个辅助压筒来承担。当辅助压筒将下压板升高时，工作柱塞也同时上升。此时工作液就能自动地从储液槽进入工作压筒。垫板靠拢后，关闭工作压筒和储液槽之间的连接阀并打开工作压筒和高压管线之间的连接阀，就开始了压制过程。利用辅助压筒可以保证下压板空载上升的速度，而且也节省了高压液体。当然不设辅助压筒也是可以的。采用的高压液体可以是水或油，但一般用的都是水与肥皂或油类的乳液。

压机对板坯的加热，一般是将蒸汽通入加热板内来完成的。冷却时则是在同一通道内通冷却水。层压成型工艺虽然简单方便，但制品质量的控制却很复杂，必须严格遵守工艺操作规程，否则常会出现裂缝、强度不均、板材变形等问题。裂缝的出现是由于树脂流动性大和硬化反应太快，使反应热的放出比较集中，以致挥发分猛烈向外逸出所造成的。因此，附胶材料中所用的树脂，硬化程度应受到严格控制。要控制板材厚度就要控制胶布的厚度，因此要使胶布的含胶量均匀。层压板的变形问题主要是热压时各部分温度不均造成的。这常与加热的速度和加热板的结构有关。制造管状材料和棒状材料是以干燥的无胶片材为原料的。使用的浸胶片材主要是酚醛树脂或酚醛环氧树脂浸渍的平纹玻璃布或纸张，只有在个别情况下才能使用浸有相同树脂的棉布或木材原片。管材和棒材都是用卷绕方法成型的。

用卷绕法成型管材时，先在管芯上涂脱模剂。脱模剂可用凡士林、沥青、石蜡经混熔和冷却制成。使用时，应用松节油稀释成糊状物。涂有脱模剂的管芯须包上一段附胶材料作为底片，然后放在两个支撑辊之间并放下大压辊将管芯压紧。

将绕上卷绕机的附胶片材拉直使其与底片一端搭接，随后慢速卷绕，正常后可加快速度，卷绕中，附胶材料通过张力辊和导向辊进入已加热的前支撑辊上，受热变黏后再卷绕到包好底片的管芯上。张力辊给卷绕的附胶片材以一定张力，一方面是使卷绕紧密；另一方面则可

131

借助摩擦力使管芯转动。前支撑辊的温度必须严格控制，温度过高易使树脂流失，过低不能保证良好的黏结。卷绕酚醛管时温度可控制在 80~120℃。当卷绕到规定厚度时，割断胶布，将卷好的管坯连同管芯一起从卷管机上取下，送炉内做硬化处理。制造酚醛卷绕管时，若壁厚小于6mm，可在 80~100℃放入炉内，再处理 2.5h。硬化后从炉内取出，在室温下进行自然冷却，最后从管芯上脱下玻璃布增强塑料管。

制棒的工艺和制管相同，只是所用芯棒较细，且在卷绕后不久就将芯棒抽出而已。由上述方法成型的管材或棒材，经过机械加工可制成各种机械零件，如轴环、垫圈等；也可直接用于各种工业，例如在电气工业中用作绝缘套管，在化学工业中用作输液管道等。层压成型根据成型时所用压力的大小可分为高压法和低压法（一般以 6.87MPa 为限）。高压法包括层压法和模压法等，低压法包括袋压法、真空法、喷射法、接触法等，不同方法在工业上使用的普遍性并不相同。

第8章 通用塑料

8.1 聚乙烯

8.1.1 概述

聚乙烯是指由乙烯单体自由基聚合而成的聚合物，聚乙烯可简写为 PE（polyethylene），分子式为 $+CH_2-CH_2+_n$。聚乙烯的合成原料为石油，乙烯单体是通过石油裂解而得到的。由于世界上石油资源非常丰富，因此聚乙烯的产量自 20 世纪 60 年代中期以来一直高居首位，约占世界塑料总量的 1/3。聚乙烯是一种质量轻、无毒，具有优良的耐化学腐蚀性、优良的电绝缘性以及耐低温性的热塑性聚合物，而且易于加工成型，因此它被广泛地应用于电气工业、化学工业、食品工业、机器制造业及农业等方面。

最早出现的高压法合成的低密度聚乙烯（LDPE）是英国帝国化学公司（Imperial Chemical Industries Ltd.，ICI）于 1933 年发明的，1939 年开始工业化生产，随后在世界范围内得到迅速发展。1953 年德国化学家齐格勒（Ziegler）用低压合成了高密度聚乙烯（HDPE），1957 年投入工业化生产。同时投产的还有美国菲利浦（Phillips）石油化学公司创造的中压法 HDPE。此后，聚乙烯家族不断有新品种问世，如超高分子量聚乙烯（UHMWPE）、交联聚乙烯（CPE）和线型低密度聚乙烯（LLDPE）等，并已经得到不同程度的开发和应用。这些品种具有各自不同的结构，在性能和应用方面具有明显的差别。

聚乙烯的品种可以是均聚物也可以是共聚物，均聚聚乙烯（如 LDPE、HDPE）的单体是乙烯，而乙烯共聚物（如 LLDPE）是由乙烯与 α-烯烃共聚制得的。LLDPE 是在 20 世纪 70 年代出现的较新品种。LLDPE 是与少量的 α-烯烃（丙烯、1-丁烯、2-己烯、1-辛烯等均可）在复合催化剂 CrO_3+TiCl_4+无机氧化物载体存在下，在 75～90℃ 及 1.4～2.1MPa 条件下进行配位聚合得到的共聚物。共聚物中 α-烯烃的含量较小，一般为 7%～9%。LLDPE 的聚合工艺主要为低压气相法，工艺简单，工艺流程较短，而且由于其分子链中含有第二单体，使分子链节组成不规则，因此 LLDPE 比一般的 HDPE 结晶度低，又由于采用了配位聚合，使分子链的支化程度又比一般的 LDPE 支化度大大减少，仅含有短支链，不含长支链，其分子结构的规整性介于 LDPE 与 HDPE 之间，密度和结晶度也介于两者之间，要更接近于 HDPE。表 8-1 为三种聚乙烯力学性能的比较。

表 8-1 三种聚乙烯的力学性能比较

性能	HDPE	LLDPE	LDPE
密度/（g/cm³）	0.93～0.97	0.92～0.935	0.91～0.93
短链支化度/1000 个碳原子	<10	10～30	10～30

性能	HDPE	LLDPE	LDPE
长链支化度/1000 个碳原子	0	0	约30
结晶温度/℃	126~136	120~125	108~125
结晶度/%	80~95	—	55~65
最高使用温度/℃	110~130	90~105	80~95
拉伸强度/MPa	21~40	15~25	7~15
断裂伸长率/%	>500	>800	>650
耐环境应力开裂性能	差	好	两者之间

聚乙烯是一种结晶型聚合物。聚乙烯中晶相含量不同，其密度也不同，由前者决定后者。用高压法制得的聚乙烯一般都是低密度聚乙烯（密度范围为 0.91~0.925g/cm³），少数情况下可得到中密度聚乙烯（密度范围为 0.926~0.94g/cm³），由低压法和中压法制得的都是高密度聚乙烯。

8.1.2 聚乙烯的结构与性能

（1）聚乙烯的结构

聚乙烯为线型聚合物，具有同烷烃相似的结构，属于高分子长链脂肪烃，由于—C—C—链是柔性链，且是线型长链，因而聚乙烯是柔性很好的热塑性聚合物。由于分子对称且无极性基团存在，因此分子间作用力比较小。聚乙烯分子链的空间排列呈平面锯齿形，其键角为 109.5°，齿距为 2.534×10⁻¹⁰m。由于分子链具有良好的柔顺性与规整性，使得聚乙烯的分子链可以反复折叠并整齐堆砌排列形成结晶。根据红外光谱的研究发现，聚乙烯的分子链中含有支链，用不同的聚合方法所得到的聚乙烯含支链的多少有较大的不同。含支链的多少是用红外光谱法测得的聚乙烯分子链上所含甲基的多少来表征的。研究结果表明，高压法得到的低密度聚乙烯每 1000 个碳原子含有 20~30 个侧甲基，而低压法所得的高密度聚乙烯每 1000 个碳原子约含 5 个侧甲基。以上结果说明高压法所得的低密度聚乙烯比低压法所得的高密度聚乙烯含有更多的支链。

研究结果还表明，除了分子主链的两端含有侧甲基外，还有一部分侧甲基是连在乙基支链、丁基支链或更长的支链末端上。这些支链的形成，是在聚合过程中链转移产生的。从研究结果中还可以知道，低密度聚乙烯不仅含有乙基、丁基这样的短支链，还含有长支链，这些长支链有时可能与主链一样长，分布也广。这样，就使得低密度聚乙烯比高密度聚乙烯具有更宽的分子量分布。支链的存在会影响到分子链的反复折叠和堆砌密度，导致密度降低，结晶度减小。由于低密度聚乙烯含有较多的长支链，因此使其熔点、屈服点、表面硬度和拉伸模量都比较低，而透气性却提高了。聚乙烯中长支链的存在会影响其流动性，未支化的聚合物与相同分子量的长链支化的聚合物相比较，后者的熔体黏度比前者低。因此，低密度聚乙烯与高密度聚乙烯相比，其熔融温度低、流动性好。

此外，在低密度聚乙烯分子链上还存在少量的羰基与醚键。从 X 射线及电子显微镜的观察中可知，在聚乙烯分子中，结晶结构与无定形结构相互穿插。这对其力学性能有着重大的影响。结晶相含量降低时，聚乙烯呈现较大的柔性和弹性，有利于在较低温度下加工成型。但其密度、硬度、拉伸强度、软化点、耐溶剂性等则会降低。而当晶相含量增加时，情况则与上面相反。聚乙烯的结晶度大小，除因聚合方法不同而不一样外，还受温度、冷却速率等的影响。

聚乙烯分子链规整柔顺，易于结晶。其熔体一经冷却即可出现结晶，冷却速率快，结晶度低。这在成型加工制品时值得注意，因为不同的模具温度（如模具温度低，则冷却速率快）会带来聚乙烯制品的不同结晶度，最后影响到制品收缩率。结晶快，收缩率小。相反，模具温度高，因结晶时间长而使收缩率增大。

另外，聚乙烯相对分子质量的不同也会影响其性能。相对分子质量越高，大分子间缠结点和吸引点也就越多。其拉伸强度、表面硬度、耐磨性、耐蠕变性、耐老化和耐溶剂性都会有所提高，耐断裂伸长率则会降低。聚乙烯相对分子质量的大小常用熔融指数（MI）来表示。其定义为：加热到 190℃的聚乙烯熔体在 21.2N 的压力下从一定孔径模孔中每 10min 挤出的熔体质量（g），单位为 g/10min。聚乙烯的 MI 越大，则其流动性就越好。

（2）聚乙烯的性能

聚乙烯无臭、无味、无毒，外观呈乳白色的蜡状固体。其密度随聚合方法不同而异，为 $0.91\sim0.97g/cm^3$。聚乙烯块状料呈半透明或不透明状，薄膜是透明的，透明性随结晶度的提高而下降。聚乙烯膜的透水率低但透气性较大，比较适合用于防潮包装。聚乙烯易燃，极限氧指数值仅为 17.4%，燃烧时低烟，有少量熔融物滴落，有石蜡气味。聚乙烯属于易燃烧的塑料品种。

①力学性能。聚乙烯的力学性能一般，从其拉伸时的应力—应变曲线来看，聚乙烯属于一种典型的软而韧的聚合物材料。聚乙烯拉伸强度比较低，表面硬度也不高，抗蠕变性差，只有抗冲击性能比较好。这是由于聚乙烯分子链是柔性链，且无极性基团存在，分子链间吸引力较小，但是由于聚乙烯是结晶度比较高的聚合物，结晶部分的结晶结构，即分子链的紧密堆砌赋予材料一定的承载能力，所以聚乙烯的强度主要是结晶时分子的紧密堆砌程度所提供的。

聚乙烯的力学性能受密度、结晶度和相对分子质量的影响大，随着这几种指标的提高，其力学性能增大。密度增大，除冲击强度以外的力学性能都会提高。但聚乙烯的密度取决于结晶度，结晶度提高，密度就会增大，而结晶度又与大分子链的支化程度密切相关，而支化程度又取决于聚合方法。因此，高密度聚乙烯由于支化低，因此其结晶度高、密度大，各项力学性能均较高，但韧性较差。而低密度聚乙烯则正好相反，由于其支化程度大，因此结晶度低、密度小，各项力学性能较低，但冲击性能较好。影响聚乙烯力学性能的另一个结构因素就是聚合物的相对分子质量。相对分子质量增大，分子链间作用力就相应增大，所有的力学性能包括冲击性能都会有所提高。

②热性能。聚乙烯的耐热性不高，其热变形温度在塑料材料中是很低的，不同种类的聚

乙烯热变形温度是有差异的,会随相对分子质量和结晶度的提高而改善。聚乙烯制品使用温度不高,低密度聚乙烯的使用温度约在80℃,而高密度聚乙烯在无载荷的情况下,长期使用温度也不超过120℃。而在受力的条件下,即使很小的载荷,它的变形温度也很低。聚乙烯的耐低温性很好,脆化温度可达-50℃以下,随相对分子质量的增大,最低可达-140℃。聚乙烯的相对分子质量越高,支化越多,其脆化点越低。

聚乙烯的热导率在塑料中属于较高的,其大小顺序为HDPE>LLDPE>LDPE,因此,不宜作为良好的绝热材料来选用。另外,聚乙烯的线膨胀系数比较大,最高可达(20~30)×10^{-5}/K,其制品尺寸随温度改变变化较大,不同品种的聚乙烯线膨胀系数的大小顺序为LDPE>LLDPE>HDPE。

③耐化学试剂性。聚乙烯属于烷烃类惰性聚合物,具有良好的化学稳定性。在常温下没有溶剂可溶解聚乙烯。聚乙烯在常温下不受稀硫酸和稀硝酸的侵蚀,盐酸、氢氟酸、磷酸、甲酸、乙酸、氨及胺类、过氧化氢、氢氧化钠、氢氧化钾等对聚乙烯均无化学作用。但它不耐强氧化剂,如发烟硫酸、浓硫酸和铬酸等。

聚乙烯在60℃以下不溶于一般溶剂,但与脂肪烃、芳香烃、卤代烃等长期接触会溶胀或龟裂。温度超过60℃后,可少量溶于甲苯、乙酸乙酯、三氯乙烯、矿物油及石蜡中,温度超过100℃后,可溶于四氢化萘以及十氢化萘。聚乙烯具有惰性的低能表面,黏附性很差,所以聚乙烯制品之间、聚乙烯制品与其他材质制品之间的胶接就比较困难。

④电性能。由于聚乙烯无极性,而且吸湿性很低(吸湿率<0.01%),因此电性能十分优异。聚乙烯的介电损耗很低,而且介电损耗和介电常数几乎与温度和频率无关,因此聚乙烯可用于高频绝缘。聚乙烯是少数耐电晕性好的塑料品种,介电强度又高,因而可用作高压绝缘材料。但是,聚乙烯在氧化时会产生羰基,使其介电损耗会有所提高,如果作为电气材料使用时,在聚乙烯中必须加入抗氧剂。表8-2列出了不同类型聚乙烯电性能的比较。

表8-2 不同类型聚乙烯电性能的比较

性能	ASTM标准	HDPE	LDPE	LLDPE
体积电阻率/Ω·cm	D257	>10^{16}	>10^{16}	>10^{16}
介电常数(10^6Hz)	D150	2.34	2.34	2.27
介电损耗角正切(10^6Hz)/10^{-4}	D150	<5	<5	<5
吸水率(24h)/%	D570	<0.01	<0.01	<0.01

⑤环境性能。聚乙烯在聚合反应或加工过程中分子链上会产生少量羰基,当制品受到日光照射时,这些羰基会吸收波长范围为290~300nm的光波,使制品最终变脆。某些高能射线照射聚乙烯时,可使聚乙烯释放出H_2及低分子烃,使聚乙烯产生不饱和键并逐渐增多,从而会引起聚乙烯交联,改变聚乙烯的结晶度,长期照射会引起变色并变为橡胶状产物。照射也会引起聚乙烯降解、表面氧化,对力学性能不利,但可以改善聚乙烯的耐环境应力开裂性。向聚乙烯中加入炭黑,再进行高能射线照射,可以提高聚乙烯的力学性能,仅加入炭黑而不

照射，只能使它变脆。

聚乙烯在许多活性物质作用下会产生应力开裂现象，称为环境应力开裂，是聚烯烃类塑料，特别是聚乙烯的特有现象。引起环境应力开裂的活性物质包括酯类、金属皂类、硫化或磺化醇类、有机硅液体、潮湿土壤等环境。产生这种现象的原因可能是这些物质在与聚乙烯接触并向内部扩散时会降低聚乙烯的内聚能。因此，聚乙烯不宜用来制备盛装这些物质的容器，也不宜单独用于制备埋入地下的电缆包皮。在耐环境应力开裂方面，低密度聚乙烯比高密度聚乙烯要好些，这是由于低密度聚乙烯结晶度较小。显然，结晶结构对耐环境应力开裂是不利的。因此，改善聚乙烯乃至聚烯烃塑料耐环境应力的方法之一是设法降低材料的结晶度。提高聚乙烯的相对分子质量，降低相对分子质量的分散性，使分子链间产生交联，都可以改善聚乙烯的耐环境应力开裂性。

8.1.3 其他种类的聚乙烯

（1）超高分子量聚乙烯

UHMWPE 的平均分子量在百万以上，通常为 100 万~300 万，最高可达 600 万~700 万。UHMWPE 分子结构和 HDPE 的基本相同，也为线型结构。具有极佳的耐磨性，突出的高模量、高韧性，优良的自润滑性以及耐环境应力开裂性，摩擦系数低，同时还具有优异的化学稳定性和抗疲劳性，对噪声阻尼性良好，是制备齿轮、轴承等摩擦件的优异摩擦材料，而且制造成本低廉，因此被视为一种良好的热塑性工程塑料。表 8-3 为 UHMWPE 和 HDPE 的性能比较。

UHMWPE 采用低压聚合方法，催化剂是 $AlCl(C_2H_5)_2 + TiCl_4$，反应在 $50 \sim 90℃$、$1MPa$ 的条件下进行。UHMWPE 由于相对分子质量非常高，因此结晶较 HDPE 困难，所以 UHMWPE 的结晶度比一般 HDPE 要低，为 70%~85%。

表 8-3 UHMWPE 与 HDPE 性能比较

性能	UHMWPE	HDPE	性能		UHMWPE	HDPE
密度/（g/cm³）	0.94	0.95	维卡软化点/℃		133	122
熔融指数/（g/10min）	0	0.05~10	缺口冲击强度/（kJ/m²）	23℃	82	27
平均分子量	200×10⁴	5×10⁴~30×10⁴		-40℃	100	5
洛氏硬度	R38	R35	拉伸强度/MPa		30~50	21~35
负荷下的变形率/%	6	9	耐环境应力开裂时间/h		>4000	>2000
热变形温度/℃	79~83	63~71				

由于 UHMWPE 的相对分子质量极高，因而熔体黏度就极大，熔体流动性能非常差，几乎不流动，处于一种凝胶状态，所以 UHMWPE 不宜采用注射成型，宜采用粉末压制烧结。近年来，对于 UHMWPE 的加工，开发出了热塑性的加工方法，如挤出、注塑和吹塑等，从

而扩大了其应用范围。热塑性成型用的 UHMWPE 是与中相对分子质量聚乙烯、低分子量聚乙烯、液晶材料或助剂共混后，具有了流动性。挤出时可用柱塞式挤出机或同向旋转双螺杆挤出机，以克服摩擦系数低、物料易打滑等缺点。以双螺杆挤出成型为例，挤出温度为 200℃左右，螺杆转速为 10~15r/min。对于形状简单的制品，可选用单螺杆挤出机，但要采取适当的措施，如加入助剂、增大电机功率等。采用普通注塑机时，螺杆和模具需要改进，一般注射压力为 120MPa 以上，螺杆转速为 40~60r/min，料筒温度为 180~220℃，模具温度为 80~110℃。目前，我国采用注射成型的方法，已成功生产出啤酒灌装生产线用 UHMWPE 托轮、水泵用轴套以及医用人工关节等。现在 UHMWPE 还可采用吹塑成型方法来生产容器与薄膜等。

由于 UHMWPE 加工时，当物料从口模挤出后，因弹性恢复而产生一定的回缩，并且几乎不发生下垂现象，故为中空容器，特别是大型容器，如为油箱、大桶的吹塑创造了有利的条件。UHMWPE 吹塑成型还可生产纵横方向强度均衡的高性能薄膜，从而解决了 HDPE 薄膜长期以来存在的纵横方向强度不一致、容易造成纵向破坏的问题。

UHMWPE 可以广泛地应用于农业机械、纺织工业、汽车制造业、煤矿、造纸、化工、食品工业等作为不黏、耐磨、自润滑的部件，如导轨、密封圈、轴承、加料斗衬里、滚轮、压滤机等，还可用于与食品接触的材质以及人体内部器官、关节等。

近年来还开发了 UHMWPE 纤维（见第 5 章高性能纤维）。纤维可直接制成绳索、缆绳、渔网和各种织物（防弹背心和防弹衣、防切割手套等），其中防弹衣的防弹效果优于芳纶。国际上已将 UHMWPE 纤维织成不同纤度的绳索，取代了传统的钢缆绳和合成纤维绳等。UHMWPE 纤维的复合材料在军事上已用作装甲兵器的壳体、雷达的防护外壳罩、头盔等；体育用品上已制成弓弦、雪橇和滑水板等。表 8-4 为 UHMWPE 制品的部分应用实例。

表 8-4　超高分子量聚乙烯制品的部分应用实例

应用领域	应用实例	利用特性
运输机械	传送装置滑块座、固定板、流水生产线计时星形轮	耐磨性、耐冲击性、自润滑性、不黏性
食品机械	星形轮、送瓶用计数螺杆、灌装机轴承抓瓶机零件、打栓机操纵杆、绞肉机零件、垫圈、导销、导轨、汽缸、齿轮、辊筒、链轮、手柄	卫生性、自润滑性、耐磨性、消声性
造纸机械	吸水箱盖板、密封肘杆、偏导轮、刮刀、轴承、旋塞喷嘴、过滤器、储油器、防磨条、毛毡清扫机	耐磨性
纺织机械	皮结、开幅机、减震器挡板、连接器、曲柄连杆、齿轮、凸轮、轴承、打梭棒、扫花杆、偏杆轴套、摆动后梁	耐冲击性
化工机械	阀体、泵体、垫圈、填料、过滤器、齿轮、螺栓、螺母、密封圈、喷嘴、旋塞、轴套	耐磨性、耐化学试剂性
一般机械	各种齿轮、轴瓦、轴承、衬套、滑动板、离合器、导向体、制动器、铰链、摇柄、弹性联轴节、辊筒、托轮、紧固件、升降台滑动部件	自润滑性、耐磨性、耐冲击性

续表

应用领域	应用实例	利用特性
染色修饰	浸染机轴承、刮刀、滑动板、衬垫、密封件、齿轮	自润滑性、不黏性、耐冲击性
文体用品	滑雪板衬里、动力雪橇、滑冰场铺面、冰球场保护架、滑翔机接触地板、保龄球	自润滑性、耐磨性、耐寒性
医疗卫生	心脏瓣膜、矫形外科零件、人工关节、节育植入体、假肢	生理惰性、耐磨性
其他	冷冻机械、原子能发电站的遮蔽板、船舶部件、切肉板、电镀零件、超低温机械零件	耐寒性、抗放射性、卫生性、绝缘性、耐磨性

（2）低分子量聚乙烯

低分子量聚乙烯的平均分子量为 500~5000，可以简写为 LMWPE 是一种无毒、无味、无腐蚀性的外观为白色或淡黄色的粉末或片形蜡状物，因此又称为聚乙烯蜡、合成蜡。按照其密度分为低分子量低密度聚乙烯（密度为 $0.90g/cm^3$）和低分子量高密度聚乙烯（密度为 $0.95g/cm^3$），前者软化温度为 80~95℃，后者软化温度为 100~110℃。并且相对分子质量很低，因而力学性能很差，一般不能承受载荷，只适宜作为塑料材料加工时的助剂。

自 1951 年美国联合化学公司工业化生产低分子量聚乙烯以来，低分子量聚乙烯生产技术发展到现在，主要有三种方法：乙烯聚合法、高分子量聚乙烯的裂解法以及生产高分子量聚乙烯时的副产物（低聚合物）。低分子量聚乙烯具有良好的化学稳定性、热稳定性和耐湿性，熔体黏度低（0.1~0.2Pa·s），电性能优良，因而，作为一种良好的加工用助剂，广泛应用于橡胶、塑料、纤维、涂料、油墨、制药、食品加工的添加剂以及精密仪器的铸造等方面。低分子量聚乙烯与烯烃类高聚物的混溶性良好，并与石蜡、蜂蜡等可以很好地混溶，因此二者的混合物可用来代替石蜡作为纸张涂层及制造包装用的蜡纸，可以提高石蜡的硬度、光洁度、耐热、耐化学腐蚀以及机械强度等性能。低分子量聚乙烯还可用于蜡烛硬化剂、色母分散剂、塑料润滑剂、油墨和涂料。

近年来对低分子量聚乙烯进行共聚、氧化、接枝改性的研究越来越多，在低分子量聚乙烯上引入—COOH、—CO、—CO—NH—、—COOR 等极性基团，使其溶解、细化分散、润滑等性能产生变化，拓宽了低分子量聚乙烯的应用范围。

由于低分子量聚乙烯结晶度较高，但溶解性较差、韧性较差，使用范围受到一定的限制。所以应该对低分子量聚乙烯进行再加工。低分子量聚乙烯在高温条件下，用骤冷的方法使之微晶化，形成含有微晶的蜡状材料，提高溶解性和韧性，但仍然有较高的冲击强度等力学性能，可以在较大范围内取代微晶蜡。微晶化后的低分子量聚乙烯，在油墨、地板蜡等的应用上，具有更好的性能。此外，还可以通过化学处理法得到改性低分子量聚乙烯，引入双键，同时接上金属元素，这种改性的低分子量聚乙烯具有软化点高、硬度大的力学性能，作为制品的添加剂，能使表面更加平滑、光亮、坚硬。

（3）交联聚乙烯

交联聚乙烯是通过化学或辐射的方法在聚乙烯分子链间相互交联，形成网状结构的热固性塑料。无论是低密度聚乙烯还是高密度聚乙烯都可以进行交联。聚乙烯交联后，物理性能和化学性能发生了明显的变化，力学性能和燃烧的滴落现象得到了很大的改善，耐环境应力开裂现象减少甚至消失，因此，交联聚乙烯现已成为日益重要而又普遍使用的工业聚合物材料，广泛应用于生产电线、电缆、热水管材、热收缩管和泡沫塑料等。

目前，聚乙烯可以通过高能辐射及化学交联等方法来进行交联。

①辐射交联。在辐射交联的过程中是采用高能射线及快速电子、放射性同位素的照射而使聚乙烯交联的。其交联过程如下：

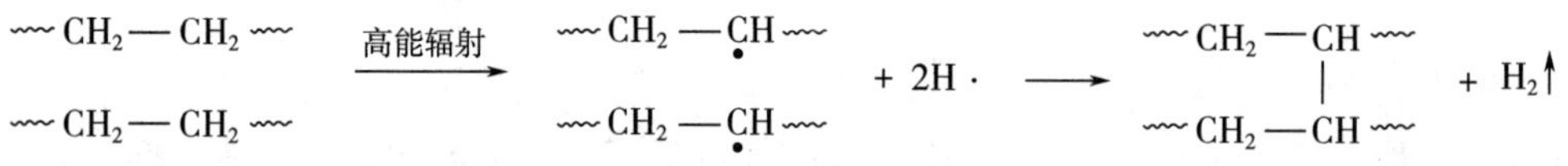

用此方法得到的交联聚乙烯的交联度与辐射剂量和照射温度有关，最大交联度可达75%左右。

②化学交联。

a. 过氧化物交联。过氧化物交联是通过过氧化物的高温分解而引发一系列自由基反应，而使聚乙烯发生交联。常用的过氧化物有过氧化异丙苯（DCP）。其交联过程如下：

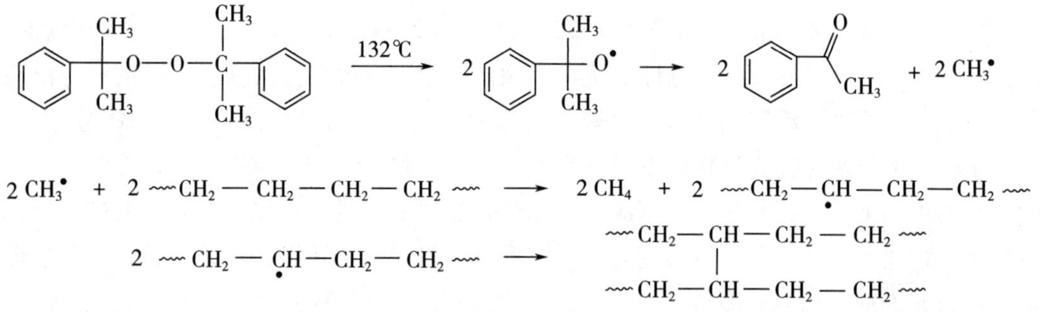

此种交联方式所采用的过氧化物也可以是过氧化苯甲酰、二叔丁基过氧化物等。

聚乙烯过氧化物交联近年来的一个主要发展方向是极性单体接枝到聚乙烯链上。这些极性单体包括马来酸酐、丙烯酸、丙烯酰胺、丙烯酸酯等。接枝后的聚乙烯与金属、无机填料或其他聚合物（如聚酰胺）之间的相容性得到了改善。过氧化物交联方法的主要缺点是需要在高温、高压和几十米长（甚至上百米）的专用管道中进行长时间加热，设备占据空间大，生产效率低（生产速度受交联速度的限制）；能量消耗大，热效率低等。由于上述缺点，导致另一种化学交联方法——硅烷交联法的诞生。

b. 硅烷交联法。硅烷交联聚乙烯的方法有两步法（Sioplas E 法）、一步法（Monosil R）以及乙烯—硅烷共聚交联法。两步法的原理是首先将乙烯基硅烷在熔融状态下接枝到聚乙烯分子上。在接枝过程中通常要采用有机过氧化物作为引发剂。过氧化物受热分解产生的自由基能夺取聚乙烯分子链上的氢原子，所产生的聚乙烯大分子链自由基就能与硅烷分子中的双键发生接枝反应。接枝后的硅烷可通过热水或水蒸气水解而交联成网状的结构。其反应如下：

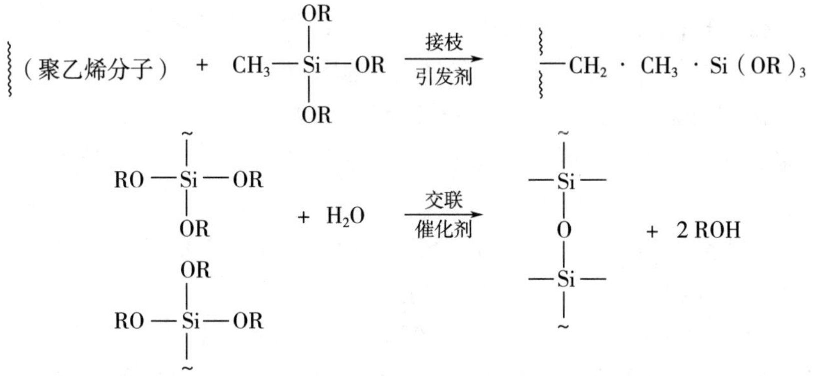

两步法的缺点是在加工过程中易混入杂质，而且硅烷接枝聚乙烯料的保质期较短，因此两步法一般仅适合于小规模生产。一步法是在两步法的基础上发展起来的，它是将聚乙烯树脂、硅烷、过氧化物和交联催化剂等直接加入挤出机中，在挤出过程中完成交联反应。此方法中硅烷接枝是关键，接枝成功与否关系到能否生产出高质量的产品。从工艺流程来看，一步法是将聚乙烯、硅烷以及其他全部助剂混合，然后由挤出机挤出，其工艺简单，技术比两步法先进，引入的杂质较少，因此，目前一步法硅烷交联已被广泛采用。

乙烯—硅烷共聚法（简称共聚法）是在吸取了两步法和一步法优点的基础上开发而成的。共聚法使用的是与一步法和两步法相同的硅烷-乙烯基三甲氧基硅烷作共聚单体，只是所采用的工艺不同。它是在高压的聚乙烯反应釜中，使乙烯和硅烷发生共聚而制得乙烯—硅烷共聚物。共聚法能够保证共聚硅烷交联聚乙烯的高清洁度，而且避免了一步法和两步法在接枝时引入过氧化物残渣的污染问题。更为突出的优点是硅烷共聚物单体的投入，实现了硅烷在聚乙烯分子链上的规则分布，且硅烷用量可以减少一些。

由于共聚法合成工艺先进和独特，所制备的硅烷交联聚乙烯料具有下列优点：用共聚法制备的乙烯—硅烷共聚物的储存稳定性大幅提高（抗湿度稳定性的能力增强）；共聚法杂质极少，因此可改善交联料的电气性能，并且耐热性能、化学性能和力学性能也有相应的提高；成型加工稳定性得到提高以及加工时产生的气体较少等优点。

（4）氯化聚乙烯

氯化聚乙烯为高密度聚乙烯或低密度聚乙烯中仲碳原子上的氢原子被氯原子部分取代的一种无规聚合物。氯化聚乙烯的氯化机理如下。

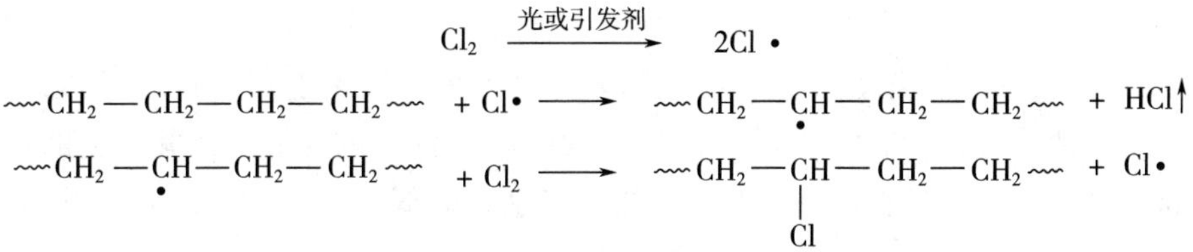

氯化聚乙烯含量大小不同，其性能差别很大。含氯量为 25%～40% 时为软质材料，含氯量大于 40% 时为硬质材料。常用的氯化聚乙烯含氯量为 30%～40%。

氯化聚乙烯分子链上由于含有侧氯原子，破坏了原聚乙烯分子链的对称性，使结晶能力降低，而材料变得柔软，赋予氯化聚乙烯类似于橡胶的弹性。随着氯原子含量增大，材料弹性减小，刚性增大。氯化聚乙烯具有优异的冲击性能、阻燃性能、耐热性能，长期使用温度为 120℃，它的耐候性能、耐油性能、耐酸碱和耐臭氧老化等性能优良，且耐磨性高，电绝缘性好。氯化聚乙烯的加工方法可分为直接加工法和硫化加工法两种。直接加工法可不加交联剂，但需要加入稳定剂、增塑剂和填料等。直接加工可用注塑、挤出、压延等方法成型。硫化加工法需要加入交联剂、稳定剂、增塑剂和填料等。交联剂的品种很多，大致可分为五大类，分别为过氧化物类、胺类、硫黄类、硫脲类和三嗪类。

氯化聚乙烯的主要用途是作为聚氯乙烯的增韧剂，也可以挤出成型耐热、阻燃、耐油、耐环境应力开裂的电线、电缆包皮；还可以挤成单丝或抽成氯纶，制作渔网、筛网等。近年来采用含氯量为 10% 左右的由氯化聚乙烯制备的阻燃薄膜，其撕裂性能也特别优良。

（5）氯磺化聚乙烯

在 SO_2 存在的条件下对聚乙烯进行氯化就可以制得氯磺化聚乙烯。适当的控制反应时间，就可以得到氯磺化程度不同的氯磺化聚乙烯。在氯磺化聚乙烯中，一般氯含量为 27%～45%，硫含量为 1%～5%。氯磺化聚乙烯的英文简称为 CSM。

氯磺化聚乙烯是白色海绵状弹性固体，具有优良的耐氧、耐臭氧性，因此耐大气老化性比聚乙烯有明显的提高，其耐热性、耐油性、阻燃性比聚乙烯也有明显改善，极限氧指数可提高到 30%～36%。氯磺化聚乙烯具有良好的耐磨耗性和抗挠曲性，是优良的橡胶材料。氯磺化聚乙烯的耐化学腐蚀性也优于聚乙烯。由于分子链上含有侧基氯原子和体积较大的氯磺酰基，使分子链柔曲性变差，韧性及耐寒性变差。作为橡胶材料，氯磺化聚乙烯分子链中无不饱和键，不能用硫黄硫化，但由于氯磺酰基的存在，可以使材料用氧化铅、氧化镁或氧化锌等进行硫化。氯磺化聚乙烯可用于天然橡胶或合成橡胶的改性，还可用于耐油、耐臭氧的防老化和耐腐蚀的衬垫、输送带、电缆绝缘层等。

（6）乙烯共聚物

①乙烯—丙烯酸乙酯共聚物。乙烯与丙烯酸乙酯（EA）在高压下通过自由基聚合而得到的共聚物（EEA）是一种柔性较大的热塑性树脂，其分子结构为：

$$\left[CH_2-CH_2-\underset{\underset{O=C-OC_2H_5}{|}}{CH}-CH_2-CH_2 \right]_n$$

共聚物中随着 EA 含量的增加，其柔软性和回弹性会进一步提高，而且共聚物的极性也会随 EA 含量的增加而有所增强，这样共聚物表面对油墨的吸附性和对其他材料的黏结性也会有所增加。一般共聚物中 EA 的含量为 20%～30%。乙烯—丙烯酸乙酯共聚物的弹性很大，压缩时的永久变形小。它具有优良的冲击性能，特别是耐低温冲击性。因此可以作为其他材料的低温冲击改性剂。

EEA 具有较高的热稳定性、较低的熔点和较大的填料包容性，通常可加入 30% 左右的填料。添加各种填料后，会使 EEA 的熔融指数及伸长率下降，脆化温度及刚性上升，但仍会保持 EEA 的主要使用性能。EEA 和其他树脂共混后可以改善其他树脂低温韧性、冲击性能和耐环境应力开裂性。EEA 还可以采用有机过氧化物进行交联。交联后可提高 EEA 的耐热性、耐溶剂性、耐蠕变性等。EEA 主要用于制软管，具有易弯、耐折、弹性好的优点。多用在真空扫除器搬运机械的连接部件。因 EEA 具有柔软性及皮革状的手感，又宜薄壁快速成型，适于制玩具、低温用密封圈、通信电缆用的半导性套管、手术用袋、包装薄膜及容器等。

②乙烯—乙酸乙烯酯共聚物。乙烯—乙酸乙烯酯共聚物（EVA）是乙烯和乙酸乙烯酯（VA）的无规共聚物，其聚合方式主要是在高压下由自由基聚合机理而得到的热塑性树脂。其分子结构为：

$$\left[CH_2-CH_2-CH-CH_2-CH_2 \right]_n$$
$$| $$
$$O$$
$$| $$
$$O=C-CH_3$$

EVA 的性能与乙酸乙烯酯（VA）的含量有很大的关系，当 VA 含量增加时，它的回弹性、柔韧性、黏合性、透明性、溶解性、耐应力开裂性和冲击性能都会提高；当 VA 含量降低时，EVA 的刚性、耐磨性及电绝缘性都会增加。一般来说，VA 含量在 10%~20% 范围内时为塑性材料，而 VA 含量超过 30% 时为弹性材料。由于在 EVA 分子中存在极性的 VA 侧链，因而也就提高了 EVA 在溶剂中的溶解度，如可溶于芳烃或氯代烃中，从而使 EVA 的耐化学试剂性变差，但可提高 EVA 与其他基材的黏结性及黏结强度。EVA 具有良好的耐候性，耐老化性能优于一般聚乙烯，若添加紫外线吸收剂或增加 VA 的含量时，则其耐候性能更好。低密度聚乙烯的各种成型方法及设备都适用于 EVA 的加工，而且 EVA 的加工温度可比低密度聚乙烯低 20~30℃。EVA 树脂为颗粒料，特殊品也可为粉状，不吸湿故不用预干燥，加工时有乙酸乙烯酯的气味放出，但无毒，制品为半透明或淡乳白色，若加填料则不透明。

VA 含量低的 EVA 类似低密度聚乙烯，柔软且冲击强度好，宜作重荷包装袋和复合材料。VA 含量为 10%~20% 的 EVA 透明性良好，宜作农业和收缩包装薄膜。VA 含量为 20%~30% 的 EVA 可作黏合剂和纤维的涂层、涂料之用，也可制成 EVA 泡沫塑料。EVA 容器可作食品和药物的包装材料，EVA 还宜作温室的覆盖材料、玩具等。EVA 在很多地方可替代聚氨酯橡胶和软质聚氯乙烯，用作各种管道、软管、门窗、建筑和土木工程用的防水板、具有弹性的防震零件、防水密封材料、自行车鞍座、刷子、服装装饰品等。此外，由于 EVA 具有良好的挠曲性、韧性、耐应力开裂性和黏结性能，因此，常常作为改性剂与其他的塑料材料共混改性。

③乙烯—丙烯酸甲酯共聚物。乙烯与丙烯酸甲酯（MA）共聚物（EMA）的分子结构为：

$$\left[CH_2-CH_2-CH-CH_2-CH_2 \right]_n$$
$$| $$
$$O=C-OCH_3$$

这类共聚物的最大特点是有很高的热稳定性。共聚物中丙烯酸甲酯的含量一般为18%～24%，与LDPE相比，MA的加入使共聚物的维卡软化点降低到约60℃，弯曲模量降低，耐环境应力开裂性能（ESCR）明显改善，介电性能提高。这种共聚物也具有良好的耐大多数化学试剂的性能，但不适合在有机溶剂和硝酸中长期浸泡。EMA很容易用标准的LDPE吹膜生产线制成薄膜，EMA薄膜具有特别高的落锤冲击强度，易于通过普通的热封合设备或通过射频方法进行热封合，也可通过共挤贴合、铸膜、注塑和中空成型的方法加工成各种产品。EMA为无毒材料，可用作热封合，可接触食品表面的薄膜。EMA制成的薄膜表面雾度较高，且像乳胶那样柔软，适合于一次性手套和医用设备。EMA树脂当前常用于薄膜的共挤出，在基材上形成热封合层，也可以作为连接层改善与聚烯烃、离子型聚合物、聚酯、聚碳酸酯、EVA、聚偏二氯乙烯和拉伸聚丙烯等的黏合作用。用EMA制成的软管和型材具有优异的耐应力开裂性和低温冲击性能，发泡片材可用于肉类或食品的包装。EMA被用来与LDPE、聚丙烯、聚酯、聚酰胺和聚碳酸酯共混以改进这些材料的冲击强度和韧性，提高热封合效果，促进黏合作用，降低刚性和增大表面摩擦系数。

④乙烯—丙烯酸类共聚物。乙烯与丙烯酸（AA）或甲基丙烯酸（MAA）共聚生成含有羧酸基团的共聚物EAA或EMAA，羧酸基团沿着分子的主链和侧链分布。随着羧酸基团含量的增加，降低了聚合物的结晶度，并因此提高了光学透明性，增强了熔体强度和密度，降低了热封合温度，并有利于与极性基材的黏结。共聚单体的含量可在3%～20%变化，MI的范围低的可至1.5g/10min，高的可达1300g/10min。EAA共聚物是柔软的热塑性塑料，具有和LDPE类似的耐化学试剂性和阻隔性能，它的强度、光学性能、韧性、热黏性和黏结力都优于LDPE。EAA薄膜用于表面层和黏结层，用作肉类、乳酪、休闲食品和医用产品的软包装。挤出、涂覆的应用有涂覆纸板、消毒桶、复合容器、牙膏管、食品包装和作为铝箔与其他聚合物之间的黏合层。

⑤乙烯—乙烯醇共聚物。在所有现有的聚合物中，聚乙烯醇（PVA）对各种气体的透过性最低，是极好的阻隔材料，但是PVA是水溶性的，而且加工困难。乙烯—乙烯醇的共聚物（ethylene-vinyl alcohol copolymer，EVOH）既保留了PVA的高阻隔性，又大大改善了PVA的耐湿性和可加工性。

EVOH共聚物是高度结晶的材料，性能与共聚单体的相对组成密切相关，常用的EVOH中的乙烯含量在29%～48%。乙烯含量的变化对EVOH氧气透过率影响很大，在低湿度下，乙烯含越低，阻隔性越好；高湿度下，乙烯含量40%时阻隔性最好。共聚物的结晶形态对阻隔性也有很大影响，当乙烯含量低于42%时，EVOH结晶为单斜晶系，其晶体较小，排列紧密，与PVA类似。这时的EVOH对气体的阻隔性很好，热成型的温度也比PE高。当乙烯含量在42%～80%时，EVOH结晶为六方晶，晶体比较大，也比较疏松，气体渗透率比较高，但热成型温度相对较低。

EVOH的气体阻隔性十分优越，不仅能阻隔氧，还能有效地阻隔空气和被包装物散发的特殊气味（如食品的香味、杀虫剂或垃圾的异味等），阻气性比聚酰胺约大100倍，比聚丙烯和聚乙烯约大10000倍，是聚偏二氯乙烯（PVDC）的10倍，因此，含有EVOH阻隔层的塑料容器可代替许多包装食品用的玻璃和金属容器以及用于非食品包装。

除了卓越的气体阻隔性，EVOH 还有优良的耐有机溶剂性，可用来包装油类食品、食用油、矿物油、农用化学品和有机溶剂等。由于 EVOH 的光泽度很高，浊度很低，光学性能优良，而且容易印刷，无须进行表面预处理，在包装领域有很大优势。EVOH 具有高的力学强度、弹性、表面硬度、耐磨性和耐候性，而且具有良好的抗静电性，可作为电子产品的包装。EVOH 树脂在所有高阻隔树脂产品中热稳定性最好，因此 EVOH 中加工的废料和含有 EVOH 的阻隔层的复合膜或容器均可回收利用；目前可回收的材料中可含 20% 以上的 EVOH。

EVOH 粒料可直接用来共挤制复合薄膜或片材，加工性能与 PE 类似。由于 EVOH 是湿敏性的，所以在复合薄膜结构设计时，一般将 EVOH 层放在中间，而常常采用 PE 或 PP 这样具有高度湿气阻隔性的材料作为复合薄膜的外层，以便更有效地发挥 EVOH 的作用。但是，EVOH 与大多数聚合物的黏结性很差，需加入黏结树脂层。与 EVOH 复合的主树脂层可以是 LLDPE、HDPE、LDPE、PP、拉伸聚丙烯（OPP）、EVA、离子聚合体、丙烯酸酯聚合物、聚酰胺、聚苯乙烯、聚碳酸酯等，其中 EVOH 和聚酰胺可直接共挤出而不需要加入黏合层，VA 含量较高（12%~18%）的 EVA 也不用黏合层。可采用通常的加工设备加工 EVOH 树脂，也可采用二次加工（如热成型或真空成型、印刷），或采用喷涂、蘸涂或辊压涂技术制成阻隔性优良的容器。

⑥离子聚合物。离子聚合物（ionomer）是一类独特的塑料，是一种兼具热塑性与热固性塑料特性的乙烯和不饱和羧酸的共聚物。在这种共聚物分子链中兼有共价键和离子键。其制备方法是将乙烯和不饱和羧酸的共聚物用钠、镁、钾、锌等的氢氧化物或其醇盐、铵酸盐处理，用以中和共聚物主链侧位的羧酸基，可以使其形成离子型的交联键。其分子结构如下：

$$\left[\left(CH_2 - CH_2 \right)_x \left(CH_2 - CR \right)_y \right]_n$$

这种离子型的交联键无规地存在于长链聚合物链之间，但不如共价交联键强，在加热时离子交联键解离，呈现出热塑性弹性体的性能，可以采用热塑性塑料常用的注塑和挤出的方法加工制品。离子型聚合物内的离子型交联键在常温下稳定，且因分子链中侧羧基含量少，交联密度小，赋予材料类似于橡胶的弹性，兼具介于一般热塑性塑料与热固性塑料之间的刚性和其他力学性能，其韧性和弹性介于结晶型聚烯烃与弹性体之间，低温力学性能优于聚烯烃和聚氯乙烯。温度升高时离子键会可逆地断裂，使材料可以熔融流动，能够采用一般热塑性塑料成型方法加工，拓宽了材料制备制品的方法。待产品冷却后又重新形成离子键。交联的离子键抑制了材料的结晶性，赋予材料透明性。由于材料的主链组成和交联键的存在，使材料具有良好的耐化学性、耐油脂性，良好的耐环境应力开裂性，与聚乙烯、聚丙烯等一般聚烯烃塑料相比，表面黏附性大幅改善，兼具良好的韧性和耐寒性以及优异的耐弯折性。离子聚合物的耐磨耗性也远优于低密度聚乙烯、聚丙烯、聚氯乙烯，与聚甲醛、聚酰胺、高密度聚乙烯相当。其中以采用由含钠离子化合物处理所得到的产物耐油脂性、韧性最优，以采用由含锌离子的化合物处理所得产物的耐化学腐蚀性和表面黏附性最优。

离子聚合物密度为 $0.93 \sim 0.969 \mathrm{g/cm^3}$，透光率可达 $80\% \sim 92\%$。离子聚合物可用于食品包装薄膜。加工方法可用共挤、挤出涂覆、层合等。这类聚合物特别耐油类和腐蚀性产品，并可确保在很宽的封合温度范围内封口。离子聚合物与铝能很好黏合，并且耐弯曲、开裂和穿刺，可用于冷冻食品、药品及电子产品的包装。离子聚合物还可用于汽车零部件。如玻璃纤维增强的离子聚合物可用于气阀、外装饰件、方向盘等。未增强的离子聚合物可用来制作安全帽、减震板等。由于其具有很好的耐磨性与抗冲击性，因此可用来制作滑雪鞋、运动鞋、冰鞋等。此外，还可制成发泡板材以及层压材料等。

8.2 聚丙烯

聚丙烯（polypropylene，PP）是由丙烯单体通过气相本体聚合、淤浆聚合、液态本体聚合等方法制成的聚合物。聚丙烯于 1957 年由意大利 Montecatinl 公司实现工业化生产，目前美国的 Amoco、Exxon、Shell，日本的三菱、三井、住友，英国的 ICI 以及德国的 BASF 等知名公司都在生产，我国也有 80 多家聚丙烯生产企业。聚丙烯目前已成为发展速度最快的塑料品种之一，其产量仅次于聚乙烯和聚氯乙烯，居第三位。

按结构不同，聚丙烯可分为等规、间规及无规三类。目前应用的主要为等规聚丙烯，用量可占 90% 以上。无规聚丙烯不能用于塑料，常用于改性载体。间规聚丙烯为低结晶聚合物，用茂金属催化剂生产，最早开发于 1988 年，属于高弹性热塑材料；间规聚丙烯具有透明、韧性和柔性，但刚性和硬度只为等规聚丙烯的一半；间规聚丙烯可像乙丙橡胶那样硫化，得到的弹性体的力学性能超过普通橡胶；因价格高，目前间规聚丙烯的应用面不广，但很有发展前途，为聚丙烯树脂的新增长点。

聚丙烯的优点为电绝缘性和耐化学腐蚀性优良、力学性能和耐热性在通用热塑性塑料中较高、耐疲劳性好、价格较低；经过玻璃纤维增强的聚丙烯具有很高的强度，常用作工程塑料。聚丙烯的缺点为低温脆性大和耐老化性不好。聚丙烯的加工性能优良，可以采用多种加工方法生产出不同的制品用于各种用途。聚丙烯的注塑制品用量很大，一般的日用品以普通聚丙烯为主，其他用途的以增强或增韧聚丙烯为主。如汽车保险杠、轮壳罩用增韧聚丙烯，而仪表盘、方向盘、风扇叶、手柄等用增强聚丙烯。

聚丙烯的挤出成型制品很多，其中用量最大的是纺织用纤维和丝，这主要是由于聚丙烯具有很好的原液着色性、耐磨性、耐化学腐蚀性以及价格低廉。聚丙烯的纤维制品主要包括单丝、扁丝和纤维三类。单丝的密度小、韧性好、耐磨性好，适于生产绳索和渔网等。扁丝拉伸强度高，适于生产编织袋，可用于包装化肥、水泥、粮食及化工原料等。还可用于生产编织布，制作宣传品及防雨布。纤维可广泛用于生产地毯、毛毯、衣料、人造草坪、滤布、非织造布及窗帘等。聚丙烯的挤出制品还可用来生产薄膜。经过双向拉伸的薄膜可改善聚丙烯的强度及透明性，可用于打字机带、香烟包装膜、食品袋等。另外，聚丙烯挤出制品还可用于管材、片材等。聚丙烯的中空制品具有很好的透明性、力学性能及混气阻隔性，可用于洗涤剂、化妆品、药品、液体燃料及化学试剂等的包装容器。

8.2.1 聚丙烯的结构

聚丙烯为线型结构，聚丙烯大分子链上侧甲基的空间位置有三种不同的排列方式，即等规、间规和无规。由于侧甲基的位阻效应，使聚丙烯分子链结晶时以三个单体单元为一个螺旋周期的螺旋形结构。由于侧甲基空间排列方式不同，其性能也就有所不同。等规聚丙烯的结构规整性好，具有高度的结晶性，熔点高，硬度和刚度大，力学性能好；无规聚丙烯为无定形材料，是生产等规聚丙烯的副产物，强度很低，其单独使用价值不大，但作为填充母料的载体效果很好，还可作为聚丙烯的增韧改性剂等。间规聚丙烯的性能介于前两者之间，结晶能力较差，硬度与刚度小，但冲击性能较好。

聚丙烯中侧甲基的存在，使分子链上交替出现叔碳原子，而叔碳原子极易发生氧化反应，导致聚丙烯的耐氧化性和耐辐射性差，因此使得聚丙烯的化学性质与聚乙烯相比有较大改变，在热和紫外线以及其他高能射线的作用下更易断链而不是交联。等规聚丙烯中，等规聚合物所占比例称为等规指数（或等规度）。一般是由正庚烷回流萃取去掉无规体和低分子量聚合物后的剩余物，用质量百分数表示。这仅是一种粗略的量度，因为某些高分子量的无规异构体以及高分子量的等规、无规、间规嵌段分子链在正庚烷中也可能不会溶解。目前生产的聚丙烯中95%为等规聚丙烯。间规结构的聚丙烯可以以整个分子的形态存在，也可以是在等规结构的分子链上以不同长度的嵌段形式存在。

等规指数的大小影响聚丙烯的一系列性能。等规指数越大，聚合物的结晶度越高，熔融温度和耐热性也增高，弹性模量、硬度、拉伸强度、弯曲强度、压缩强度等皆提高，韧性则下降。聚丙烯的相对分子质量对性能也有影响，但影响规律与其他材料有些不同。相对分子质量增大，除了使熔体黏度增大和冲击韧性提高符合一般规律外，又会使熔融温度、硬度、刚度、屈服强度等降低，却与其他材料表现的一般规律不符。其实，这是由于高相对分子质量的聚丙烯结晶较困难，相对分子质量增大使结晶度下降，引起材料上述各性能下降。对于工业化生产的聚丙烯相对分子质量数据，数均分子量（M_n）多为 $3.8×10^4 ~ 6×10^4$，重均分子量（M_w）为 $2.2×10^5 ~ 7×10^5$。M_w/M_n 值一般为 5.6~11.9。分析表明，这一比值越小，即相对分子质量分散性越小，其熔体的流动行为对牛顿型流体偏离越小，材料的脆性也越小。表 8-5 为相对分子质量对聚丙烯悬臂梁冲击强度的影响，不同聚丙烯制品选用的熔融指数见表 8-6。

表 8-5　相对分子质量对聚丙烯悬臂梁冲击强度的影响

$MI/$ (g/10min)	均聚 聚丙烯	抗冲共聚 聚丙烯（橡胶量15%）	$MI/$ (g/10min)	均聚 聚丙烯	抗冲共聚 聚丙烯（橡胶量15%）
0.3	150	800	6	45	110
1	110	600	12	35	75
2.5	55	180	35	25	35

表 8-6　聚丙烯制品及其熔融指数

制品	$MI/$(g/10min)	制品	$MI/$(g/10min)
管、板	0.15~0.85	丝类	1~8
中空吹塑	0.4~1.5	吹塑模	8~12
双向拉伸膜	1~3	注塑制品	1~15
纤维	15~20		

聚丙烯制品的晶体属球晶结构，具体形态有 α、β、γ 和拟六方四种晶型，不同晶型的聚丙烯制品在性能上有差异。α 晶型属单斜晶系，它是最常见、热稳定性最好、力学性能好的晶型，熔点为 176℃，相对密度 0.936；β 晶型属六方晶系，它不易得到，一般骤冷或加 β 晶型成核剂可得到，但它的冲击性能好，熔点 147℃，相对密度 0.922，制品表面多孔或粗糙；γ 晶型属三斜晶系，熔点 150℃，相对密度为 0.946，形成的机会比 β 晶型还少，在特定条件下才可获得；拟六方为不稳定结构，骤冷可制成，相对密度为 0.88，主要产生于拉伸单丝和扁丝制品中。聚丙烯制品球晶的种类对性能影响大，球晶尺寸的大小对制品性能的影响更大，大球晶制品的冲击强度低、透明性差，而小球晶则正相反。

8.2.2　聚丙烯的性能

聚丙烯树脂为白色蜡状物固体，它的密度很低，为 0.89~0.92g/cm^3，是塑料材料中除 4-甲基-1-戊烯（P4MP）之外最轻的品种之一。聚丙烯综合性能良好，原料来源丰富，生产工艺简单，而且价格低廉。聚丙烯的一般性能见表 8-7。

表 8-7　聚丙烯的一般性能

性能	数据	性能	数据
相对密度	0.89~0.91	热变形温度（1.82MPa）/℃	102
吸水率/%	0.01	脆化温度/℃	−8~8
成型收缩率/%	1~2.5	线膨胀系数/($\times 10^{-5}$/K)	6~10
拉伸强度/MPa	29	热导率/[W/(m·K)]	0.24
断裂伸长率/%	200~700	体积电阻率/Ω·cm	1019
弯曲强度/MPa	50~58.8	介电常数（10^{6}Hz）	2.15

续表

性能	数据	性能	数据
压缩强度/MPa	45	介电损耗角正切值（10^6Hz）	0.0008
缺口冲击强度/（kJ/m²）	0.5~10	介电强度/（kV/mm）	24.6
洛氏硬度（R）	80~110	耐电弧/s	185
摩擦系数	0.51	LOI/%	18
磨痕宽度/mm	10.4		

（1）力学性能

聚丙烯的力学性能与聚乙烯相比，其强度、刚度和硬度都比较高，光泽性也好，但在塑料材料中仍属于偏低的。如果需要高强度时，可选用高结晶聚丙烯或填充、增强聚丙烯。聚丙烯的冲击强度对温度的依赖性很大，其冲击强度较低，特别是低温冲击强度低。聚丙烯的冲击强度还与相对分子质量、结晶度、结晶尺寸等因素有关。聚丙烯还具有优良的抗弯曲疲劳性，其制品在常温下可弯折 10^6 次而不损坏。

（2）电性能

聚丙烯为一种非极性的聚合物，具有优异的电绝缘性能。其电性能基本不受环境湿度及电场频率改变的影响，是优异的介电材料和电绝缘材料，并可作为高频绝缘材料使用。聚丙烯的耐电弧性很好，为 130~180s，在塑料材料中属于较高水平。由于聚丙烯低温脆性的影响，其在绝缘领域的应用远不如聚乙烯和聚氯乙烯广泛，主要用于电信电缆的绝缘和电器外壳。

（3）热性能

聚丙烯具有良好的耐热性。可在 100℃ 以上使用，轻载下可达 120℃，无载下最高连续使用温度可达 120℃，短期使用温度为 150℃。聚丙烯的耐沸水、耐蒸汽性良好，特别适于制备医用高压消毒制品。聚丙烯的热导率为 0.15~0.24W/（m·K），要小于聚乙烯热导率，是很好的绝热保温材料。

（4）耐化学试剂性

聚丙烯是非极性结晶型的烷烃类聚合物，具有很高的耐化学腐蚀性。在室温下不溶于任何溶剂，但可在某些溶剂中发生溶胀。聚丙烯可耐除强氧化剂、浓硫酸以及浓硝酸等以外的酸、碱、盐及大多数有机溶剂（如醇、酚、醛、酮及大多数羧酸等），同时，聚丙烯还具有很好的耐环境应力开裂性，但芳香烃、氯代烃会使其溶胀，高温时更显著。如在高温下可溶于四氢化萘、十氢化萘以及 1,2,4-三氯代苯等。

（5）环境性能

聚丙烯的耐候性差，叔碳原子上的氢易氧化，对紫外线很敏感，在氧和紫外线作用下易降解。未加稳定剂的聚丙烯粉料，在室内放置 4 个月性能就急剧变坏。经 150℃、0.5~3.0h 高温老化或 12 天大气暴晒就发脆。因此在聚丙烯生产时必须加入抗氧剂和光稳定剂。在有铜存在时，聚丙烯的氧化降解速率会成百倍加快，此时需要加入铜类抑制剂，如亚水杨基乙二胺、苯甲酰肼或苯并三唑等。

（6）其他性能

聚丙烯极易燃烧，氧指数仅为17.4%。如要阻燃需加入大量的阻燃剂才有效果，可采用磷系阻燃剂和含氮化合物并用、氢氧化铝或氢氧化镁。聚丙烯氧气透过率较大，可用表面涂覆阻隔层或多层共挤改善。聚丙烯透明性较差，可加入成核剂来提高其透明性。聚丙烯表面极性低，耐化学试剂性能好，但印刷、黏结等二次加工性差。可采用表面处理、接枝及共混等方法加以改善。

8.2.3 聚丙烯的加工性能

聚丙烯的吸水率很低，在水中浸泡1天，吸水率仅为0.01%~0.03%，因此成型加工前不需要对粒料进行干燥处理。聚丙烯的熔体接近于非牛顿流体，黏度对剪切速率和温度都比较敏感，提高压力或升高温度都可改善聚丙烯的熔体流动性，但以提高压力较为明显。由于聚丙烯为结晶类聚合物，所以成型收缩率比较大，一般为1%~2.5%，且具有较明显的后收缩性。在加工过程中易产生取向，因此在设计模具和确定工艺参数时要充分考虑以上因素。聚丙烯受热时容易氧化降解，在高温下对氧特别敏感，为防止加工中发生热降解，一般在树脂合成时即加入抗氧剂。此外，还应尽量减少受热时间，并避免受热时与氧接触。聚丙烯一次成型性优良，几乎所存的成型加工方法都可适用，其中最常采用的是注射成型与挤出成型。

8.2.4 聚丙烯的改性

聚丙烯虽然有许多优异的性能，但也有明显的缺陷，如低温脆性大、热变形温度低、收缩率大、厚壁制品易产生缺陷等。要克服上述缺陷，现采用了各种方法对聚丙烯进行改性，如现有聚丙烯共聚物、聚丙烯合金（即聚丙烯共混物）以及含有各种填料、添加剂、增强剂的改性聚丙烯品种。

（1）聚丙烯共聚物

聚丙烯共聚物一般为丙烯与乙烯的共聚物，可分为无规共聚物和嵌段共聚物两种。

聚丙烯无规共聚物中乙烯单体的含量为1%~7%，乙烯单体无规地嵌入阻碍了聚合物的结晶，使其性能发生了变化。与均聚聚丙烯相比，其具有较好的光学透明性、柔顺性、较低的熔融温度，从而降低了热封合温度。此外，它还具有很高的抗冲击性，温度低于零摄氏度时仍然具有良好的冲击强度，但硬度、刚度、耐蠕变性等要比均聚聚丙烯低10%~15%。而耐化学试剂性、水蒸气阻隔性等都与均聚聚丙烯相似。

聚丙烯无规共聚物主要用于高透明薄膜、上下水管、供暖管材及注塑制品。由于其热封合温度低，还可在共挤膜中用作热封合层。聚丙烯嵌段共聚物中乙烯的含量为5%~20%，它既有较好的刚性，又有好的低温韧性。主要用于大型容器、中空吹塑容器、机械零件、电线电缆等。均聚聚丙烯、聚丙烯无规共聚物、聚丙烯嵌段共聚物的性能见表8-8。

表 8-8　均聚聚丙烯、聚丙烯无规共聚物、聚丙烯嵌段共聚物的性能

性能	均聚聚丙烯	聚丙烯无规共聚物	聚丙烯嵌段共聚物
热变形温度/℃	100~110	105	90
脆化温度/℃	-8~8	10~15	-25
悬臂梁冲击强度/(kJ/m^2)	0.01~0.02	0.02~0.05	0.05~0.1
落球冲击强度/(kJ/m^2)	0.05	0.1~0.15	1.4~1.6
拉伸强度/MPa	30~31	26~28	23~25
硬度（R）	90	80~85	60~70

（2）聚丙烯合金

聚丙烯合金也可称为聚丙烯共混物。共混改性是指两种或两种以上聚合物材料以及助剂在一定温度下进行掺混，最终形成一种宏观上均匀且力学、热学、光学及其他性能得到改善的新材料的过程。当前聚丙烯共混改性技术发展的主要特点是采用相容剂技术和反应性共混技术，在大幅度提高聚丙烯耐冲击性的同时，又使共混材料具有较高的拉伸强度和弯曲强度。相容剂在共混体系中可以改善两相界面黏结状况，有利于实现微观多相体系的稳定，而宏观上是均匀的结构状态。反应型相容剂除具有一般相容剂的功效外，还能在共混过程中通过自身相容效果，显著提高共混材料性能。

随着反应挤出技术的不断发展和完善，国外更多地利用挤出机进行就地增容共混。应用反应挤出技术进行就地增容共混，能有效地降低聚合物与聚丙烯间的界面张力，提高其黏结强度，聚合物在聚丙烯基体中的分散效果更好，相态结构更趋于稳定。这不仅大大拓宽了聚丙烯的应用范围，而且所制备的接枝物可用作聚丙烯与极性高聚物共混的相容剂。因此，反应挤出共混技术将成为今后聚丙烯改性广泛采用的有效方法。

①与高密度聚乙烯共混。聚丙烯与高密度聚乙烯共混主要是为了改善聚丙烯的韧性。聚丙烯与高密度聚乙烯的结构相似，可以任何比例共混，一般是混入 10%~40% 的高密度聚乙烯，可以明显改善聚丙烯的韧性，例如可以使落锤冲击强度提高 8 倍以上，并可以使成型流动性进一步提高。但随聚乙烯用量的增加，使材料耐热性、拉伸强度等性能降低。

②与乙丙橡胶、热塑性弹性体共混。聚丙烯与乙丙橡胶共混主要是为了改善韧性和耐寒性。加入 10% 乙丙橡胶就具有明显的增韧效果，但却使材料耐热性下降，耐候性也进一步下降，故一般采用乙丙橡胶—聚丙烯—二烯烃三元共聚物（EPDM）与聚丙烯共混，可以起到良好的效果，可以得到综合性能良好的改性聚丙烯。常用于汽车保险杠和安全帽。

（3）聚丙烯接枝改性

对聚丙烯进行接枝改性，是在其分子链上引入适当极性的支链，利用支链的极性和反应性，改善其性能上的不足，同时增加新的性质。因此接枝改性是扩大聚丙烯应用范围的一种简单易行的方法。聚丙烯接枝的方法主要有溶液接枝法、熔融接枝法、固相接枝法和悬浮接枝法等。溶液接枝是将聚丙烯溶解在合适的溶剂中，然后以一定的方式引发单体接枝。引发

的方法可采用自由基、氧化或高能辐射等方法，但以自由基方法居多。溶液接枝的反应温度较低（100~140℃），副反应少，接枝率高，大分子降解程度小，操作简单。熔融接枝是在聚丙烯熔点以上，将单体和聚丙烯一起熔融，并在引发剂作用下进行接枝反应。该方法所用接枝单体的沸点较高，比较适宜的单体是马来酸酐及其酯类，丙烯酸及其酯类也可用于接枝聚丙烯。接枝反应以自由基机理进行。固相接枝的发展历史不长，是一种比较新的接枝反应技术。反应时将聚合物固体与适量的单体混合，在较低温度下（100~120℃）用引发剂接枝共聚。根据所接枝的聚丙烯形态可分为薄膜接枝、纤维接枝和粉末接枝。

通过对聚丙烯进行接枝改性，提高了聚丙烯与其他聚合物的相容性，并改变了聚丙烯的分子结构，使其染色性、黏结性、抗静电性、力学性能得到改善。

（4）聚丙烯表面改性

聚合物材料存在大量的表面和界面问题。如表面的黏结、耐蚀、染色、吸附、耐老化、润滑、硬度、电阻以及对力学性能的影响等。为了改善聚丙烯的表面性质，通常需要解决以下几个问题：

①在聚丙烯分子链上引入极性基团；

②提高材料的表面能；

③提高材料的表面粗糙度；

④消除制品表面的弱边界层。

聚丙烯的表面改性方法通常可分为化学改性和物理改性。化学改性是指用化学试剂处理聚丙烯材料表面，使其表面性质得到改善的方法。化学改性包括酸洗、碱洗、过氧化物或臭氧处理等。物理改性是指用物理技术处理聚丙烯材料表面，使其表面性质得到改善的方法。物理改性目前应用最为广泛，包括等离子体表面处理、光辐射处理、火焰处理、涂覆处理和加入表面改性剂等。

（5）填充聚丙烯

用粉末状的碳酸钙、陶土、滑石粉及云母等对聚丙烯进行填充，可使聚丙烯的刚度、硬度、弹性模量、热变形温度、耐蠕变性、成型收缩率及线膨胀系数等方面都有所改善。一般在填充前要对填料进行偶联剂活化处理，以提高相容性。采用碳酸钙作为填充剂，不仅可以降低产品成本，还可以改善塑料制品性能。在聚丙烯中添加碳酸钙可以提高其刚度、硬度、耐热性、尺寸稳定性，适宜添加的碳酸钙粒度为 $3\mu m$ 左右，用量一般为 30%~40%。

陶土又称高岭土，作为塑料填料，陶土具有优良的电绝缘性能，可用于制造各种电线包皮。在聚丙烯中，陶土可用作结晶成核剂，改善材料的结晶均匀程度，提高制品透明性。陶土还具有一定的阻燃作用，可用作辅助阻燃改性。滑石粉作为填料可提高塑料制品的刚性、硬度、阻燃性能、电绝缘性能、尺寸稳定性，并具有润滑作用。填充 20%~40% 滑石粉的聚丙烯复合材料，不论是在室温还是在高温下，片状构型滑石粉的显著效果是提高聚丙烯的模量，而拉伸强度基本保持不变，冲击强度降低也不大。云母粉经偶联剂等表面处理后易于与聚丙烯混合，加工性能良好。云母可提高聚丙烯的模量、耐热性，减少蠕变，防止制品翘曲，降低成型收缩率。

（6）增强聚丙烯

用于制作增强复合材料的增强剂主要是纤维。主要品种有玻璃纤维、碳纤维、涤纶，此外还有尼龙、聚酯纤维以及硼纤维、晶须等。玻璃纤维增强聚丙烯复合材料可分为物理结合型与化学结合型两大类。物理结合型玻璃纤维增强聚丙烯复合材料仅由聚丙烯与玻璃纤维之间的机械黏结力而得到较小的补强效果；化学结合型玻璃纤维增强聚丙烯由于在聚丙烯与玻璃纤维之间形成了坚固的化学和机械结合，因此效果显著，是目前玻璃纤维增强聚丙烯的主要发展方向。在玻璃纤维增强聚丙烯中，玻璃纤维用量一般为 10%~40%，增强不仅保留了聚丙烯原有的优良性能，还使拉伸强度、耐热性、刚性、硬度、耐蠕变性、线膨胀系数及成型收缩率等性能明显改善，如可使拉伸强度提高一倍，热变形温度提高 50~60℃，线膨胀系数降低 50%，但熔融指数和断裂伸长率会下降。用碳纤维增强的聚丙烯与用玻璃纤维增强的聚丙烯相比，具有力学性能好、在湿态下的力学性能保留率好、热导率大、导电性好、蠕变小、耐磨性好等优点，因此用量不断增长。

（7）茂金属聚丙烯

茂金属聚丙烯的合成与茂金属聚乙烯相似，都是以茂金属为催化剂，产品具有独特的间规立构规整性，其性能也与一般的聚丙烯不同。与普通的聚丙烯相比，茂金属聚丙烯的流动性能好、强度高、硬度大、耐热性好且熔点低，而且其透光率、光泽性及韧性都很优异。普通聚丙烯的加工方法都适宜于茂金属聚丙烯，但料筒温度要比普通聚丙烯低 25~40℃。茂金属聚丙烯的主要用途是用于包装薄膜、汽车保险杠、片材、瓶及复合纤维等。

（8）聚丙烯的其他改性方法

由于聚丙烯本身属于易燃材料，其氧指数仅为 17%~18%，并且成炭率低，燃烧时产生熔滴，所以在很多应用场合都要求对其进行阻燃改性。阻燃改性的方法包括接枝和交联改性技术、抑制降解及氧化技术、催化阻燃技术、气相阻燃、隔热炭化技术、冷却降温技术等。而这些技术中最有实用价值并已获大规模工业应用的是在聚丙烯混配时，加入添加型阻燃剂或在合成聚丙烯时加入反应型阻燃剂。防静电处理也是对聚丙烯的改性方法之一。目前对聚丙烯的防静电处理方法主要有两种：一是外用抗静电剂法，即用外部喷洒、浸渍和涂覆抗静电剂或材料表面改性使其接枝上抗静电剂；二是内用抗静电剂法，即将抗静电剂掺和到聚丙烯中或将聚丙烯与导电材料混用，使之成为具有抗静电性能的材料。

8.3 聚氯乙烯

聚氯乙烯（polyvinyl chloride，PVC）是氯乙烯单体在过氧化物、偶氮化合物等引发剂的作用下，或在光、热作用下按自由基聚合反应的机理聚合而成的聚合物。聚氯乙烯是最早工业化的塑料品种之一，目前产量仅次于聚乙烯，位居第二。聚氯乙烯在工农业和日常生活中获得了广泛的应用。

聚氯乙烯是氯乙烯单体采用本体聚合、悬浮聚合、乳液聚合、微悬浮聚合等方法合成的。

目前工业上是以悬浮聚合方法为主，占聚氯乙烯含量的 80%~90%，其次为乳液聚合法。悬浮聚合的工艺成熟，后处理简单，产品纯度高，综合性能好，产品的用途也很广泛。悬浮法生产的聚氯乙烯颗粒粒径一般为 50~250μm，乳液法的聚氯乙烯颗粒粒径一般为 30~70μm。而聚氯乙烯的颗粒又由若干个初级粒子组成，悬浮法聚氯乙烯的初级粒子大小为 1~2μm，乳液法聚氯乙烯的初级粒子的大小为 0.1~1μm。聚氯乙烯在 160℃ 以前是以颗粒状态存在，在 160℃ 以后颗粒破碎成初级粒子。聚氯乙烯颗粒的形态、内部孔隙率、表面皮膜、颗粒大小及其分布等对聚氯乙烯树脂的诸多性能均有影响，当颗粒较大、粒径分布均匀、内部孔隙率高、外层皮膜较薄时，树脂具有吸收增塑剂快、塑化温度低、熔体均匀性好、热稳定性高等优点。这种树脂呈棉花团状，称为疏松型聚氯乙烯树脂。另外还有一种紧密型聚氯乙烯树脂，紧密型聚氯乙烯树脂性能与疏松型相反，吸收增塑剂能力低，呈球状，可用于聚氯乙烯硬制品。目前工业上以生产疏松型聚氯乙烯树脂为主。国产悬浮法聚氯乙烯树脂型号及用途见表 8-9。

表 8-9　悬浮法聚氯乙烯树脂型号及用途

型号	黏数	平均聚合度	主要用途
PVC-SG1	144~154	1650~1800	高级电绝缘材料
PVC-SG2	136~143	1500~1650	电绝缘材料、薄膜、一般软材料
PVC-SG3	127~135	1350~1500	电绝缘材料、农用薄膜、人造革、全塑凉鞋
PVC-SG4	118~126	1200~1350	工业和农用薄膜、软管、人造革、高强度管材
PVC-SG5	107~117	1000~1150	透明制品、硬管、硬片、单丝、型材、套管
PVC-SG6	96~106	850~950	唱片、透明制品、硬板、焊条、纤维
PVC-SG7	85~95	750~850	瓶、透明片、硬质注塑管件、过氯乙烯树脂

注　1. 黏度为 100mL 环己酮中含 0.5g PVC 树脂溶液在 25℃ 时的测定值；
　　2. 表中的符号含义：S 为悬浮法；G 为通用型。

乳液聚合的优点是速度快、体系稳定、粒子规整、便于连续生产；缺点是聚合物后处理烦琐，不易将乳化剂等清除干净。含有金属杂质，会影响聚合物的透明度、电绝缘性能以及热稳定性等。乳液聚合的聚氯乙烯一般为糊状形式，主要用于制造泡沫塑料、人造革、搪塑制品等。

聚氯乙烯的应用范围极为广泛，从建筑材料到汽车制造业、儿童玩具，从工农业制品到日常生活用品，涉及各行各业，方方面面。例如可用于电气绝缘材料，如电线的绝缘层，目前几乎代替了橡胶，可作电气用耐热电线、电线电缆的衬套等。用于汽车方面，可作为方向盘、顶盖板、缓冲垫等。用于建筑方面，可用作各种型材，如管、棒、异型材、门窗架、室内装饰材料、下水管道等。用作化工设备，可加工成各种耐化学试剂的管道、容器防腐材料。软质聚氯乙烯还可制成具有韧性、耐挠曲的各种管子、薄膜、薄片等制品。可用于制作包装材料、雨具、农用薄膜等。聚氯乙烯糊可涂附在棉布、纸张上，经加热在 140~145℃ 很快发生凝胶，成型为薄膜，再经滚筒压紧，即成人造革，可制成各种制品。聚氯乙烯泡沫塑料还常用作衬垫、拖鞋以及隔热、隔声材料。

8.3.1　聚氯乙烯的结构

聚氯乙烯树脂为无定形结构的热塑性树脂，结晶度最多不超过 10%，分子键中各单体基本上是头—尾相接。由于聚氯乙烯分子链中含有电负性较强的氯原子，增大了分子链间的相互吸引力，同时由于氯原子的体积较大，有明显的空间位阻效应，就使得聚氯乙烯分子链刚性增大，所以聚氯乙烯刚性、硬度、力学性能较聚乙烯都会提高；由于氯原子的存在，还赋予了聚氯乙烯优异的阻燃性能，但其介电常数和介电损耗比聚乙烯大。聚氯乙烯树脂含有聚合反应中残留的少量双键、支链及引发剂残余基团，加上相邻碳原子之间会有氯原子和氢原子，易脱氯化氢，使聚氯乙烯在光、热作用下易发生降解反应。

8.3.2　聚氯乙烯的性能

聚氯乙烯树脂是白色或淡黄色的坚硬粉末，密度为 $1.35 \sim 1.45 \text{g/cm}^3$，纯聚合物的透气性和透湿率都较低。聚氯乙烯一般都加有多种助剂。不含增塑剂或含增塑剂不超过 10% 的聚氯乙烯称为硬聚氯乙烯，含增塑剂 40% 以上的聚氯乙烯称为软质聚氯乙烯，介于两者之间的为半硬质聚氯乙烯。助剂的品种和用量对聚氯乙烯力学性能影响很大。

（1）力学性能

由于氯原子的存在增大了分子链间的作用力，不仅使分子链刚性变大，也使分子链间的距离变小，敛集密度增大。测试表明，聚乙烯的平均链间距是 $4.3 \times 10^{-10} \text{m}$，聚氯乙烯平均链间距是 $2.8 \times 10^{-10} \text{m}$，其结果使聚氯乙烯宏观上比聚乙烯具有较高的强度、刚度、硬度和较低的韧性，断裂伸长率和冲击强度均下降。与聚乙烯相比，聚氯乙烯的拉伸强度可提高到两倍以上，断裂伸长率下降约一个数量级。未增塑的聚氯乙烯拉伸曲线类型属于硬而较脆的类型。聚氯乙烯耐磨性一般，硬质聚氯乙烯摩擦系数为 0.4~0.5，动摩擦系数为 0.23。

（2）热性能

聚氯乙烯 T_g 约为 80℃，80~85℃ 开始软化，完全熔融时的温度约为 160℃，140℃ 时聚合物已开始分解。在现有的塑料材料中，聚氯乙烯是热稳定性特别差的材料之一，在适宜的熔融加工温度 170~180℃ 下会加速分解释出氯化氢，在富氧气氛中会加剧分解。因此在聚氯乙烯生产时必须加有热稳定剂。聚氯乙烯的最高连续使用温度为 65~80℃。

（3）电性能

聚氯乙烯具有比较好的电绝缘性能，但由于其具有一定的极性，因此电绝缘性能不如聚烯烃类塑料。聚氯乙烯的介电常数、介电损耗、体积电阻率较大，而且电性能受温度和频率的影响较大，本身的耐电晕性也不好，一般适用于中低压及低频绝缘材料。聚氯乙烯的电性能与聚合方法有关，一般悬浮树脂较乳液树脂的电性能好，另外，还与加入的增塑剂、稳定剂等添加剂有关。

（4）化学性能

聚氯乙烯能耐许多化学试剂，除了浓硫酸、浓硝酸对它有损害外，其他大多数的无机酸、碱、多数有机溶剂、无机盐类以及过氧化物对聚氯乙烯均无损害，因此，适合作为化工防腐材料。聚氯乙烯在酯、酮、芳烃及卤烃中会溶胀或溶解，环己酮和四氢呋喃是聚氯乙烯的良好溶剂。加入增塑剂的聚氯乙烯制品耐化学试剂性一般都变差，而且随使用温度的增高其化学稳定性会降低。

（5）其他性能

聚氯乙烯的分子链组成中含有较多的氯原子，赋予了材料良好的阻燃性，其 LOI 约为 47%。

聚氯乙烯对光、氧、热及机械作用都比较敏感，在其作用下易发生降解反应，脱出 HCl，使聚氯乙烯制品的颜色发生变化。因此，为改善这种状态，可加入稳定剂及采用改性的手段。聚氯乙烯的综合性能见表 8-10。

表 8-10　聚氯乙烯的综合性能

性能	硬质聚氯乙烯	软质聚氯乙烯	性能		硬质聚氯乙烯	软质聚氯乙烯
密度/（g/cm³）	140	1.24	热变形温度（1.82MPa）/℃		70	-22（脆化）
邵氏硬度	D75~85	A50~95	体积电阻率/Ω·cm		>10^{16}	10^{13}
成型收缩率/%	0.3	1.0~1.5	介电常数（10⁶Hz）		3.02	约4
拉伸屈服强度/MPa	65	—	透水率（25μm）/（g/m²·24h）		5	20
拉伸屈服伸长率/%	2	—	吸水率/%		0.1	0.4
拉伸断裂强度/MPa	45	23	热损失（120℃×120h）/%		<1	5
拉伸断裂伸长率/%	150	360	燃烧性	燃烧状态	自熄性	延迟燃烧
拉伸弹性模量/MPa	3000	30		LOI/%	47	26.5
弯曲强度/MPa	110	—	悬臂梁冲击强度（缺口）/（kJ/m²）		5	不断裂

8.3.3　聚氯乙烯的成型加工

聚氯乙烯可以采用挤出、吹塑、注塑、压延、搪塑、发泡、压制、真空成型等方法进行加工。由于聚氯乙烯热稳定性差，易受光和热的作用而脱去氯化氢，致使产品性能下降，因此，加工成型时必须添加稳定剂以减少其热分解。另外，还应在加工中尽量避免一切不必要的受热现象，严格控制成型温度，避免物料在料筒中长时间停留。由于聚氯乙烯熔体黏度高，为改善其加工流动性，减少聚合物分子链间的内外摩擦力，在聚氯乙烯当中应加入适量的润滑剂以改善物料的加工性能。聚氯乙烯的熔体强度比较低，易产生熔体破裂和制品表面粗糙等现象，为避免产生此种状况，在注射挤出时宜采用中速或低速，不宜采用高速。聚氯乙烯的挤出成型可用于生产薄膜、片材、管材、板材、棒材、异型材及丝等制品。注射成型可用于生产阀门、管件、壳件、泵、电气插头、凉鞋等。压延成型可用于生产人造革、壁纸等。压制成型可用于生产硬板、鞋底等制品。

8.3.4　聚氯乙烯的添加剂

（1）稳定剂

生产聚氯乙烯需要加热稳定剂、抗氧剂和紫外线吸收剂，来减少加工成型时的热降解和以后在各种条件下长期使用的老化降解。随温度升高，聚氯乙烯分解速率会加快。发生氧化断链、交联反应和放出 HCl。当聚氯乙烯分解量不到 0.1% 时，塑料颜色就开始变黄，最后变成黑色。所以必须加入热稳定剂以减少树脂的分解不致变色。加入的热稳定剂要能与分解放出的 HCl 反应，达到清除 HCl 的效果；能与游离基及双键反应，同时起抗氧剂的效用。常用的聚氯乙烯热稳定剂有铅化合物及盐化合物能和放出的 HCl 反应，生成氯化铅。其中二碱式碳酸铅的成本低，缺点是有毒，不透明，会变黑，加工时放出 CO_2，造成制品多孔性。三碱式硫酸铅的耐热性和电绝缘性好，成本低，可用于硬质制品中。二碱式磷铅，光稳定性好，但成本高。二碱式邻苯二甲酸铅用于特殊用途，如 105℃ 使用的电线上，耐热性特别好。这类稳定剂成本低，效果及电性能好。但由于遇硫有着色污染性，而且毒性大，透明度不好，适用于电气、唱片等工业。有机物系统：马来酸或月桂酸二丁基锡、马来酸二正辛基锡聚合物等。效率高，透明，不污染着色，光稳定性好，但成本高。适用于透明的特殊制品，如吹塑瓶等。钡、镉复合稳定剂耐紫外线，但有毒，透明度不够理想，容易渗析出来，压延制品、农田软管、薄膜和板材多用此种，是聚氯乙烯塑料中最重要的稳定剂。

（2）增塑剂

在聚氯乙烯塑料中所选用的增塑剂要与聚氯乙烯有较好的相容性。可以选择两者溶解度参数相同的，必须在 150℃ 下混合，才能扩散到聚氯乙烯当中去。最常用的增塑剂是邻苯二甲酸二异辛酯。邻苯二甲酸二异癸酯，在耐高温绝缘材料中使用，可赋予聚氯乙烯很好的电性能，它们还能和环氧油合用，有较低的水萃取性。邻苯二甲酸的正烷酯有耐寒性和高弹性的特点。磷酸酯类增塑剂成本高，但阻燃性和耐溶剂性优于邻苯二甲酸酯类。脂肪酸酯类增塑剂，如癸二酸二丁酯和癸二酸二辛酯，具有良好的耐低温性和高弹性，但成本高。软聚氯乙烯中增塑剂的含量为树脂的 40%~70%，硬聚氯乙烯中常加入小于 10% 或不加入增塑剂。聚氯乙烯常用的增塑剂见表 8-11。

表 8-11　聚氯乙烯常用的增塑剂

种类	品种	性能	应用
邻苯二甲酸酯类	邻苯二甲酸二辛酯（DOP） 邻苯二甲酸二丁酯（DBP） 邻苯二甲酸二异癸酯（DIDP）	相容性好、光稳定性好、电绝缘性好、耐低温低毒 相容性好、柔软性好、价廉、不单用 耐热好、电绝缘性好	薄膜、板材、电绝缘料
脂肪族二元酸类	己二酸二辛酯（DOA） 壬二酸二辛酯（DOZ） 癸二酸二辛酯（DOS）	低温性好、相容性差 低温性好、相容性差 低温性好、相容性差	薄膜、板材、塑料糊

续表

种类	品种	性能	应用
环氧酯类	环氧大豆油（ESO）环氧硬脂酸辛酯（ED$_3$）	热稳定性好、挥发性低、无毒	透明制品
		光稳定性好、耐低温性好	农用薄膜、塑料糊
含氯类	氯化石蜡（42%）	耐燃、电性能好、价廉、不单用	电缆、板材
磷酸酯类	磷酸三甲苯酯（TCP）磷酸三苯酯（TPP）磷酸三辛酯（TOP）	相容性好、阻燃性好、低温性差、有毒	板材、电缆、人造革
		相容性好、阻燃性好、耐寒性差	电缆
		相容性好、耐候性好、无毒	薄膜、板材
其他	石油磺酸苯酯（M-50）	辅增塑剂	通用塑料制品

（3）润滑剂

由于聚氯乙烯的熔体黏度高以及熔体黏附金属的倾向大，熔体之间和熔体与加工设备之间的摩擦力大，就需要加入润滑剂来克服摩擦阻力，改善聚合物的加工流动性。常用的润滑剂有硬脂酸铅、硬脂酸钙或蜡等。聚氯乙烯常用的润滑剂见表 8-12。润滑剂的作用可分为内润滑剂和外润滑剂。内润滑剂与聚合物的相容性较好，因而可以降低熔融黏度，防止由于摩擦热过大而引起树脂分解。外润滑剂可在加工机械的表面与聚合物熔体的界面处形成润滑膜的界面层，从而起到避免相互黏着和减少摩擦的作用。

表 8-12　聚氯乙烯常用的润滑剂

种类	品种	性能	用途
烃类	液体石蜡	无色、外润滑	挤出制品
	固体石蜡	外润滑，熔点 57~63℃	通用
	聚乙烯蜡	熔点 90~100℃，无毒	通用
金属皂类	硬脂酸钡	熔点 200℃，兼热稳定性	通用
	硬脂酸铅	熔点 110℃，兼热稳定，有毒	不透明软硬制品
	硬脂酸锌	熔点 120℃，无毒、透明	无毒透明膜、片
	硬脂酸钙	熔点 150℃，无毒	无毒透明制品
脂肪酸	硬脂酸	熔点 65℃，无毒	无毒硬制品
酯类	硬脂酸丁酯	熔点 24℃，内润滑、透明	透明、硬制品
	硬脂酸单甘油酯	透明、无毒、内润滑	无毒透明制品
脂肪酸酰胺类	硬脂酸酰胺	熔点 100℃，透明好	硬制品
	亚乙基硬脂酸酰胺	熔点 140℃，内润滑	压延制品、透明制品

（4）填料及其他添加剂

填料的加入，可提高制品的硬度、改善电性能、降低成本等。实际应用时，应按不同的制品要求而选用。常用的填料有碳酸钙、滑石粉、陶土、碳酸镁、重晶石粉等。另外，为改善聚氯乙烯制品的其他性能，还可在其中加入抗静电剂、着色剂、防霉剂、紫外线吸收剂、荧光增白剂等。

8.3.5 改性聚氯乙烯

聚氯乙烯有许多优良的性能，应用也非常的广泛，但也存在明显的缺点，如软化点低、耐热耐寒性差、易分解、热稳定性差等。为改进其缺点，现生产了一些聚氯乙烯的改性品种。

（1）高聚合度聚氯乙烯

高聚合度聚氯乙烯是用途广泛的聚氯乙烯品种。高聚合度聚氯乙烯与普通聚氯乙烯结构基本相同，不同之处在于其分子量大，平均聚合度为 2000~3000，而且其分子链长、链的规整性及结晶度都会增加，分子链间的缠结点增多，具有类似于橡胶的结构。在常温条件下，高聚合度聚氯乙烯的大分子链间滑移困难，可防止一定的塑性变形，呈现出类似橡胶的弹性。

高聚合度聚氯乙烯制品比普通聚氯乙烯制品的力学性能好，拉伸强度和撕裂强度高，耐磨性比普通的聚氯乙烯高 2 倍以上；同时还具有更好的耐高低温、耐老化性能。高聚合度聚氯乙烯的压缩永久变形小（35%~60%），回弹性高（40%~50%），因此可替代橡胶制品。而且与橡胶相比，又具有加工工艺简单、成本低廉等优点。

高聚合度聚氯乙烯的生产可在普通聚氯乙烯生产装置上采用低温聚合方式进行，在聚合过程中可添加一些带有双烯键的反应性单体或反应性低聚物作为扩链剂来提高聚合度。高聚合度聚氯乙烯现已用于生产耐热耐寒电缆、耐压管、汽车方向盘、密封条、建筑用防水材料、塑料玩具、高档人造革、土工膜等。

（2）氯化聚氯乙烯

氯化聚氯乙烯是由聚氯乙烯进一步氯化后制得的，英文简称 CPVC。氯化聚氯乙烯的生产方法主要采用悬浮氯化法。氯化后的聚氯乙烯含氯量为 56%~68%，而普通聚氯乙烯的含氯量不超过 59%。氯含量的增加使得氯化聚氯乙烯的热变形温度和玻璃化温度都会有所提高。例如聚氯乙烯的连续使用温度不超过 80℃，而氯化聚氯乙烯的连续使用温度可达到 105℃。此外，氯化聚氯乙烯的拉伸强度、弯曲强度、耐磨蚀性、耐老化性比聚氯乙烯都有所提高，阻燃性能也会增加（氧指数可达 60%）。但是热稳定性、加工流动性和冲击性能会变差。氯化聚氯乙烯可用普通聚氯乙烯的加工设备加工成管材、板材、型材等，但由于其熔融温度和熔体黏度高，热分解的倾向比聚氯乙烯大，因而其加工工艺稍复杂，加工设备需要镀铬或采用不锈钢材料，挤出机螺杆和机头的设计也需要特殊的技术。

（3）聚偏氯乙烯树脂

聚偏氯乙烯的英文简称为 PVDC。由于偏氯乙烯的均聚物的加工温度范围非常窄，与一般增塑剂的相容性又差，因此成型加工较困难。所以工业上常见的聚偏氯乙烯都是偏氯乙烯与其他单体如氯乙烯、丙烯腈或丙烯酸酯的共聚物。现在所用的聚偏氯乙烯薄膜实际上是偏氯乙烯与氯乙烯的共聚物。其结构式为：

$$+CH_2-CH+_x(CH_2-\overset{\overset{\displaystyle Cl}{\displaystyle |}}{\underset{\underset{\displaystyle Cl}{\displaystyle |}}{C}})_y$$

聚偏氯乙烯的主要产品为薄膜、单丝、管材、容器等。其中最常使用的是薄膜制品，如肉类、食品及药品的包装膜。

（4）氯乙烯共聚物

①氯乙烯—乙酸乙烯酯共聚物。共聚物中乙酸乙烯的含量在 10%～20%。由于乙酸乙烯的引入，降低了分子链的有序性，使共聚物熔体流动性增加，韧性和耐寒性得到改善，但力学性能、耐溶剂性会有所下降。乙酸乙烯在共聚物中起到内增塑的作用。这种共聚物可用作保护涂层、涂膜、模压制品等。

②乙烯—乙酸乙烯—氯乙烯共聚物。将氯乙烯接枝到乙烯-乙酸乙烯共聚物上，可得到此种共聚物。这种接枝共聚物分为硬质、半硬质和软质三类。硬质和半硬质的接枝共聚物具有优良的抗冲击性能、耐候性和耐热性。主要用于建筑工业中的管子、窗框、薄板口及工业用各种机壳、零件等。软质接枝共聚物是不用增塑剂的，无毒，加工性能好，耐候性、耐热和弹性均优于 PVC 塑料。适用于皮革、薄膜、皮带、电线包覆材料等。

③氯乙烯—丙烯共聚物。此种共聚物中丙烯含量不超过 10%。这种共聚物与聚氯乙烯相比，它的流动性好，加入稳定剂为无毒的硬脂酸锌类，容易加工成型。特别在高温下伸展率大，适合真空成型和复杂零件的吹塑成型。制品透明度好，无毒，可制造硬的瓶和其他食品包装材料。

④氯乙烯—丙烯酸酯共聚物　这种共聚物的流动性、抗冲击性、耐寒性都优于聚氯乙烯，成型加工也很方便。这种共聚物透明性好，可用来制取抗冲击的透明材料，用于飞机窗玻璃和仪表盘面板。其他的还有氯乙烯—丙烯腈共聚物，主要用来制作合成纤维、X 射线底片等。用这种共聚物纤维制成的织物手感好、保温性优良、阻燃、耐酸碱、防虫蛀等。氯乙烯共聚物的挠曲性好，特别在低温下的韧性很好。几乎所有共聚物的加工性能都有不同程度的改进，扩大了聚氯乙烯的用途。在产量上占聚氯乙烯聚合物总量的 1/4 左右。

（5）聚氯乙烯合金

聚氯乙烯也可以采用与其他聚合物共混的办法来改进其抗冲击性能。已投入工业生产的有聚氯乙烯与氯化聚乙烯的共混物。这类共混物制成的产品冲击强度和耐磨性有显著提高，且加工容易。利用 ABS 改性的聚氯乙烯，可制成一种具有高冲击模量的硬度较大的制品，常制成建筑用安全帽和窗框等。

8.3.6　聚氯乙烯对环境的影响

聚氯乙烯在生产、加工、使用中的环境问题比较严重，在加工操作过程中，聚氯乙烯释放出的氯化氢气体会刺激人的呼吸系统。目前有观点认为，聚氯乙烯中氯乙烯单体对人体有害，并产生致癌物质。世界上发达国家对食品级聚氯乙烯中氯乙烯单体含量标准定为 $0.01\times$

10^{-6}。聚氯乙烯在焚化处理时产生的烟气还会严重破坏臭氧层，造成二次公害。另外，PVC本身具有一种臭味，如包装食品或化妆品时，会破坏被包装物本身味道，影响产品质量与效果。

8.4　聚苯乙烯类树脂

聚苯乙烯类树脂是大分子链中包含苯乙烯的一类树脂，其中包括苯乙烯均聚物及其与其他单体的共聚物、合金等。其中，最主要的三大品种为聚苯乙烯、高抗冲聚苯乙烯、ABS树脂。

8.4.1　聚苯乙烯

聚苯乙烯（polystyrene，PS）是由苯乙烯单体通过自由基聚合而成的。聚苯乙烯的聚合方法有本体聚合、悬浮聚合、溶液聚合和乳液聚合。聚苯乙烯包括通用型聚苯乙烯（GPPS）和可发性聚苯乙烯（EPS）。可发性聚苯乙烯是苯乙烯单体通过悬浮聚合法制得的。发泡剂选用丁烷、戊烷以及石油醚等挥发性液体。发泡剂可以在聚合过程中加入，也可以在成型时加入。EPS的发泡倍率为50~70倍。聚苯乙烯的优点是透明性高，加工流动性好，易着色，易印刷，电绝缘性、刚性都很好。聚苯乙烯的缺点是韧性差、耐热性低，耐溶剂性、耐化学试剂性、耐沸水性差，且易出现应力开裂的现象。聚苯乙烯是通用塑料中最容易加工的品种之一，成型温度与分解温度相差大，可在很宽的温度范围内加工成型。同时，它具有成本低、刚性大、透明度好、电性能不受频率的影响等特点，因此可广泛地应用在仪表外壳、汽车灯罩、照明制品、各种容器、高频电容器、高频绝缘用品、光导纤维、包装材料等。可发性聚苯乙烯由于其质量轻、热导率低、吸水性小、抗冲击性好等优点，广泛地应用于建筑、运输、冷藏、化工设备的保温、绝热和减震材料等方面。

（1）聚苯乙烯的结构

聚苯乙烯的分子链上交替连接着侧苯基。由于侧苯基的体积较大，有较大的位阻效应，而使聚苯乙烯的分子链变得刚硬，因此，玻璃化温度比聚乙烯、聚丙烯都高，且刚性、脆性较大，制品易产生内应力。由于侧苯基在空间的排列为无规结构，因此聚苯乙烯为无定形聚合物，具有很高的透明性。侧苯基的存在使聚苯乙烯的化学活性要大一些，苯环所能进行的特征反应如氯化、硝化、磺化等聚苯乙烯都可以进行。此外，侧苯基可以使主链上 α 原子活化，在空气中易氧化生成过氧化物，并引起降解，因此制品长期在户外使用易变黄、变脆。但由于苯环为共轭体系，使得聚合物耐辐射性较好，在较强辐射的条件下，其性能变化较小。

（2）聚苯乙烯的性能

聚苯乙烯为无色、无味的透明刚性固体，透光率可达88%~90%，制品质硬，落地时会有金属般的响声。聚苯乙烯的相对密度为1.04~1.07，尺寸稳定性好，收缩率低。聚苯乙烯容易燃烧，点燃后离开火源会继续燃烧，并伴有浓烟。

①力学性能。聚苯乙烯属于一种硬而脆的材料，无延伸性，拉伸时无屈服现象。聚苯乙烯的拉伸、弯曲等常规力学性能在通用塑料中是很高的，但其冲击强度很低。聚苯乙烯的力学性能与合成方式、分子量大小、温度高低、杂质含量及测试方法有关。

②热性能。聚苯乙烯的耐热性能较差，热变形温度为 70~95℃，最高使用温度为 60~80℃。聚苯乙烯的热导率较低，为 0.10~0.13W/(m·K)，基本不随温度的变化而变化，是良好的绝热保温材料。聚苯乙烯泡沫是目前广泛应用的绝热材料之一。聚苯乙烯的线膨胀系数较大，为 (6~8)×10^{-5}/K，与金属相差悬殊甚大，故制品不易带有金属嵌件。此外，聚苯乙烯的许多力学性能都显著受到温度的影响。

③电学性能。聚苯乙烯是非极性的聚合物，使用中也很少加入填料和助剂，因此具有良好的介电性能和绝缘性，其介电性能与频率无关。由于其吸湿率很低，电性能不受环境湿度的影响，但由于其表面电阻和体积电阻均较大，又不吸水，因此易产生静电，使用时需加入抗静电剂。

④化学性能。聚苯乙烯的化学稳定性比较好，可耐各种碱、一般的酸、盐、矿物油、低级醇及各种有机酸，但不耐氧化酸，如硝酸和氧化剂的侵蚀。聚苯乙烯还会受到许多烃类、酮类及高级脂肪酸的侵蚀，可溶于苯、甲苯、乙苯、苯乙烯、四氯化碳、氯仿、二氯甲烷以及酯类当中。此外，由于聚苯乙烯带有苯基，可使苯基 α 位置上的氢活化，因此聚苯乙烯的耐气候性不好，如果长期暴露在日光下会变色变脆，其耐光性、氧化性都较差，使用时应加入抗氧剂。但聚苯乙烯具有较优的耐辐射性。

（3）聚苯乙烯的加工性能

聚苯乙烯是一种无定形的聚合物，没有明显的熔点，从开始熔融流动到分解的温度范围很宽，为 120~180℃，且热稳定性较好，因此，成型加工可在很宽的范围内进行。聚苯乙烯由于其成型温度范围宽且流动性、热稳定性好，所以可以用多种方法加工成型，如注射、挤出、发泡、吹塑、热成型等。

由于聚苯乙烯的吸湿率很低，为 0.01%~0.2%，因此加工前一般不需要干燥，如果需要制成透明度高的制品时，才需干燥。聚苯乙烯在成型过程中，分子链易取向，但在制品冷却定型时，取向的分子链尚未完全松弛，因此易使制品产生内应力。因此，加工时除了选择合适的工艺条件及合理的模具结构外，还应对制品进行热处理，热处理的条件一般为 60~80℃下处理 1~2h。聚苯乙烯的成型收缩率较低，一般为 0.2%~0.7%，有利于成型尺寸精度较高及尺寸稳定的制品。

聚苯乙烯的主要成型方法为注射、挤出和发泡。注射成型是聚苯乙烯最常用的成型方法，可采用螺杆式注塑机及柱塞式注塑机。成型时，根据制品的形状和壁厚不同，可在较宽的范围内调整熔体温度，一般温度范围为 180~220℃。挤出成型可采用普通的挤出机，挤出成型的产品有板材、管材、棒材、片材、薄膜等。成型温度范围为 150~200℃。

（4）聚苯乙烯泡沫塑料

聚苯乙烯还可通过发泡成型来制备包装材料及绝热保温材料。聚苯乙烯的泡沫制品也是其树脂的主要用途。其发泡方法主要有两种。第一种方法是把聚苯乙烯树脂制备成含有发泡剂的珠粒，称为可发性聚苯乙烯（EPS）。其方法是将聚苯乙烯珠粒在加热、加压条件下把戊烷、丁烷、石油醚等低沸点物理发泡剂渗入珠粒中，再使之溶胀即制得可发性聚苯乙烯珠粒。然后将可发性聚苯乙烯再通过预发泡、熟化处理，最终经过模压成型制得聚苯乙烯泡沫制品。EPS质量轻，热导率低，吸水性小，介电性能优良，并能抗震和抗冲击，可广泛应用于运输、建筑、保温、隔热、防震材料以及包装材料等。第二种方法是直接将发泡剂（如偶氮化合物、碳酸铵等）及其他助剂与聚苯乙烯混合均匀，然后通过挤出发泡、冷却定型即可。其主要产品为片材、仿木型材等。

8.4.2　高抗冲聚苯乙烯

由于聚苯乙烯的脆性大、耐热性低等缺陷，因而限制了其应用范围。为改善这些缺陷，研制出了高抗冲聚苯乙烯。高抗冲聚苯乙烯的英文缩写为HIPS。高抗冲聚苯乙烯的组成为聚苯乙烯和橡胶。其制备方法有两种，分别为机械共混法和接枝聚合法。机械共混法是把聚苯乙烯和橡胶按比例配好，在挤出机、捏合机或双辊辊压机中共混。橡胶主要为丁苯橡胶、顺丁橡胶等。橡胶的用量一般为10%~20%。由于两种聚合物的相容性有限，橡胶相在聚苯乙烯相中分散不均匀，因此增韧效果不显著，共混物的韧性不会大幅度提高，仅有某些改善。接枝聚合法是把顺丁橡胶或丁苯橡胶溶解在苯乙烯单体中进行本体聚合或悬浮聚合。由接枝共聚法制备的高抗冲聚苯乙烯，其分子主链是由丁二烯、苯乙烯两种单体相嵌形成的嵌段共聚物，但又含有苯乙烯侧支链。由于共聚物中橡胶含量较少（一般为5%~10%），因此分子链端以苯乙烯为主。这种共聚物可以克服机械共混法橡胶相分散不均匀的缺点，韧性有大幅度的提高，目前已成为高抗冲聚苯乙烯的主要生产方法。近年来，采用丙烯酸酯橡胶代替顺丁橡胶，并使分散相粒径小于1μm，可制得性能更为优异，具有高光泽、高刚性的高抗冲聚苯乙烯，并在一些领域里替代了ABS树脂。高抗冲聚苯乙烯的加工性能良好，与ABS树脂的成型性能相近，成型收缩率与ABS相近，因此，成型ABS的模具也适应于高抗冲聚苯乙烯。高抗冲聚苯乙烯的加工方法可以是注射、挤出、热成型、吹塑、泡沫成型等。高抗冲聚苯乙烯除了冲击性能优异外，还具有聚苯乙烯的大多数优点，如尺寸稳定性好、刚性好、易于加工、制品光泽度高、易着色等，但其拉伸强度、光稳定性、氧渗透率较差。适于制造各种电气零件、设备罩壳、仪表零件、冰箱内衬、容器、食品包装及一次性用具等。高抗冲聚苯乙烯虽然价格略高于通用型聚苯乙烯，但由于性能的改善，目前已大量生产。专用级高抗冲聚苯乙烯已在许多应用中可代替工程塑料。

8.4.3　ABS树脂

ABS树脂是丙烯腈、丁二烯、苯乙烯的三元共聚物（acrylonitrile - butadiene - styrene，ABS）。ABS树脂是在对聚苯乙烯改性过程中开发出来的新型聚合物材料，它具有优异的综合性能，成为用途极为广泛的一种工程塑料。ABS树脂兼有三种组分的共同性能，成为具有"坚韧、质硬、刚性"的材料。丙烯腈能使聚合物耐化学腐蚀，且有一定的表面强度，丁二烯使聚合物呈现橡胶状韧性；苯乙烯使聚合物显现热塑性塑料的加工特性，即较好的流动性。

ABS 树脂较聚苯乙烯具有耐热、抗冲击强度高、表面硬度高、尺寸稳定、耐化学试剂性及电性能良好等特点。控制 A：B：S 比例可以调节其性能，生产出不同型号、规格的 ABS 树脂，以适合各种应用的需要。例如增加组成中丙烯腈的含量时，其热稳定性、硬度及其他力学强度提高，而冲击强度和弹性低，当树脂中丁二烯含量增加时，冲击强度提高了，而硬度、热稳定性、熔融流动性则降低。目前生产的 ABS 树脂中单体含量一般为：丙烯腈 20%～40%，丁二烯 10%～30%，苯乙烯 30%～60%。ABS 树脂优良的综合性能使其制品的应用范围很宽广。如应用在机械工业中可作为结构材料使用。可用来制造齿轮、轴承、泵叶轮、电机外壳、仪表盘、冰箱外壳、蓄电池槽等。在汽车工业中，可制作手柄、挡泥板、加热器、灯罩、热空气调节导管等。在航空工业中，可用来制作机舱装饰材料以及窗柜、隔声材料等。此外，ABS 还可用来制造纺织器材、计算机零部件、建筑用板材、建筑用管材以及生活日用品等。

（1）ABS 的性能

ABS 树脂是无定形高分子材料，外观不透明，呈浅象牙色，无毒无味，相对密度为 1.05 左右。ABS 树脂具有很高的光泽度，与其他材料的结合性好，易于表面印刷、涂层。ABS 树脂还有很好的电镀性能，是极好的非金属电镀材料。ABS 树脂燃烧缓慢，氧指数约为 20%，火焰呈黄色有黑烟，有特殊气味，无熔融滴落，离火后仍然继续燃烧。

①力学性能。ABS 具有优良的力学性能，其突出的特点为冲击强度高、可在极低的温度下使用，这主要是由于 ABS 中橡胶组分对外界冲击能的吸收和对银纹发展的抑制。ABS 树脂有良好的耐磨性、耐油性，尺寸稳定性好，可用于制作轴承。表 8-13 为各种品级 ABS 树脂的冲击强度。

表 8-13　各种品级 ABS 树脂的冲击强度（缺口）　　　　　　　单位：J/m^2

型号	23℃	-20℃	-40℃
超高抗冲型	160.0～362.6	147～235.2	117.6～156.8
高抗冲型	284.2～333.2	117.6～147	98～117.6
抗冲型	186.2～215.6	68.6～78.4	39.2～58.8
自熄型	107.8	—	127.4
电镀型	254.8	117.6	73.5
挤出型	441	147	98

②热性能。ABS 树脂的热变形温度在 85～110℃，制品经退火处理后还可提高 10℃ 左右，但 ABS 树脂的最高连续使用温度并不高（为 60～80℃），但与某些聚合物混合后可使其最高连续使用温度提高。如与聚碳酸酯共混后，可提高至 95～105℃。ABS 树脂具有很好的耐寒性，在 -40℃ 时仍能表现出一定的韧性。

③电性能。ABS 树脂具有良好的电绝缘性，温度、湿度和频率的变化对 ABS 树脂电性能没有显著的影响，因此可在大多数环境下使用。

④耐化学试剂性。ABS 具有较良好的耐化学试剂性，除了浓的氧化性酸之外，对各种酸、

碱、盐类都比较稳定，与各种食品、药物、香精油长期接触也不会引起什么变化。醇类、烃类对 ABS 无溶解作用，只能在长期接触中使它缓慢溶胀，醛、酮、酯、氯代烃等极性溶剂可以使它溶解或与之形成乳浊液，冰醋酸、植物油可引起应力开裂。

⑤环境性能。ABS 分子链中的丁二烯部分含有双键，使它的耐候性较差，在紫外线或热的作用下易氧化降解。特别对于波长不足 350nm 的紫外线部分更敏感。老化破坏的宏观表现是使材料变脆，例如经过半年户外暴露的 ABS 试样冲击强度可下降 50%。老化的脆化层起初增长较快，随后变慢。加入酚类抗氧剂或炭黑可在一定程度上改善老化性能。ABS 树脂的综合性能见表 8-14。

表 8-14 ABS 树脂的综合性能

性能	高抗冲型	耐热型	中抗冲型
相对密度	1.02~1.05	1.06~1.08	1.05~1.07
吸水率/%	0.2~0.45	0.2~0.45	0.2~0.45
成型收缩率/%	0.3~0.8	0.3~0.8	0.3~0.8
拉伸强度/MPa	35~44	44~57	42~62
断裂伸长率/%	5~60	3~20	5~25
弯曲强度/MPa	52~81	70~85	69~72
压缩强度/MPa	49~64	65~71	73~88
洛氏硬度（R）	65~109	105~115	108~115
热变形温度（1.82MPa）/℃	99~107	94~110	102~107
线膨胀系数/（×10^{-5}/K）	9.5~10.0	6.7~9.2	7.9~9.9
最高连续使用温度/℃	60~75	60~75	60~75
热导率/[W/(m·K)]	0.16~0.29	0.16~0.29	0.16~0.29
体积电阻率/（×10^{16}Ω·cm）	1~4.8	1~5	2.7
介电常数（10^6Hz）	2.4~3.8	2.4~3.8	2.4~3.8
介电损耗角正切值（10^6Hz）	0.009	0.009	0.009
介电强度/（kV/mm）	13~30	13~30	13~30
耐电弧/s	66~82	66~82	66~82
氧指数/%	20	20	20

（2）ABS 树脂的成型加工性

①加工特性。ABS 是无定形聚合物，无明显熔点，熔融流动温度不太高，随所含三种单体比例不同，在 160~190℃ 范围即具有充分的流动性，且热稳定性较好，在约高于 285℃ 时才出现分解现象，因此加工温度范围较宽。ABS 熔体具有较明显的非牛顿性，提高成型压力可以使熔体黏度明显减小，黏度随温度升高也会明显下降。ABS 吸湿性稍优于聚苯乙烯，吸水率为 0.2%~0.45%，但由于熔体黏度不太高，故对于要求不高的制品，可以不经干燥，但

干燥可使制品具有更好的表面光泽并可改善内在质量。在 80~90℃下干燥 2~3h，可以满足一般成型要求。对于特殊要求的制品（如电镀）的干燥条件为 70~80℃，时间 8~18h。ABS 具有较小的成型收缩率，收缩率变化最大范围为 0.3%~0.8%，在多数情况下，其变化小于该范围。

②加工方法。ABS 的加工性能优良，可以用各种成型方法来加工。

注射成型是 ABS 最重要的成型方法之一。可采用螺杆式注塑机，也可采用柱塞式注塑机。选用柱塞式注塑机的成型温度为 180~230℃，而选用螺杆式注塑机的成型温度为 160~220℃；对表面光泽度要求高的制品模具温度为 60~80℃，而一般制品模具温度为 50~60℃即可；对薄壁制品注射压力为 130~150MPa，而对厚壁制品注射压力则为 60~70MPa。挤出成型可选用通用型单螺杆挤出机。挤出机的长径比（L/D）一般为 18~22，压缩比为 2.5~3。以管材为例，挤出成型的工艺条件为料筒温度 160~180℃，机头温度为 175~195℃。ABS 树脂还可电镀成型。ABS 树脂是少数几种能采用电镀工艺的塑料品种之一。用于电镀的 ABS 是电镀级 ABS，其中丁二烯单体的含量为 18%~23%，并采用接枝共聚法制备，这样可使材料的电镀层最为牢固。制品电镀前要经过消除应力、除油、粗化、敏化、活化等工序，最后进行化学镀和电镀。

8.4.4　AS 树脂

AS 树脂是苯乙烯—丙烯腈的共聚物，又称 SAN 树脂。其中丙烯腈的含量约为 25%。通常采用连续本体聚合法制备。将两种单体按比例混合，以过氧化苯甲酰或偶氮二异丁腈为引发剂进行共聚。AS 树脂是无定形线型高聚物，是具有高的耐热性、优异的光泽和耐化学试剂性的透明塑料。AS 树脂还具有较高的硬度、刚性、尺寸稳定性和承载能力。AS 树脂的热变形温度范围为 93~110℃，持续使用温度为 85℃，断裂强度为 30~84MPa，AS 具有高的弯曲强度和模量，缺口冲击强度为 10.6~26.7J/m²，与 ABS 相比，AS 的冲击强度较低，其他物理性能如耐化学试剂性、耐热性、拉伸强度、弯曲强度等均优于通用 ABS，由于 AS 的透明性好，故有透明 ABS 之称。表 8-15 为不同种类 AS 的性能。

表 8-15　不同种类 AS 的性能

项目	高流动型	一般流动型	高耐热型	高流动、高耐热、高耐化学性型
拉伸强度/MPa	72	74	78	78
伸长率/%	3.2	3.2	3.4	3.4
拉伸弹性模量/MPa	2.6	2.6	2.7	2.7
冲击强度/（kJ/m²）	2.1	2.3	2.5	2.7
洛氏硬度（R）	76	76	77	80
热变形温度/℃	83	83	84	84
熔融指数/（g/10min）	2.2	1.4	1.4	3.3

　　AS 也可适用于多种方法成型加工，可以注塑、挤出、吹塑、旋转模塑、热成型、泡沫制品成型，但最常采用的是注塑和挤出。注射成型在 180~270℃ 范围内进行，模具温度范围65~75℃；挤出成型在 180~230℃ 进行。AS 的应用扩大了原聚苯乙烯的应用范围，主要应用于制备餐具、杯、盘、牙刷柄等日用品、化妆品、包装容器、仪表面罩、仪表板、收录机及电视机旋钮、标尺、仪表透镜、耐油的机械零件、空调机零部件、照相机及汽车零部件（尾灯罩、仪表壳、仪表盘）、风扇叶片、文教用品、渔具、玩具、灯具等，也可用于制备耐热的强度较高的薄壁管材。

8.4.5　茂金属聚苯乙烯

　　茂金属聚苯乙烯为在茂金属催化剂作用下合成的间同结构聚苯乙烯树脂，它的苯环交替排列在大分子链的两侧，产品具有熔点高、耐水解、耐热、耐化学腐蚀、密度小、加工前无须干燥、收缩小及尺寸稳定性好等优点，具有与聚酰胺、聚苯硫醚类似的性能，是传统增强工程塑料的理想替代品。茂金属聚苯乙烯的间规度约为 85%，熔点高达 270℃，类似于聚酰胺 66，比普通聚苯乙烯高 3 倍左右；具有优良的耐热性，其热变形温度为 25℃；耐化学试剂、水及水蒸气性能好，冲击强度及刚性均优良。用玻璃纤维增强后，性能会进一步提高。茂金属聚苯乙烯可用注塑方法成型加工。可用作注塑部件、磁带、绝缘薄膜、包装用板、纤维、汽车发动机部件、保险杠及燃油分配转子等。茂金属聚苯乙烯还可用于耐热塑料制品，在众多耐高温材料中，其用量名列前茅。

8.4.6　聚苯乙烯对环境的影响

　　聚苯乙烯塑料或聚苯乙烯泡沫塑料是世界上应用最广泛的塑料之一，产量在塑料中仅次于聚氯乙烯及聚乙烯，聚苯乙烯广泛用作各种包装材料、广告装潢、泡沫保温材料、家电和办公用品缓冲包装材料、容器及一次性餐具等，由于聚苯乙烯泡沫塑料多属一次应用，不仅造成资源浪费，而且由于聚苯乙烯泡沫塑料密度小（0.02~0.04g/cm³），质量轻，废弃物所占体积大，不易降解，埋在地下则由于聚苯乙烯不易老化腐烂，也不易被微生物降解，就会破坏土壤结构，造成严重环境污染，成为全球性环境白色污染，因此，回收和再生利用废弃聚苯乙烯或开发出可替代聚苯乙烯的新型材料是很有必要的。

　　废弃聚苯乙烯的回收和再生利用方法主要有物理法和化学裂解法。物理法是用物理的方法回收聚苯乙烯泡沫塑料。包括废弃聚苯乙烯的再造粒、脱泡与熔融造粒、废弃聚苯乙烯再发泡等。化学裂解法是通过化学裂解得到的苯乙烯单体，经聚合后可得到与塑料一致的原料。其主要方法有溶液裂解法、催化裂解法、铅室裂解法、惰性气体裂解法等。聚苯乙烯泡沫塑料是一种优良的材料，如果能再生循环利用，它的优势会很明显。聚苯乙烯泡沫塑料经回收后，被送往再生处理公司，经过分拣、粉碎熔融、造粒等工艺流程，可生成塑料再生粒子。在再生处理过程中，有污水处理设施，避免二次污染。这些再生粒子经过再加工后，可制成再生制品，用于制作轻质建筑保温材料、涂料、黏结剂、防水材料等。据统计，1t 一次性聚苯乙烯泡沫塑料经过再生处理，可以生成约 0.5t 塑料再生颗粒。据介绍，日本的聚苯乙烯再生资源利用率在 1998 年达 31%，2000 年已达 35%。美国及欧盟各国现在都在组织回收废弃聚苯乙烯，以完成可持续利用。

目前，也有研究用可降解材料来替代聚苯乙烯塑料，比如，美国 Purdue 大学采用阴离子聚合开发的淀粉接枝聚苯乙烯共聚物能有效地控制共聚物的分子量和物理性质。这种淀粉接枝聚苯乙烯共聚物为淀粉基降解材料，其中淀粉含量为 20%~30%，性质与聚苯乙烯相似，适合作瓶等容器，又如，日本研制的脂肪族聚酯——聚乙丙酯，为一种热塑性塑料，它的强度高，无毒，易成型，而且价格便宜，已在一次性快餐盒等领域中替代聚苯乙烯泡沫塑料得到了广泛的应用。

8.5 酚醛树脂

凡酚类化合物与醛类化合物经缩聚反应制得的树脂统称为酚醛树脂，常见的酚类化合物有苯酚、甲酚、二甲酚、间苯二酚等；醛类化合物有甲醛、乙醛、糖醛等。合成时所用的催化剂有氢氧化钠、氢氧化钡、氨水、盐酸、硫酸、对甲苯磺酸等。其中，常使用的酚醛树脂是由苯酚和甲醛缩聚而成的产物（PF）。这种酚醛树脂是最早实现工业化的热固性树脂之一。但由于它原料易得、合成方便以及树脂固化后性能能够满足许多使用要求，因此在工业上仍得到广泛的应用。用酚醛树脂制得的复合材料耐热性高，能在 150~200℃ 范围内长期使用，并具有吸水性小、电绝缘性能好、耐腐蚀、尺寸精确和稳定等特点。它的耐烧蚀性能好，比环氧树脂、聚酯树脂及有机硅树脂胶都好。因此，酚醛树脂复合材料已广泛地在电机、电气及航空、航天工业中用作电绝缘材料和耐烧蚀材料。在工业上生产酚醛树脂是通过控制原料苯酚和甲醛的摩尔比以及反应体系的 pH 值，就可以合成出两种性质不同的酚醛树脂：含有羟甲基结构、可以自固化的热固性酚醛树脂和酚基与亚甲基连接、不带羟甲基反应官能团的热塑性酚醛树脂。

8.5.1 酚醛树脂的合成

（1）热塑性酚醛树脂的合成

热塑性酚醛树脂是在酸性条件下（pH<7）、甲醛与苯酚的摩尔比小于 1（如 0.80~0.86）时合成的一种热塑性线型树脂。它是可溶、可熔的，在分子内不含羟甲基的酚醛树脂，其反应过程如下。

首先是加成反应，生成邻位和对位的羟甲基苯酚。

这些反应物不稳定，会与苯酚发生缩合反应，生成二酚基甲烷的各种异构体。

生成的二酚基甲烷异构体继续与甲醛反应，使缩聚产物的分子链进一步增长，最终得到线型酚醛树脂，其分子结构式如下。

其聚合度 n 与苯酚用量有关，一般为 4~12。与热固性酚醛树脂相比，热塑性酚醛大分子上不存在羟甲基侧基，因此树脂受热时只能熔融而不会自行交联。由于在热塑性酚醛树脂大分子的酚基上存在一些未反应的活性点，在与甲醛或六亚甲基四胺相遇时，在一定的条件下会发生缩聚反应，固化交联为不溶不熔的体型结构。热塑性酚醛树脂的缩聚反应依据 pH 的大小，可得到两种分子结构酚醛树脂：通用型酚醛树脂和高邻位酚醛树脂。

通用型酚醛树脂是在强酸条件下（pH<3）合成的，此时缩聚反应主要通过酚羟基的对位来实现，在最终得到的酚醛树脂中，酚基上所留下的活性位置邻位多而对位少，而酚羟基邻位的活性小，对位的活性大，所以这种酚醛树脂加入固化剂后继续进行缩聚反应的速度较慢。高邻位酚醛树脂是用某些特殊的金属碱盐作催化剂（如含锰、钴、锌等的化合物），pH 为 4~7 时，通过反应制得的。由于此时的反应位置主要在酚羟基的邻位，保留了活性大的对位来参与反应，因此这种树脂加入固化剂后，可以快速固化。这种高邻位热塑性酚醛树脂的固化速度比通用型热塑性酚醛树脂快 2~3 倍，而且制得的模压制品热刚性也比较好。

（2）热固性酚醛树脂的合成

热固性酚醛树脂的合成是用苯酚和过量的甲醛（摩尔比为 1.1~1.5）在碱性催化剂如氢氧化钠存在下（pH=8~11）缩聚反应而成的。反应过程可分为以下两步。

首先是加成反应，苯酚和甲醛通过加成反应生成多种羟甲基酚。

然后，羟甲基酚进一步进行缩聚反应，主要有以下两种形式的反应。

此时得到的聚合物为线型结构，可溶于丙酮、乙醇中，称为甲阶酚醛树脂。由于甲阶酚醛树脂带有可反应的羟甲基和活泼的氢原子，所以在一定的条件下，它就可以继续进行缩聚反应成为一种部分溶解于丙酮或乙醇中的酚醛树脂，称为乙阶酚醛树脂。乙阶酚醛树脂的分子链上带有支链，有部分交联，结构也较甲阶酚醛树脂复杂。这种树脂呈固态，有弹性，加热只能软化，不熔化。乙阶酚醛树脂中仍然带有可反应的羟甲基。如果对乙阶酚醛树脂继续加热，它就会继续反应，分子链交联成立体网状结构，形成了不溶不熔、完全硬化的固体，称为丙阶酚醛树脂。

由上述可知，热固性酚醛树脂在反应初期主要是加成反应，形成单羟甲基酚、多元羟甲基酚以及低聚体等。随着反应的不断进行，树脂分子量逐渐增大，如果反应不加控制，最终将形成凝胶状交联物。若在交联点前使反应体系骤冷，则各种反应的速度均降低。通过控制反应程度，可以获得适合不同用途的树脂产物。例如，若使反应程度较低，则得到的是平均分子量很低的水溶性酚醛树脂，可用作木材的黏结剂；当控制反应使产物脱水呈半固态树脂状时，这种产物可称为甲阶酚醛树脂，可溶于醇类等溶剂，适合作清漆以及复合材料的基体材料使用；若控制反应至脱水呈固体树脂，则可用作酚醛模塑料或特殊用途的黏结剂。

用乙醇将热固性酚醛树脂调制成树脂含量为 57%～62%、游离酚含量为 16%～18% 的胶液，在浸胶机上浸渍纤维或片状模塑料，烘干后得到复合材料预浸料。预浸料经模压成型后可制成层合板材或者缠绕成型制成管材、型材等。也可采用湿法成型工艺，即边浸胶边成型固化，制成纤维或织物增强酚醛树脂材料。

8.5.2　酚醛树脂的固化

前面已经讲到，在酚醛树脂聚合的过程中，加入碱性催化剂或是加入酸性催化剂所得到的是不同种类的酚醛树脂。对于热固性酚醛树脂来说，它是一种含有可进一步反应的羟甲基活性基团的树脂，如果合成反应不加控制，则会使体型缩聚反应一直进行到形成不溶不熔的具有三维网络结构的固化树脂，因此这类树脂又称一阶树脂。对于热塑性酚醛树脂来说，它是线型树脂，进一步反应不会形成三维网状结构的树脂，要加入固化剂后才能进一步反应形成具有三维网状结构的固化树脂，这类树脂又称为二阶树脂。

（1）热固性酚醛树脂的固化

热固性树脂的热固化性能主要取决于制备树脂时酚与醛的比例和体系合适的官能度。由于甲醛是二官能度的单体，要制得可以固化的树脂，酚的官能度就必须大于 2。在三官能度的酚中，苯酚、间甲酚和间苯二酚是最常用的原料。热固性酚醛树脂可以是在加热条件下固化，也可以是在加酸条件下固化。热固性酚醛树脂及其复合材料采用热压法使其固化时的加热温度一般为 145~175℃。在热压过程中会产生一些挥发分（如溶剂、水分和固化产物等），如果没有较大的成型压力来加以排除，就会在复合材料制品内形成大量的气泡和微孔，从而影响质量。一般来说，在热压过程中产生的挥发分越多，热压过程中温度越高，则所需的成型压力就越大。热固性酚醛树脂最终固化产物的化学结构如图 8-1 所示。

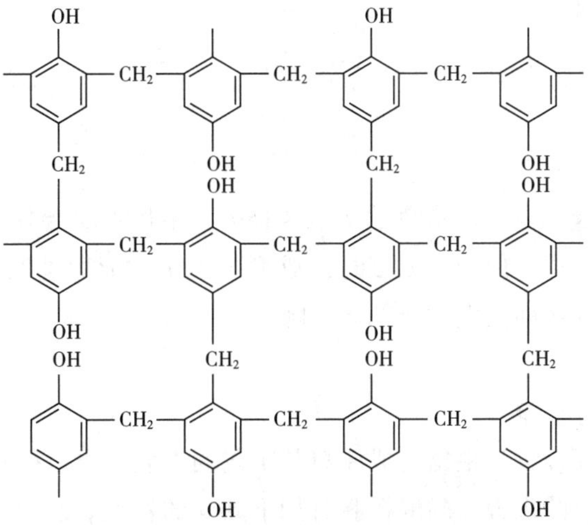

图 8-1　热固性酚醛树脂最终产物的化学结构

热固性酚醛树脂在用作黏合剂及浇注树脂时，一般希望在较低的温度，甚至是在室温下固化。为了达到这一目的，就需要在树脂中加入合适的无机酸或有机酸，工业上把它们称为酸类固化剂。常用的酸类固化剂有盐酸或磷酸，也可用对甲苯磺酸、苯酚磺酸或其他的磺酸。一般来说，热固性树脂在 pH 为 3~5 范围内非常稳定，间苯二酚类型树脂最稳定的 pH 约为3，而苯酚类型树脂最稳定的 pH 约为 4。

（2）热塑性酚醛树脂的固化

对于热塑性酚醛树脂的固化来说，是需要加入聚甲醛、六亚甲基四胺等固化剂才能与树脂分子中酚环上的活性点反应，使树脂固化。热固性酚醛树脂也可用来使热塑性树脂固化，因为它们分子中的羟甲基可与热塑性酚醛树脂酚环上的活泼氢作用，交联成体型结构。

六亚甲基四胺是热塑性酚醛树脂最广泛采用的固化剂。热塑性酚醛树脂广泛用于酚醛模压料，大约80%的模压料是用六亚甲基四胺固化的。用六亚甲基四胺固化的热塑性酚醛树脂还可用作黏合剂和浇注树脂。由稍微过量的氨通入稳定的甲醛水溶液中进行加成反应，浓缩水溶液即可结晶出六亚甲基四胺。其分子式为 $(CH_2)_6N_4$，结构式为：

六亚甲基四胺固化热塑性酚醛树脂的机理目前仍不十分清楚，一般认为其固化反应如下。

六亚甲基四胺的用量一般为树脂量的 10%~15%，用量不足会使制品固化不完全或固化速率降低，同时耐热性下降。但用量太多时，成型中由于六亚甲基四胺的大量分解会产生气泡，固化物的耐热性、耐水性及电性能都会下降。

8.5.3 酚醛树脂的性能

酚醛树脂为无定形聚合物，根据合成原料与工艺的不同，可以得到不同种类的酚醛树脂，其性能差别也比较大。总的来说，酚醛树脂有如下共同的特点。

①强度及弹性模量都比较高，长期经受高温后的强度保持率高，使用温度高。但质脆，抗冲击性能差，需加入填充增强剂。加入有机填充物的使用温度为140℃，无机填充物的使用温度为 160℃，玻璃纤维和石棉填充的最高使用温度可达 180℃。

②耐化学试剂性能优良，可耐有机溶剂和弱酸弱碱，但不耐浓硫酸、硝酸、强碱及强碱化剂的腐蚀。

③电绝缘性能较好，有较高的绝缘电阻和介电强度，所以是一种优良的工频绝缘材料，但其介电常数和介电损耗比较大。此外，电性能会受到温度及湿度的影响，特别是含水量大于5%时，电性能会迅速下降。

④酚醛树脂的蠕变小，尺寸稳定性好，且阻燃性好，发烟量低。

⑤由于树脂结构中含有许多酚基，所以吸水性较大。吸湿后制品会膨胀，产生内应力，出现翘曲现象。随含水量的增加，拉伸强度和弯曲强度会下降，而冲击强度会上升。

8.5.4 酚醛树脂的成型加工

酚醛树脂的成型加工方法主要有模压成型、层压成型和泡沫成型等。

（1）酚醛模压塑料

模压成型中对树脂的基本要求是：对增强材料和填料要有良好的浸润性能，以提高树脂和它们之间的黏结强度，树脂要有适当的黏度，良好的流动性，以便在模压过程中树脂与填充材料能同时充满整个模具型腔的各个角落，树脂的固化温度低，工艺性好，并能满足模压制品的一些特定性能要求（如耐腐耐热）等。酚醛树脂模压塑料一般是由树脂、填充材料、固化剂、固化促进剂、稀释剂、润滑剂、脱模剂、着色剂等组成，填充材料通常有粉状填料和纤维状填料。粉状填料常用的有硅酸盐类、碳酸盐类、硫酸盐类以及氧化物类。纤维状填料主要有玻璃纤维、棉纤维及玻璃纤维制品，也有少量使用高硅氧纤维、碳纤维等。在酚醛模压塑料中，常选碳酸钙、高岭土、滑石粉、云母粉以及石英粉等粉状填料。在选择填料时要注意以下几点：密度小，油吸附量低，孔隙小，不易腐蚀，成本低，易分散而不易结块，纯洁而无杂质，颗粒级分搭配适当，直径在 1~15μm，平均值约为 5μm。酚醛树脂的主要作用是对填充材料进行黏结，用量一般为 30%~50%。酚醛树脂的用量会影响模压塑料的压制工艺、性能和质量。

固化剂一般用于热塑性酚醛树脂。最常用的固化剂是六亚甲基四胺。而对于热固性酚醛树脂来说，为了加快其固化速度，也可向其中加入 2%~5% 的六亚甲基四胺。固化促进剂一般是煅烧氧化镁。氧化镁的存在不直接起"架桥"交联作用，它只促进树脂本身反应基团的活性。如果在热固性酚醛模塑粉中加入氧化镁，就可以缩短制品的固化时间，提高制品的耐水性和力学强度。对于热塑性酚醛树脂制成的模塑粉，加入氧化镁可以中和游离酚和酸性物质（主要是在树脂合成时未清除掉的多余的酸），防止腐蚀模具；在压制过程中还可以与苯环上的羟基结合形成酚盐，而成为辅助交联剂。

润滑剂的作用是防止模塑粉在压制过程的粘模现象。常用的润滑剂有油酸、硬脂酸及其盐类。加入润滑剂还可以增加模塑粉的流动性。但用量不能过多，特别是酸类润滑剂，它会影响到热塑性酚醛树脂与固化剂的反应。

着色剂的作用主要是增强外观的鲜艳色泽，使制品美观大方；或借以区别不同用途的制品，常用的着色剂有钛白粉、氧化铬、氧化铁红等。

稀释剂是用来降低树脂黏度，增加树脂对填充材料的浸润能力，改进树脂的工艺性能，某些稀释剂尚可参加化学反应，从而对制品性能有某种影响，凡能同时起到稀释作用及与树脂起化学反应的稀释剂称为活性稀释剂，仅起稀释作用的称为非活性稀释剂。酚醛树脂常用的稀释剂为丙酮、乙醇。

因为像酚醛树脂、环氧树脂、聚酯树脂等在成型时会黏附在模具上，故需使用脱模剂以改善模压制品的脱模性能，所以脱模剂的作用是阻止树脂和表面的黏合。有内脱模剂与外脱模剂两种。内脱模剂是加入树脂中的，它应与液态树脂能很好地相容。当加热时，脱模剂从内部逸出到模压料与模具相接触的界面处，熔化后形成一层膜，阻止黏着。内脱模剂是一些熔点比普通模制温度稍低的化合物，如硬脂酸锌、硬脂酸钙以及磷酸酯等。当使用内脱模剂不够理想时，就要周期性地在模具表面喷涂外脱模剂。可供选用的外脱模剂有机油、硅油、氟塑料、蜡、聚乙烯醇等。酚醛模压塑料具有优良的力学性能、耐热性能、耐磨性能，可以用来制作电气绝缘件，如开关、插座、汽车电气等，还可用来制作制动零件、刹车片、摩擦片、耐高温摩擦制品等。特别是随着近年来无流道成型的塑料电镀技术的发展，它不仅可以代替金属零件，还能减轻结构件重量和降低成本。

（2）酚醛层压塑料

酚醛层压塑料是以甲阶热固性酚醛树脂为黏合剂，以石棉布、牛皮纸、玻璃布、木材片以及绝缘纸等片状填料为基材，放入层压机内通过加热加压成层压板、管材、棒材或其他制品。酚醛层压塑料的特点是力学性能好、吸水小、尺寸稳定性好、耐热性能优良、价格低廉且可根据不同的性能要求选择不同的填料和配方来满足不同用途的需要。

①层压板的成型。层压成型分为浸渍和成型两个过程。现以玻璃布为基材来探讨层压板材的成型过程。

a. 浸渍。浸渍时（图8-2），玻璃布由卷绕辊1放出，通过导向辊2和涂胶辊3浸于装有树脂溶液的浸槽7内进行浸渍。浸过树脂的玻璃布在通过挤液辊4时使其所含树脂得到控制，随后进入烘炉5内干燥，再由卷取辊6收取。

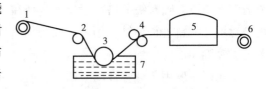

图8-2　浸胶机示意图

1—卷绕辊　2—导向辊　3—涂胶辊　4—挤液辊
5—烘炉　6—卷取辊　7—浸槽

在浸渍过程中，要求所浸的布含有规定数量的树脂。规定数量视所用树脂种类而定，其一般为25%~46%。浸渍时布必须被树脂浸透，避免夹入空气。布的上胶，除用浸渍法外，还可采取喷射法、涂拭法等。

b. 板材的成型。成型工艺过程共分叠料、进模、热压、脱模、加工和热处理等。现分述如下。

c. 叠料。首先是对所用附胶材料的选择。选用的附胶材料要浸胶均匀、无杂质、树脂含量符合规定要求（用酚醛树脂时其含量在32%±3%），而且树脂的硬化程度也应达到规定的范围。接着是剪裁和层叠，即将附胶材料按制品预定尺寸（长宽均比制品要求的尺寸大出70~80mm）裁切成片，并按预定的排列方向叠成成扎的板坯。制品的厚度初看是决定于板坯所用附胶材料的张数，但由于附胶材料质量的变化，往往不准确。因此一般是采用张数和质量相结合的方法来确定制品的厚度。为了改善制品的表观质量，也有在板坯两面加用表面专用附胶材料的，每面放2~4张。表面专用附胶材料不同于一般的附胶材料，它含有脱模剂，如硬脂酸锌，含胶量也比较大。这样制成的板材不仅美观，而且防潮性较好。将附胶材料叠放成扎时，其排列方向可以按同一方向排列，也可以相互垂直排列，用前者制成的制品强度是各向异性的，而后者则是各向同性的。叠好的板坯应按下列顺序集合压制单元。金属板→衬纸（50~100张）→单面钢板→板坯→双面钢板→板坯→单面钢板→衬纸→金属板。

对于金属板通用钢板，表面应力求平整。对于单面和双面钢板，凡与板坯接触的面均应十分光滑，否则，制品表面就不光滑。可以选用镀铬钢板，也可以选用不锈钢板。放置板坯前，钢板上均应涂润滑剂，以便脱模。施放衬纸便于板坯均匀受热和受压。

d. 进模。将多层压机的下压板放在最低位置，而后将装好的压制单元分层推入多层压机的热板中，再检查板料在热板中的位置是否合适，然后闭合压机，开始升温升压。

e. 热压。开始热压时，温度和压力都不宜太高，否则树脂易流失。压制时，聚集在板坯边缘的树脂如已不能被拉成丝，即可按照工艺参数要求提高温度和压力。温度和压力是根据树脂的特性，用实验方法确定的。压制时温度控制一般分为五个阶段。第一阶段是预热阶段。是指从室温到硬化反应开始的温度。预热阶段中，树脂发生熔化，并进一步浸透玻璃布，同时树脂还排除一些挥发分。施加的压力为全压的1/3~1/2。第二阶段是保温阶段。树脂在较低的反应速率下进行硬化反应，直至板坯边缘流出的树脂不能拉成丝时为止。第三阶段是升温阶段。这一阶段是自硬化开始的温度升至压制时规定的最高温度。升温不宜太快，否则会使硬化反应速率加快而引起成品分层或产生裂纹。第四阶段是当温度达到规定的最高值后保持恒温的阶段。它的作用是保证树脂充分硬化，使成品的性能达到最佳值。保温时间取决于树脂的类型、品种和制品的厚度。第五阶段是冷却阶段。当板坯中树脂已充分硬化后进行降温，准备脱模的阶段。降温一般是热板中通冷水，少数是自然冷却。冷却是应保持规定的压力直到冷却完毕。五个阶段中温度与时间的变化情形如图8-3所示。五个阶段中所施的压力，随所用树脂的类型而定。酚醛层压板压力一般为（12±1）MPa。压力的作用是除去挥发分，增加树脂的流动性，使玻璃布进一步压缩，防止增强塑料在冷却过程中的变形等。

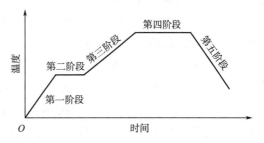

图8-3　热压工艺五个阶段的温度曲线示意图

f. 脱模。当压制好的板材温度降至60℃时，即可依次推出压制单元进行脱模。

g. 加工。加工是指去除压制好的板材的毛边。3mm以下厚度的薄板可用切板机加工，3mm以上的一般采用砂轮锯片加工。这样即可制得酚醛层压板。

②层压管、棒的成型。层压管材、棒材的成型是以卷绕的玻璃布、棉布、石棉布、牛皮纸等为基材，以甲阶热固性酚醛树脂为黏合剂，经过热卷、烘焙制成的，主要用于电气绝缘

结构零件。

③酚醛泡沫塑料。酚醛泡沫塑料是热塑性或甲阶热固性酚醛树脂，加入发泡剂［如 $(NH_4)_2SO_4$、$Ca(HSO_3)_2$ 等］、固化剂等，经发泡固化后，即得到酚醛泡沫塑料。酚醛泡沫塑料的优点是质量轻、刚性大、尺寸稳定性好、耐热性高、阻燃性好、价格低等，缺点是脆性较大。酚醛泡沫塑料主要可用于耐热和隔热的建筑材料、救生材料（如救生圈、浮筒等）以及保存和运输鲜花的亲水性材料。

8.6 其他通用塑料

8.6.1 其他聚烯烃树脂

（1）聚 1-丁烯

聚 1-丁烯的英文缩写为 PB。聚 1-丁烯的制备是把经过脱水脱氧的 1-丁烯，以 Ziegler-Natta 催化剂在室温常压下进行聚合，得到等规结构的聚 1-丁烯。它有两种结晶态：刚从挤出机挤出的熔融物是第一种结晶态，熔点 124℃，密度为 $0.89g/cm^3$，此时力学强度差，不稳定。放置 3~7 天后逐渐转变为稳定的第二种结晶态，其熔点为 135℃，密度为 $0.95g/cm^3$。聚 1-丁烯与其他聚烯烃相比，具有以下特点：刚性；拉伸强度高；耐热性好；抗化学腐蚀性及抗应力开裂性良好，在油、洗涤剂和其他溶剂中，不会像高密度聚乙烯等其他聚烯烃一样产生脆化，只有在 98% 浓硫酸、发烟硝酸、液体溴等强氧化剂的作用下，才会产生应力开裂；抗蠕变性优良，反复缠绕而不断，即使在提高温度时，也具有特别好的抗蠕变性；具有与超高分子量聚乙烯相媲美的非常好的耐磨性；可容纳填料量大。因此可用于生产管道、薄膜、板材和各种容器等，特别是可在 90~100℃ 下长期使用。

聚 1-丁烯的加工性能介于高密度聚乙烯和聚丙烯之间，加工温度为 160~240℃。由于聚 1-丁烯具有突出的抗蠕变性、耐磨性，良好的耐热性能，因此主要用作热水系统的管材和管件、增压容器（如热水加热器、游泳池水泵和过滤外壳、水软化器和反渗透器、自动脉冲器等）、塑料水管和管形材料（如可充空气的管道系统、有压力的饮料管、可回收管等），各种密封材料（如饮料密封、建筑密封、垫圈等），其他结构元件（如接合件、电缆接合、家具部件以及建筑上的网格），压缩的包装膜，地下采矿的电线电缆，可回收的绳缆系列，抗磨的胶带、薄膜和管套等。聚 1-丁烯还可以与其他聚烯烃原料混合使用而产出各类不同特性的聚烯烃塑料产品，由此而有效地扩大了聚烯烃混合物塑料制品的品种范围，如作易撕膜、热融胶等。此外，聚 1-丁烯的抗热蠕变性能和耐环境应力开裂性能优异，可用作耐热管材、薄膜和薄板，特别是建筑用地热管材。

（2）聚 4-甲基-1-戊烯（P4MP）

制备聚 4-甲基-1-戊烯的基本原料是丙烯，由丙烯首先制成 4-甲基-1-戊烯，再由它聚合而成。等规聚 4-甲基-1-戊烯的密度为 $0.83g/cm^3$，是近年开发的一种新型热塑性树脂，是塑料中最轻的。结晶区与非结晶区折射率一致，故透明度极好（可见光透过率达 90%），且不随制品而变化。由于其分子主链上连有较大的侧异丁基，使分子链刚性增加，所以 T_m 约为 245℃，$T_g = 50~60℃$，可以在 150℃ 以下作透明的特殊材料使用。聚 4-甲基-1-戊烯电绝缘性能优良，在很宽的温度和频率范围内其介电常数低而稳定。耐化学试剂腐蚀、耐油，但不耐强氧化剂、芳香烃和氯化烃。由于有叔碳原子存在，比聚丙烯的耐老化性能更差，加工前必须加防老剂。一般最好不要在阳光下和高能辐射下连续使用，否则会降解老化后变黄。

聚 4-甲基-1-戊烯是透明度高、耐热性及力学性能、电气性能与耐药性能都较优越的聚合物，是优良的膜材料。同时也是乙烯、丙烯等良好的共聚单体。它能改善这类聚烯烃制品的透明度和耐环境应力、龟裂等性能，尤其是与乙烯共聚制得的 LLDPE 是性能优越的新型高聚物，具有较低的密度且由于没有能吸收紫外线的苯环或羧基这样的取代基，因此其紫外线的透过率也优于玻璃和其他的透明塑料。

聚 4-甲基-1-戊烯用作医疗器具、光学和照明器材，理化实验器具、电子炉专用食器、烘烤盘、剥离纸、耐热电线涂层等。并可作为食品包装薄膜，它有高度的透氧和透潮气性能，适用于肉类和蔬菜的包装。也可以制成层压纸板，代替铝箔，包装食品。聚 4-甲基-1-戊烯可以注射成型，也可挤出和吹塑成型。注射成型温度在 260~320℃。如制品要求具有一定的性能和透明性时，加工温度以取 260~290℃ 为宜。

（3）聚烯烃对环境的影响

聚烯烃材料环境问题研究基于聚烯烃类塑料的普遍应用和性能提高以及环保回收的要求。众所周知，聚烯烃分子结构中不含卤素，是具有非极性、稳定性和综合性能好、易加工等许多优点的塑料，因此持续保持高的需求。它们的广泛应用给现代社会带来了很多益处。它们作为各种材料在商业、工业、建筑业、农业等方面被广泛应用。在所有的合成聚合物中，聚烯烃的应用尤为广泛，占有相当大的比重。由于聚烯烃对氧化剂、水、酸碱及微生物侵蚀都不敏感，十分耐用，因此被广泛应用于包装及农业方面。由于大多数轻质聚烯烃包装材料（包括地膜）为一次性应用，用完便被扔掉。这些材料以每年千万吨的速率在环境中积累，以废弃物形式存在于自然环境之中，给环境带来了不利的影响。传统的垃圾处理技术，比如回收、焚化，在处理聚烯烃塑料垃圾方面都有其局限性。对于废弃塑料来说，当前的垃圾回收仅限于高值小体积的特殊塑料。由于耗资大、释放腐蚀性和有毒气体，以及产生的高温，垃圾焚烧越来越不被人们认可。因此，迄今为止，对塑料垃圾的处理问题，世界各国也没有一个较好的解决方案。如果能通过改性而赋予其可控降解性，可期望成为最佳的方法之一。目前，以环境保护为目的，对聚烯烃进行改性有以下措施和途径：聚烯烃与淀粉等天然可降解的高分子化合物进行共混；聚烯烃与完全可生物降解塑料进行共混；在聚烯烃中添加适当助剂进行改性后，在光、热、化学等作用下的降解。

8.6.2 环氧树脂

环氧树脂（epoxy resin，EP）是一类品种繁多、不断发展的合成树脂。它们的合成始于 20 世纪 30 年代，20 世纪 40 年代后期开始工业化，至 20 世纪 70 年代相继发展了许多新型的环氧树脂品种，近年品种、产量逐年增长。由于环氧树脂及其固化体系具有一系列优异的性能，可用于黏合剂、涂料、焊剂和纤维增强复合材料的基体树脂等，因此，广泛应用于机械、电机、化工、航空航天、船舶、汽车、建筑等工业部门。环氧树脂是指分子中含有两个或两个以上环氧基团的线型有机高分子化合物。除了个别化合物，它们的分子量都不高。环氧树脂可与多种类型的固化剂发生交联反应而形成具有不溶不熔的三维网状聚合物。由于环氧树脂具有较强的黏结性能、力学性能优良，耐化学试剂性、耐候性、电绝缘性好以及尺寸稳定等特点，它已成为聚合物基复合材料的主要基体之一。

8.6.3 不饱和聚酯

聚酯是主链上含有酯键的高分子化合物的总称，是由二元醇或多元醇与二元酸或多元酸缩合而成的，也可从同一分子内含有羟基和羧基的物质制得。目前已工业生产的主要品种有聚酯纤维（涤纶）、不饱和聚酯树脂和醇酸树脂。

不饱和聚酯（unsaturated polyester，UP）。是热固性的树脂，原因是具有引发交联的行为。是由不饱和二元羧酸（或酸酐）、饱和二元羧酸（或酸酐）与多元醇缩聚而成的线型高分子化合物。在不饱和聚酯的分子主链中同时含有酯—COO—和不饱和双键—CH＝CH—。因此，它具有典型的酯键和不饱和双键的特性。典型的不饱和聚酯具有以下结构。

$$H{-}(\!O{-}G{-}O{-}\overset{\overset{\displaystyle O}{\|}}{C}{-}R{-}\overset{\overset{\displaystyle O}{\|}}{C}\!)_x(O{-}G{-}O{-}\overset{\overset{\displaystyle O}{\|}}{C}{-}CH{=}CH{-}\overset{\overset{\displaystyle O}{\|}}{C}\!)_y OH$$

其中，G 和 R 分别代表二元醇及饱和二元酸中的二价烷基或芳基；x 和 y 表示聚合度。从上式可见，不饱和聚酯具有线型结构，因此也称为线型不饱和聚酯。由于不饱和聚酯链中含有不饱和双键，因此可以在加热、光照、高能辐射以及引发剂作用下与交联单体（苯乙烯）进行共聚，交联固化成具有三维网络的体型结构。不饱和聚酯在交联前后的性质可以有广泛的多变性，这种多变性取决于以下两种因素：一是二元酸的类型及数量；二是二元醇的类型。不饱和聚酯的基本性能是坚硬、不溶、不熔的褐色半透明材料，它具有良好的刚性和电性能。它的缺点是易燃、不耐氧化、不耐腐蚀、冲击强度不高，通过改性可以加以克服。不饱和聚酯的主要用途是制作玻璃钢制品（约占整个树脂用量的 80%），用作承载结构材料。它的强度高于铝合金，接近钢材，因此常用来代替金属，用于汽车、造船、航空、建筑、化工等部门以及日常生活中。例如采用手糊和喷涂技术制造各种类型的船体，用 SMC 技术制造汽车外用部件，用 BMC 通过模压法生产电子元件、洗手盆等，用缠绕法制作化工容器和大口径管等，通过浇注成型可制作刀把、标本，用 UP 进行墙面、地面装饰，制作人造大理石、人造玛瑙，具有装饰性好、耐磨等特点。

8.6.4 聚氨酯

聚氨酯（polyurethane，PU）是指分子结构含有许多重复的氨基甲酸酯基团（—NH—COO—）的一类聚合物，全称为聚氨基甲酸酯。聚氨酯根据其组成的不同，可制成线型分子的热塑性聚氨酯，也可制成体型分子的热固性聚氨酯。前者主要用于弹性体、涂料、胶黏剂、合成革等，后者主要用于制造各种软质、半硬质、硬质泡沫塑料。

聚氨酯于 1937 年由德国科学家首先研制成功，于 1939 年开始工业化生产。其制造方法是异氰酸酯和含活泼氢的化合物（如醇、胺、羧酸、水等）反应，生成具有氨基甲酸酯基团的化合物。其中以异氰酸酯与多元醇的反应为制造 PU 的基本反应，其反应式为：

$$nOCN—R—NCO+nHO—R'—OH \longrightarrow —OCHN—R—NHCOO—R''—OH$$

反应属逐步加成聚合，反应过程中没有低分子副产物生成。如异氰酸酯或多元醇之一具有三个以上的官能团，则生成立体网状结构。异氰酸酯遇水会迅速反应并放出 CO_2，是制造发泡材料的基本反应。

$$\sim RNCO + H_2O \longrightarrow \left[\sim RNH—COOH\right] \longrightarrow \sim RNH_2 + CO_2\uparrow$$

（1）合成聚氨酯的基本原料

合成聚氨酯的基本原料为异氰酸酯、多元醇、催化剂及扩链剂等。

①异氰酸酯。异氰酸酯一般含有两个或两个以上的异氰酸基团，异氰酸基团很活泼，可以跟醇、胺、羧酸、水等发生反应。目前，聚氨酯产品中主要使用的异氰酸酯为甲苯二异氰酸酯（TDI）、二苯基甲烷二异氰酸酯（MDI）和多亚甲基对苯基多异氰酸酯（PAPI）。TDI 主要用于软质泡沫塑料；MDI 可用于半硬质、硬质泡沫塑料及胶黏剂等；PAPI 由于含有三官能度，可用于热固性的硬质泡沫塑料、混炼及浇注制品。

②多元醇。多元醇构成聚氨酯结构中的弹性部分，常用的有聚醚多元醇和聚酯多元醇。多元醇在聚氨酯中的含量决定聚氨酯树脂的软硬程度、柔顺性和刚性。聚醚多元醇为多元醇、多元胺或其他含有活泼氢的有机化合物与氧化烯烃开环聚合而成，具有弹性大、黏度低等优点。这类多元醇用得比较多，特别是应用于软质泡沫塑料和反应注射成型（RIM）产品中。聚酯多元醇是以各种有机多元酸和多元醇通过酯化反应而得到的。二元酸与二元醇合成的线型聚酯多元醇主要用于软质聚氨酯，二元酸与三元醇合成的支链型聚酯多元醇主要用于硬质聚氨酯。由于聚酯多元醇的黏度大，不如聚醚型应用得广泛。

③催化剂。在聚氨酯的聚合过程中还需加入催化剂，以加速聚合过程，一般有胺类和锡类两种，常用的胺类有三乙烯二胺、N-烷基吗啡啉等，锡类有二月桂酸二丁基锡、辛酸亚锡等。

④扩链剂。常用的扩链剂是低分子量的二元醇和二元胺，它们与异氰酸酯反应生成聚合物中的硬段。常用的扩链剂有乙二醇、丙二醇、丁二醇、己二醇等。二元胺一般都采用芳香族二元胺，如二苯基甲烷二胺、二氯二苯基甲烷二胺等。由于乙二胺反应过快，一般不采用。

其他的添加剂还有发泡剂（如水、液态二氧化碳、戊烷、氢氟烃等）、泡沫稳定剂（用于泡沫制品，如水溶性聚醚硅氧烷等）、阻燃剂、增塑剂、表面活性剂、填充剂、脱模剂等。聚氨酯树脂在具体制备时，要首先合成预聚体，然后在使用时进行扩链反应，形成软泡、硬泡、弹性体、涂料、黏合剂和密封胶等。

（2）聚氨酯泡沫塑料

聚氨酯泡沫塑料是聚氨酯树脂的主要产品，约占聚氨酯产品总量的 80% 以上。根据所用原料的不同，可分为聚醚型和聚酯型泡沫塑料；根据制品性能不同，可分为软质、半硬质、硬质泡沫塑料。软质泡沫塑料就是通常所说的海绵，开孔率达95%，密度为 $0.02 \sim 0.04 \mathrm{g/cm^3}$，具有轻度交联结构，拉伸强度约为 0.15MPa，而且韧性好、回弹快、吸声性好。目前软质泡沫塑料的产品占所有泡沫塑料产品的60%以上。

软质泡沫塑料是以TDI和二官能团或三官能团的聚醚多元醇为主要原料，利用异氰酸酯与水反应生成的 CO_2 作为发泡剂，其生产方法有连续式块料法及模塑法。连续式块状法是将反应物料分别计量混合后在连续运转的运输带上进行反应、发泡，形成宽2m、高1m的连续泡沫材料，熟化后切片即得制品。模塑法是把反应物料计量混合后冲模，发泡成型后即得产品。软质泡沫塑料主要用于家具用品、织物衬里、防震包装材料等。半硬质泡沫塑料的主要原料为TDI或MDI，以及3~4官能团的聚醚多元醇，发泡剂为水和物理发泡剂。半硬质泡沫塑料有普通型和结皮型两类，其交联密度大于软质泡沫塑料。普通型的开孔率为90%，密度为 $0.06 \sim 0.15 \mathrm{g/cm^3}$，回弹性较好。结皮型的在发泡时可形成 0.5~3mm 厚的表皮，密度为 $0.55 \sim 0.80 \mathrm{g/cm^3}$，其耐磨性与橡胶相似，是较好的隔热、吸声、减震材料。

硬质泡沫塑料的主要原料为MDI以及3~8官能团的聚醚多元醇，发泡剂为水及物理发泡剂。硬质泡沫塑料具有高度交联结构，基本为闭孔结构，密度为 $0.03 \sim 0.05 \mathrm{g/cm^3}$，并有良好的吸声性，热导率低，为 $0.008 \sim 0.025 \mathrm{W/(m \cdot K)}$，为一种优质绝热保温材料。

硬质泡沫塑料的成型加工可采用预聚体法、半预聚体法和一步法。对绝热保温材料可用注射发泡成型和现场喷涂成型；对于结构材料则可用反应注射成型（RIM）或增强反应注射成型（RRIM）。反应注射成型和增强反应注射成型是一种新型成型加工工艺。它是把多元醇、交联剂、催化剂、发泡剂等作为A组分，而B组分通常仅由MDI构成。A、B两组分通过高压或低压反应浇注机，在很短时间内进行计量、混合、注入在复杂的模具内发泡而成。若在A组分中加入增强材料，则称为增强反应注射成型（RRIM）。

增强反应注射成型中，由于加入了增强材料如玻璃纤维、碳纤维、石棉纤维、晶须等，可以改善聚氨酯的耐热性、刚度、拉伸强度、尺寸稳定性等，提高了聚氨酯泡沫塑料的使用性能。例如，采用含5%~10%玻璃纤维增强的RRIM聚氨酯制造的汽车保险杠和仪表板，其制件质量和尺寸稳定性都得到了提高。硬质泡沫塑料可用作绝热制冷材料，如冰箱、冷藏柜、保温材料；还可用于桌子、门框及窗框等，由于具有可刨、可锯、可钉等特点，还被称为聚氨酯合成木材。

（3）聚氨酯弹性体

聚氨酯弹性体具有优异的弹性，其模量介于橡胶与塑料之间，具有耐油、耐磨耗、耐撕裂、耐化学腐蚀、耐射线辐射等优点，同时还具有黏结性好、吸振能力强等优异性能，所以近年来有很大的发展。

聚氨酯弹性体主要有混炼型（MPU）、浇注型（CPU）和热塑型（TPU）。

①混炼型聚氨酯弹性体。可采用与天然橡胶相同的加工方法制成各种制品。硫化是通过化学键进行交联的硫化成型工艺，硫化剂可以是过氧化物（如DCP）、硫黄和多异氰酸酯；也可以是过氧化物和多异氰酸酯并用的硫化剂。可加填料降低成本，也可加增强剂提高力学

性能，还可加入各种助剂来提高某些性能。

②浇注型聚氨酯弹性体。可进行浇注和灌注成型，可灌注各种复杂模型的制品。可加溶剂作聚氨酯涂料，进行涂刷或喷涂施工；加溶剂浸渍织物，再加工制成麂皮；可加溶剂喷涂在布匹上，制作人造毛皮等。这些产品可用作室内、汽车、火车内的铺装材料，体育场地板漆；体育场跑道，建筑用防水材料，家具和墙的内外装饰漆等。聚氨酯浇注胶加入适当的催化剂，可以室温硫化制成各种制品；可加发泡剂加工成弹性泡沫橡胶。

③热塑型聚氨酯弹性体。可通过像塑料一样的加工方法，制成各种弹性制品，可采压缩模塑、注塑、挤出、压延和吹塑成型的加工方法。配溶剂可制作涂料，还可制造 PU 革，应用在衣料、包装材料和鞋面革等。

在加工时可加入各种填料和助剂，以降低成本和提高某些物理性能，也可加入各种着色剂，使制品具有各种鲜艳的色泽。聚氨酯弹性体具有很好的力学性能，其抗撕裂强度要优于一般的橡胶，硬度变化范围比较宽，而且具有很好的耐磨耗性能。此外，聚氨酯弹性体还具有很好的减震性能，滞后时间长，阻尼性能好，因而在应力应变时吸收的能量大，减震的效果非常好，因此可在汽车保险杠、飞机起落架方面大量应用。聚氨酯弹性体还具有很好的耐油性、耐非极性及弱极性溶剂的能力，耐紫外线、耐臭氧、耐辐射性能都很好，并且有很好的生理相容性，因此，聚氨酯弹性体除了大量应用在耐磨、耐油、减震等方面，还可应用于人造血管、人造肾脏、人造心脏等方面。除聚氨酯弹性体和泡沫塑料外，聚氨酯还可作黏合剂、涂料、合成革、纤维、橡胶等。聚氨酯黏合剂可对各种织物、塑料、橡胶、木材、金属玻璃、陶瓷及水泥制品进行黏合；聚氨酯涂料的耐油、耐磨、耐老化性、黏合性好，可应用于飞机、轮船、汽车等交通工具上；聚氨酯合成革具有许多聚氯乙烯合成革不能比拟的优点，是天然皮革的理想替代品；聚氨酯纤维的耐磨性好，可制成色彩鲜艳的各种织物；聚氨酯橡胶的弹性特别好，所以大量应用于沙发、座椅等方面。

第 9 章　工程塑料

工程塑料是指力学性能和热性能比较好的、可以当作结构材料使用的且在较宽的温度范围内可承受一定的机械应力和较苛刻的化学、物理环境中使用的塑料材料。工程塑料具有优异的力学性能、化学性能、电性能、尺寸稳定性、耐热性、耐磨性、耐老化性能等。因此，通常可应用于电子、电气、机械、交通、航空航天等领域。在工程塑料中，通常把使用量大、长期使用温度在 100~150℃、可作为结构材料使用的塑料材料称为通用工程塑料，如聚酰胺、聚甲醛、聚碳酸酯、聚苯醚、热塑性聚酯及其改性制品等。而将使用量较小、价格高、长期使用温度在 150℃ 以上的塑料材料称为特种工程塑料，如聚酰亚胺、聚砜、聚苯硫醚、聚芳醚酮、聚芳酯等，如图 9-1 所示。

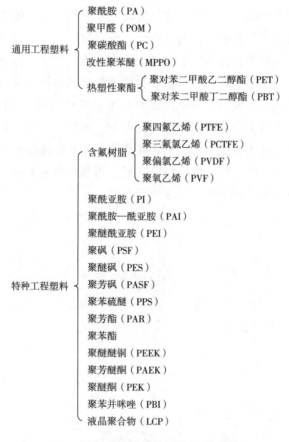

图 9-1　通用工程塑料和特种工程塑料

工程塑料作为新型的化工材料，以其独特的优异性能，成为其他材料所无法替代的材料。虽然工程塑料的发展时间不长，但其增长速度很快，目前各个工业部门对工程塑料的需求量都在迅速增长。本章将介绍几种重要的工程塑料。

9.1 聚甲醛

聚甲醛（polyoxymethylene，POM）是 20 世纪 60 年代出现的一种工程塑料，产量仅次于聚酰胺和聚碳酸酯，为第三大通用工程塑料。聚甲醛的分子主链上具有重复单元，是一种无侧链、高密度、高结晶度的线型聚合物，具有优异的综合性能。例如，它具有较高的强度、模量、耐疲劳性、耐蠕变性、电绝缘性、耐溶剂性、加工性等。

聚甲醛可采用一般热塑性树脂的成型方法，如挤出、注射、压制等。由于聚甲醛具有良好的力学性能和化学稳定性，所以可以用来代替各种有色金属和合金。若用 20%~25% 玻璃纤维增强的聚甲醛，其强度和模量可分别提高 2~3 倍，在 1.86MPa 载荷下热变形温度可提高到 160℃；如用碳纤维增强改性的聚甲醛还具有良好的导电性和自润滑性。聚甲醛特别适合作为轴承使用，因为它具有良好的摩擦磨损性能，尤其是具有优越的干摩擦性能，因此被广泛地应用于某些不允许有润滑油情况下使用的轴承、齿轮等。聚甲醛根据其分子链化学结构的不同，分为均聚甲醛和共聚甲醛两种。

9.1.1 聚甲醛的结构

生产聚甲醛的单体，工业上一般采用三聚甲醛为原料，因为三聚甲醛比甲醛稳定，容易纯化，聚合反应容易控制。均聚甲醛是以三聚甲醛为原料，以三氟化硼—乙醚络合物为催化剂，在石油醚中聚合，再经端基封闭而得到的。其分子结构式为：

$$CH_3-\overset{\displaystyle O}{\underset{\displaystyle \parallel}{C}}-O\!\!-\!\!\left[CH_2O\right]_n\!\!C\!\!-\!\!CH_3$$

式中：n 为 1000~1500。

共聚甲醛是以三聚甲醛为原料，与二氧五环作用，在以三氟化硼-乙醚为催化剂的情况下共聚，再经后处理除去大分子链两端不稳定部分而成的。其分子结构式为：

$$\left[\left(CH_2-O\right)_x\left(CH_2-O-CH_2-O-CH_2\right)_y\right]_n$$

式中：$x:y=95:5$ 或 $97:3$。

共聚物则在聚合物分子主链上分布有—C—C—键，而—C—C—键较—C—O—键稳定，在聚合物降解反应中—C—C—键是终止点。

均聚甲醛是一种高结晶度（75% 以上）的热塑性聚合物，熔点约为 175℃，并具有较高的力学强度、硬度和刚度，抗冲击性和抗蠕变性好，抗疲劳性也很好，耐磨性与聚酰胺很接近，并且耐油及过氧化物，但不耐酸和强碱，耐候性差，对紫外线敏感。对于共聚甲醛来说，由于在其分子主链上引入了少量的—C—C—键可防止因半缩醛分解而产生的甲醛脱出，所以共聚甲醛的热稳定性较好，但大分子规整度变差，结晶性减弱。均聚甲醛与共聚甲醛性能上的差异见表9-1。

表 9-1　均聚甲醛与共聚甲醛的性能差异

性能	均聚甲醛	共聚甲醛	性能	均聚甲醛	共聚甲醛
密度/(g/cm³)	1.43	1.41	热稳定性	较差，易分解	较好，不易分解
结晶度/%	75~85	70~75	成型加工温度范围	较窄，约10℃	较宽，约50℃
熔点/℃	175	165	化学稳定性	对酸碱稳定性略差	对酸碱稳定性较好
力学强度	较高	较低			

9.1.2　聚甲醛的性能

聚甲醛的外观为白色粉末或粒料，硬而质密，表面光滑且有光泽，着色性好。聚甲醛的吸湿性小，尺寸稳定性好，但热稳定性较差，容易燃烧，长期暴露在大气中易老化，表面会发生粉化及龟裂的现象。

（1）力学性能

聚甲醛具有较高的力学性能，其中最突出的是具有较高的弹性模量、硬度和刚性。此外，它的耐疲劳性、耐磨性以及耐蠕变性都很好。聚甲醛的力学性能随温度的变化小，其中，共聚甲醛比均聚甲醛要稍大一些。聚甲醛的冲击强度较高，但常规冲击强度比聚碳酸酯和ABS低，而多次反复冲击时的性能要优于聚碳酸酯和ABS。聚甲醛对缺口比较敏感，无论是均聚甲醛还是共聚甲醛，有缺口时的冲击强度比无缺口时要下降90%以上。聚甲醛的摩擦系数和磨耗量都很小，动、静摩擦系数几乎相同，而极限摩擦系数值又很大，因此聚甲醛具有优异的耐磨性能。聚甲醛的耐蠕变性很好，在室温、21MPa载荷的条件下，经3000h后蠕变值仅为2.3%，而且其蠕变值随温度的变化较小，即在较高的温度下仍然保持较好的耐蠕变性。

（2）热性能

聚甲醛具有较高的热变形温度，均聚甲醛的热变形温度要高于共聚甲醛，但均聚甲醛的热稳定性不如共聚甲醛。在不受力的情况下，聚甲醛的短期使用温度可达140℃，长期使用温度不超过100℃。聚甲醛在成型温度下热稳定性差，易分解出带有刺激性的甲醛气体，应加入适当的稳定剂来改善其热稳定性。

（3）电性能

聚甲醛的电绝缘性能优良，它的介电损耗和介电系数在很宽的频率和温度范围内变化很小。聚甲醛的电性能不随温度而变化，即使在水中浸泡或者在很高的湿度下，仍保持良好的耐电弧性能。

（4）耐化学试剂性

在室温下，聚甲醛的耐化学试剂性能非常好，特别是对有机溶剂。聚甲醛能耐醛、酯、醚、烃、弱酸、弱碱等。但是在高温下不耐强酸和氧化剂。

（5）其他性能

聚甲醛吸水率<0.25%，湿度对尺寸无改变，尺寸稳定性好，即使长时间在热水中使用其力学性能也不下降，因此适合于制作精密制件。聚甲醛的耐候性不好，如果长期暴露于强烈的紫外线辐射下，冲击强度会显著下降；在中等程度的紫外线辐射下，会导致表面粉化、龟裂和力学强度下降。在聚甲醛中加入炭黑和紫外线吸收剂，能改善其耐环境气候性能。表 9-2 为聚甲醛的性能。

表 9-2　聚甲醛的性能

性能		均聚甲醛	共聚甲醛	性能	均聚甲醛	共聚甲醛
密度/(g/cm^3)		1.43	1.41	介电常数（$\times 10^6 Hz$）	3.7	3.8
吸水率（24h）/%		0.25	0.22	介电损耗（$\times 10^6 Hz$）	0.004	0.005
冲击强度/(kJ/m^2)	无缺口	108	95	体积电阻率/（$\times 10^{14} \Omega \cdot cm$）	6	1
	缺口	7.6	6.5			
拉伸强度/MPa		70	62	介电强度/（kV/mm）	18	18.6
拉伸弹性模量/MPa		3160	2830	成型收缩率/%	2.0~2.5	2.5~3.0
断裂伸长率/%		40	60	线胀系数/（$\times 10^{-5}/K$）	8.1	11
压缩强度/MPa		127	113	马丁耐热温度/℃	60~64	57~62
压缩弹性模量/MPa		—	3200	连续使用温度（最高）/℃	85	104
弯曲强度/MPa		98	91	热变形温度（1.82MPa）/℃	124	110
弯曲弹性模量/MPa		2900	2600	脆化温度/℃	—	-40

9.1.3　聚甲醛的加工性能

聚甲醛的加工方法可以是注塑、挤出、吹塑、模压、焊接等，其中最主要的是注塑。聚甲醛的吸水性较小，在室温及相对湿度 50% 的条件下吸水率仅为 0.24% 左右，因此水分对其性能影响较小，一般原料可不必干燥，但干燥可提高制品表面光泽度。干燥条件为 110℃，2h。聚甲醛的热稳定性差，且熔体黏度对温度不敏感，加工中在保证物料充分塑化的条件下，可提高注射速率来增加物料的充模能力。聚甲醛的加工温度一般应控制在 250℃ 以下，且物料不宜在料筒中停留时间过长。聚甲醛的结晶度高，成型收缩率大（为 2.0%~3.0%），因此对于壁厚制件，要采用保压补料方式防止收缩。聚甲醛熔体的冷凝速率快，制品表面易产生缺陷，如出现斑纹、皱褶、熔接痕等。因此可以采用提高模具温度的方法来减小缺陷。

聚甲醛制品易产生残余内应力，后收缩也比较明显，因此应进行后处理。一般来说，模温较低时，制品残余内应力较大，这时要采用较高温度或较长的时间进行后处理；模温较高时，残余内应力较小，这时可采用较低温度或较短的后处理时间。一般后处理温度为 100~130℃，时间不超过 6h。

9.1.4 其他聚甲醛品种

（1）增强聚甲醛

目前聚甲醛所使用的增强材料主要有玻璃纤维、碳纤维、玻璃球等。其中以玻璃纤维增强为主。采用玻璃纤维增强后，拉伸强度、耐热性能明显增加，而线膨胀系数、收缩率会明显下降。但同时耐磨性、冲击强度会下降。若采用碳纤维增强，同样可有明显的增强效果，而且还可以大大弥补玻璃纤维增强导致耐磨性下降的缺陷。由于碳纤维自身具有导电性，因此，碳纤维增强的聚甲醛，其表面电阻率和体积电阻率会大幅下降，利用这一特性，可作为防静电材料使用，但成本会有所增加。

（2）高润滑聚甲醛

在聚甲醛中加入润滑材料，如石墨、聚四氟乙烯、二硫化钼、机油、硅油等，可以明显提高聚甲醛的润滑性能。高润滑聚甲醛与纯聚甲醛相比，耐磨耗性及耐摩擦性能明显提高。例如，在聚甲醛中加入 5 份聚四氟乙烯，可使摩擦系数降低 60%，耐磨耗性能提高 1~2 倍。为提高油类在聚甲醛中的分散效果，还可加入表面活性剂以及炭黑、氢氧化铝、硫酸钡等吸油载体。

9.1.5 聚甲醛的应用领域

聚甲醛具有十分优异的综合性能，强度和比刚度与金属很接近，所以可替代有色金属制作各种结构零部件。聚甲醛特别适合制造耐摩擦、磨损及承受高载荷的零件，如齿轮、滑轮、轴承等，并广泛地应用于汽车工业、精密仪器、机械工业、电子电器、建筑器材等方面。

在汽车工业方面，可利用其强度高的优点，替代锌、铜、铝等金属，制作水泵叶轮、燃料油箱盖、汽化器壳体、油门踏板、风扇、组合式开关、方向盘零件、转向节轴承等。在机械工业方面，由于聚甲醛耐疲劳、冲击强度高、具有自润滑性等特点，被大量地用于制造各种齿轮、轴承、凸轮、泵体、壳体、阀门、滑轮等。在电子、电器、工业方面，由于聚甲醛介电损耗小、介电强度高、耐电弧性优良等特点，被用来制作继电器、线圈骨架、计算机控制部件、电动工具外壳以及电话、录音机、录像机的配件等。

此外，还可用于建筑器材，如水龙头、水箱、煤气表零件以及水管接头等；用于农业机械，如播种机的连接和联动部件、排灌水泵壳、喷雾器喷嘴等；由于聚甲醛无毒、无味，还可用于食品工业，如食品加工机上的零部件、齿轮、轴承支架等。

9.2 聚苯醚

聚苯醚又称聚亚苯基氧（polyphenypheneleneoxide，PPO）。聚苯醚是一种线型的、非结晶性的聚合物，于 1965 年开始工业化生产。聚苯醚具有许多优异的性能，它的综合性能优良，电绝缘性、耐蠕变性、耐水性、耐热性、尺寸稳定性优异，且具有很宽的使用温度范围。

在很多性能上都优于聚甲醛、聚碳酸酯、聚酰胺等工程塑料，应用于国防工业、电子工业、航空航天、仪器仪表、纺织机械及医疗器材等方面。

9.2.1　聚苯醚的结构与性能

聚苯醚是由 2，6-二甲基苯酚以铜氨络合物为催化剂，在氧气中缩聚反应而成的。其反应式如下。

$$n \underset{\text{CH}_3}{\overset{\text{CH}_3}{\bigcirc}}\!\!-\!\text{OH} + \frac{n}{2}\,\text{O}_2 \longrightarrow \left[\!\!\underset{\text{CH}_3}{\overset{\text{CH}_3}{\bigcirc}}\!\!-\!\text{O}\!\right]_n + n\,\text{H}_2\text{O}$$

其相对分子质量为 2.5 万~3 万。

聚苯醚为白色或微黄色粉末，在其中加入一定量的增塑剂、稳定剂、填料及其他添加剂，经挤出机挤出造粒后，即得到聚苯醚塑料。

聚苯醚分子主链中含有大量的酚基芳香环，使其分子链段内旋转困难，从而使得聚苯醚的熔点升高，熔体黏度增加，熔体流动性大，加工困难；分子链中的两个甲基封闭了酚基两个邻位的活性点，可使聚苯醚的刚性增加、稳定性增强、耐热性和耐化学腐蚀性提高。由于聚苯醚分子链中无可水解的基团，因此其耐水性好、吸湿性低、尺寸稳定性好、电绝缘性好。聚苯醚属于硬而坚韧的材料，其硬度比聚酰胺、聚硫酸酯、聚甲醛的高，而耐蠕变性却比它们好。例如，聚苯醚在 23℃、21MPa 的载荷下，经 300h 后的蠕变量仅为 0.75%。聚苯醚由于分子链的端基为酚氧基，因而耐热氧化性能不好。可用异氰酸酯将端基封闭或加入抗氧剂等来提高热氧稳定性。

（1）力学性能

聚苯醚具有很高的拉伸强度、模量和抗冲击性能。硬度和刚性都比较大，其硬度高于聚甲醛、聚碳酸酯和聚酰胺，在-40~140℃ 的温度范围内均具有优良的力学性能；而且耐磨性好，摩擦系数较低。但聚苯醚的耐疲劳性和耐应力开裂性不好。通过改性后，其耐应力开裂性可明显提高。

（2）热性能

聚苯醚具有很好的耐热性，热变形温度为 190℃，玻璃化温度为 210℃，熔融温度为 260℃，热分解温度为 350℃，脆化温度为-70℃，长期使用温度为-125~120℃。聚苯醚具有很好的阻燃性能，不熔滴，具有自熄性，在 150℃ 的条件下经 150h 后，不会发生化学变化。聚苯醚的线膨胀系数在塑料中是最低的，与金属的线膨胀系数接近，适合于金属嵌件的放置。

（3）电性能

聚苯醚具有优异的电绝缘性，它的介电常数和介电损耗都很小，在工程塑料中是极低的，在很宽的温度范围及频率内显示出优异的介电性能，而且不会受湿度的影响。

（4）耐化学试剂性

聚苯醚具有优良的耐化学试剂性，对稀酸、稀碱、盐及洗涤剂等的高、低温稳定性好。

在受力状态下，酮类、酯类及矿物油会导致其产生应力开裂。在卤代脂肪烃和芳香烃中会发生溶胀，在氯化烃中可溶解。聚苯醚的耐水性很好，而且耐沸水性能很突出，因此可在高温下作为耐水制品使用。表9-3为聚苯醚和改性聚苯醚的性能。

表 9-3　聚苯醚和改性聚苯醚的性能

性能	聚苯醚	30%玻纤增强聚苯醚	共混改性聚苯醚	接枝改性聚苯醚
密度/（g/cm³）	1.06	1.27	1.10	1.09
吸水率/%	0.03	0.03	0.07	0.07
拉伸强度/MPa	87	102	62	54
弯曲强度/MPa	116	130	86	83
弯曲模量/GPa	2.55	7.7	2.45	2.16
冲击强度/（J/m²）	127.4	—	176.4	147
线膨胀系数/（×10^{-5}/K）	4	2.5	6	7.5
热变形温度/℃	173	—	128	120
体积电阻率/（×10^{16}Ω·cm）	79	1.2	1	1
介电损耗（60Hz）	0.00035	—	0.0004	0.0004

9.2.2　聚苯醚的加工性能

聚苯醚可以用注塑、挤出、吹塑、发泡、真空成型及焊接成型的方法来加工，由于聚苯醚可溶解在氯化烃内，因此可用溶剂浇注以及挤压浇注的方法加工薄膜。其中最主要的是注塑成型。聚苯醚在加工上有如下特性。

①聚苯醚在熔融状态下的熔体黏度很大，接近于牛顿流体，但随熔体温度升高时会偏离牛顿流体，所以加工时应提高温度并适当增加注射压力，并以温度为主。

②聚苯醚分子链刚性比较大，T_g 高，因此制品易产生内应力，可通过成型后的后处理来消除。后处理条件为：在180℃的甘油中热处理4h。

③聚苯醚的吸水性小，但是为了避免在制品表面形成银丝、起泡，以得到较好的外观，在加工以前，可把聚苯醚置于烘箱内进行干燥，干燥温度为140~150℃，约3h，原料厚度不超过50mm。

④聚苯醚的成型收缩率较低，为0.2%~0.6%，且废料可重复使用3次，可用于性能要求不高的制品中。

9.2.3　改性聚苯醚

聚苯醚虽然具有许多优异性能，但由于其加工流动性差、易应力开裂、价格昂贵，因此限制了它在工业上的应用。所以，目前工业上使用的聚苯醚主要是改性聚苯醚（MPPO）。改性聚苯醚保留了大部分聚苯醚的优点，例如优良的抗蠕变性能、尺寸稳定性、电性能、自熄性、良好的成型工艺性能等，长期使用温度范围-40～120℃，拉伸屈服强度略低于PPO，但比聚碳酸酯和聚酰胺都高。在100℃以下，其刚度和聚苯醚相近；在-45～25℃范围内，缺口冲击强度不变；耐水蒸气性与聚苯醚相仿，可以反复蒸汽消毒。改性聚苯醚的力学性能可与聚碳酸酯相近，其耐热性比聚苯醚低一些。改性聚苯醚耐水解性较好，耐酸、耐碱，但可溶于芳香烃和氯化烃中。它的电性能与聚苯醚一样优越，而且成本低，同时它还具有良好的成型加工性和耐应力开裂性。改性聚苯醚最显著的应用是代替青铜或黄铜输水管道，其次是耐压管道；其他如电子电器零部件、继电器盒、无线电电视机部件、计算机传动齿轮等；汽车工业中一些精密仪器部件、壳体、加热系统部件等；还可用来制造阀门水泵的零件、部件；医疗器械；在航空航天等其他工业部门也有着广阔的应用领域。

改性聚苯醚目前主要有以下几个品种。

①聚苯醚/聚苯乙烯合金。聚苯醚和聚苯乙烯可以按任意比例混合。聚苯乙烯通常选用高抗冲聚苯乙烯（HIPS）。这种合金具有良好的加工性能、物理性能、耐热性和阻燃性，而且已经商业化。聚苯醚与聚苯乙烯混合物的商品名为 Noryl；用苯乙烯接枝的聚苯醚商品名为 Xyron。

②聚苯醚/ABS 合金。这种合金具有很好的抗冲击性、耐应力开裂性、耐热性和尺寸稳定性，可以电镀而使其表面金属化。

③聚苯醚/聚苯硫醚合金。可以更进一步提高聚苯醚的耐热性、加工性。

④聚苯醚/聚酰胺合金。这种合金具有高韧性、尺寸稳定性、耐热性、化学稳定性、低磨损性，可制作汽车挡板、加热器支架等。

⑤玻璃纤维增强聚苯醚。这种改性聚苯醚可以提高聚苯醚的力学性能、耐热性能等。

9.3　氟塑料

氟塑料是含氟塑料的总称，它与其他塑料相比，具有更优越的耐高、低温，耐腐蚀，耐候性，电绝缘性能，不吸水以及低的摩擦系数等特性，其中尤以聚四氟乙烯最为突出。由于氟塑料具有上述各方面的特性，已成为现代尖端科学技术、国防、航空、军工生产和各工业部门所不能缺少的新型材料之一，它的产量和品种都在不断地增长。从品种上来说主要有聚四氟乙烯、聚三氟氯乙烯、聚全氟乙丙烯、聚偏氟乙烯、四氟乙烯与乙烯的共聚物、四氟乙烯与偏氟乙烯的共聚物以及三氟氯乙烯和偏氟乙烯的共聚物等。

9.3.1　聚四氟乙烯

氟塑料中重要的产品是聚四氟乙烯（polytetrafluoroethylene，PTFE），其总产量占氟塑料的85%以上，用途非常广泛。聚四氟乙烯具有优异的耐腐蚀性、自润滑性、耐热性、电绝缘性以及极低的摩擦系数，因此可广泛应用于化学工业的防腐材料、机械工业的摩擦材料、电器工业的绝缘材料以及防黏结材料、分离材料和医用高分子材料。

（1）聚四氟乙烯的结构与性能

聚四氟乙烯的侧基全部为氟原子，分子链的规整性和对称性极好，大分子为线型结构，几乎没有支链，容易形成有序排列，所以聚四氟乙烯为一种结晶聚合物，结晶度一般为55%~75%。氟原子对骨架碳原子有屏蔽作用，而且氟-碳键具有较高的键能，是很稳定的化学键，因此使分子链难以破坏，所以聚四氟乙烯具有非常好的耐腐蚀性和耐热性。由于聚四氟乙烯分子链上与碳原子连接的2个氟原子完全对称，因此它为非极性聚合物，具有优异的介电性能和电绝缘性能。此外，聚四氟乙烯分子是对称排列，分子没有极性，大分子间及与其他物质分子间相互吸引力都很小，其表面自由能很低，因此它具有高度的不黏附性和极低的摩擦系数。

聚四氟乙烯外表为白色不透明的蜡状粉体，密度为 $2.14~2.20g/cm^3$，是塑料材料中密度最大的品种，结晶时在19℃以上为六方晶系，19℃以下为三斜晶系，T_m 为320~345℃。

①力学性能。聚四氟乙烯在力学性能方面最突出的优点是它具有极低的摩擦系数和极好的自润滑性。其摩擦系数是塑料材料中最低的，且动、静摩擦系数相等，对钢为0.04，自身为0.01~0.02。由于聚四氟乙烯的耐磨损性不好，可加入二硫化钼、石墨等耐磨材料改性。而聚四氟乙烯的其他力学性能，如拉伸强度、弯曲强度、冲击强度、刚性、硬度、耐疲劳性能都比较低。聚四氟乙烯在受到载荷时容易出现蠕变现象，是典型的具有冷流性的塑料。

②热性能。聚四氟乙烯具有优异的耐热性和耐寒性，长期使用温度为-195~250℃，短期使用温度可达300℃。聚四氟乙烯的线膨胀系数比较大，而且会随温度升高而明显增加。

③电性能。聚四氟乙烯的电性能十分优异，其介电性能和电绝缘性能基本上不受温度、湿度和频率变化的影响。在所有塑料中，体积电阻率最大（$>10^{18}\Omega\cdot cm$），介电常数最小（1.8~2.2）。但聚四氟乙烯耐电晕性不好，不能用作高压绝缘材料。

④耐化学试剂性。聚四氟乙烯的耐化学试剂性在所有塑料中是最好的，可耐浓酸、浓碱、强氧化剂以及盐类，对沸腾的王水也很稳定。只有氟元素或高温下熔融的碱金属才会对它有侵蚀作用。除了卤化胺类和芳烃对其有轻微溶胀外，其他所有有机溶剂对聚四氟乙烯都无作用。

⑤其他性能。聚四氟乙烯的耐候性能优良，通常耐候性可在10年以上，0.1mm聚四氟乙烯薄膜在室外暴露6年，外观和力学性能均无明显变化。聚四氟乙烯分子中无光敏基团，对光和臭氧的作用很稳定，因此具有很好的耐大气老化性能。但耐辐射性不好，经 γ 射线照射后会变脆。聚四氟乙烯还具有自熄性，不能燃烧，极限氧指数79.5%，是所有塑料中最大的。此外，聚四氟乙烯的表面自由能很低，几乎和所有材料都无法黏附。表9-4为聚四氟乙烯及填充聚四氟乙烯的性能。

表9-4　聚四氟乙烯及填充聚四氟乙烯的性能

性能	聚四氟乙烯	20%玻纤+聚四氟乙烯	20%玻纤+5%石墨+聚四氟乙烯	60%锡青铜+聚四氟乙烯
相对密度	2.14~2.20	2.26	2.24	3.92
吸水率/%	0.01	0.01	0.01	0.01

续表

性能	聚四氟乙烯	20%玻纤+ 聚四氟乙烯	20%玻纤+5%石墨+ 聚四氟乙烯	60%锡青铜+ 聚四氟乙烯
LOI/%	>95	—	—	—
断裂伸长率/%	233	207	193	101
拉伸强度/MPa	27.6	17.5	15.2	12.7
压缩强度/MPa	13	17	16	21
弯曲强度/MPa	21	21	32.5	28
缺口冲击强度/(kJ/m²)	2.4~3.1	1.8	7.6	6.8
无缺口冲击强度/(kJ/m²)		5.4	1.77	1.66
布氏硬度 (HB)	456	546	554	796
最高使用温度/℃	288	—	—	—
最低脆化温度/℃	−150			
线膨胀系数/(×10⁻⁵/K)	10~15	7.1	12	10.7
热导率/[W/(m·K)]	0.24	0.41	0.36	0.47
摩擦系数	0.04~0.13	0.2~0.4	0.18~0.20	0.18~0.20
磨痕宽度/mm	14.5	5.5~6.0	5.5~6	7.0~8.0
体积电阻率/Ω·cm	>10¹⁸	—	—	—
介电强度/(kV/mm)	60~100	—	—	—
介电常数	1.8~2.2	—	—	—
介电损耗角正切	2×10⁻⁴	—	—	—
耐电弧/s	360	—	—	—

（2）聚四氟乙烯的成型加工性能

虽然聚四氟乙烯属于热塑性塑料，但由于其大分子碳链两侧具有电负性极强的氟原子，氟原子间的斥力很大，使大分子链内旋转困难，分子链段僵硬，这就使得聚四氟乙烯的熔融黏度极高，特别是结晶转变温度327℃后，仍不会出现熔融状态，黏度可达 $10^{10} \sim 10^{11}$ Pa·s，即使温度达到分解温度发生分解时，仍不能流动，因此聚四氟乙烯不能采用热塑性塑料熔融加工方法来加工，只能采用类似于粉末冶金的加工方法，即冷压成坯后再进行烧结。

聚四氟乙烯的烧结可采用模压烧结、挤压烧结、推压烧结等制备管材、棒材等。薄膜的制造方法是将模压的毛坯经过切削成薄片，然后再用双辊辊压机压延成薄膜。聚四氟乙烯根据其聚合方法不同，可分为悬浮聚合和分散聚合两种树脂，前者适用于一般模压成型和挤压成型，后者可供推压加工零件及小直径棒材。若制成分散乳液，则可作为金属表面涂层、浸渍多孔性制品及纤维织物、拉丝和流延膜用。

（3）聚四氟乙烯的应用领域

聚四氟乙烯具有优异的耐腐蚀性、耐热性、热稳定性、很宽的使用温度范围以及极低的摩擦系数、突出的阻燃性、良好的电绝缘性、不粘性和生理相容性，可广泛地应用于密封材料、滑动材料、绝缘材料、防腐材料及医用材料等。在防腐材料方面，可用于制造各种化工容器和零件，如蒸馏塔、反应器、阀门、阀座、隔膜、反应釜、过滤材料和分离材料等；在摩擦、磨损方面，可用来制造各种活塞环、动密封环、静密封环、垫圈、轴承、轴瓦、支撑块、导向环等；在绝缘材料方面，可用来制作耐高温、耐电弧和高频电绝缘制品，如高频电缆、耐潮湿电缆、电容器线圈等。聚四氟乙烯还可用来制造医用材料，如人造心脏、人造食道、人造血管、人造腹膜等。此外，还可用于不粘材料，如各种不粘锅、食品加工机器等。

聚四氟乙烯的主要缺点是在常温下的力学强度、刚性和硬度都比其他塑料差些，在外力的作用下易发生"冷流"现象，此外，它的热导率低、热膨胀大且耐磨耗性能差。为改善这些缺点，近30多年来，人们在聚四氟乙烯中添加了各种类型的填充剂进行了改性研究，并逐渐形成了填充聚四氟乙烯产品系列。填充聚四氟乙烯改善了纯聚四氟乙烯的多种性能，大大扩充了聚四氟乙烯的应用，尤其是机械领域，其用量已占聚四氟乙烯的1/3。这类填充剂有石墨、二硫化钼、铅粉、玻璃纤维、玻璃微珠、陶瓷纤维、云母粉、碳纤维、二氧化硅等。如用玻璃纤维填充的聚四氟乙烯具有优良的耐磨性、电绝缘性和力学性能，而且容易与聚四氟乙烯混合。特别是近年来由于高分子液晶（LCP）的出现，为聚四氟乙烯提供了理想的耐摩擦、自润滑、耐开裂的改性材料。采用高性能的LCP与聚四氟乙烯制备的复合材料，其耐磨性与纯聚四氟乙烯相比提高了100多倍，而摩擦系数与聚四氟乙烯相当，所以，它已成为高新技术和军工领域的重要材料。

9.3.2　聚三氟氯乙烯

聚三氟氯乙烯（polychlorotrifluoroethylene，PCTFE）是由三氟氯乙烯单体经过自由基引发聚合得到的线型聚合物。聚三氟氯乙烯是一种重要的氟塑料，它的耐化学腐蚀性和耐热性能等虽然不如聚四氟乙烯，但是它可用热塑性塑料的加工方法成型，因此对于一些耐磨蚀性能要求不高、聚四氟乙烯又无法加工成型的制品，就可选用聚三氟氯乙烯。

（1）聚三氟氯乙烯的结构与性能

聚三氟氯乙烯与聚四氟乙烯相比，分子链中由一个氯原子取代了一个氟原子，而氯原子的体积大于氟原子，破坏了原聚四氟乙烯分子结构的几何对称性，降低了其规整性，因此，聚三氟氯乙烯的结晶度要低于聚四氟乙烯，但仍然可以结晶。由于氯原子的引入，其分子间作用力会增大，因此聚三氟氯乙烯的拉伸强度、模量、硬度等均优于聚四氟乙烯。此外，由于氯原子和氟原子的体积均大于氢原子，对骨架碳原子均有良好的屏蔽作用，使得聚三氟氯乙烯仍具有优异的耐化学腐蚀性。由于C—Cl键不如C—F键稳定，因此，聚三氟氯乙烯的耐热性不如聚四氟乙烯。

①力学性能。聚三氟氯乙烯的力学性能要优于聚四氟乙烯，而且冷流性比聚四氟乙烯明显降低。聚三氟氯乙烯的力学性能受其结晶度的影响较大，随其结晶度增加，硬度、拉伸强度、弯曲强度等都会提高，而冲击强度和断裂伸长率会下降。表9-5为聚三氟氯乙烯与聚四氟乙烯的力学性能比较。

表 9-5　聚三氟氯乙烯与聚四氟乙烯的力学性能比较

力学性能	聚三氟氯乙烯	聚四氟乙烯
拉伸强度/MPa	30~40	14~35
拉伸模量/GPa	1.0~2.1	0.4
弯曲模量/GPa	1.7	0.42
冲击强度/(J/m^2)	180	163
伸长率/%	80~250	200~400

②热性能。聚三氟氯乙烯的熔点为218℃，玻璃化温度为58℃，热分解温度为260℃。聚三氟氯乙烯具有十分突出的耐寒性能，可在-200℃的条件下使用，长期耐热温度达120℃。

③电性能。聚三氟氯乙烯具有较好的电绝缘性能，其体积电阻率和介电强度都很高，环境湿度对其电性能无影响。但由于氯原子破坏了其分子链的对称性，使介电常数和介电损耗增大，而且介电损耗会随频率和温度的升高而增大。

④耐化学试剂性。聚三氟氯乙烯具有优良的化学稳定性，在室温下不受大多数反应性化学物质的作用，但乙醚、乙酸乙酯等能使它溶胀。在高温下，聚三氟氯乙烯能耐强酸、强碱、混合酸及氧化剂，但熔融的碱金属、氟、氨、氯气、氯磺酸、氢氟酸、浓硫酸、浓硝酸以及熔融的苛性碱可将其腐蚀。

⑤其他性能。聚三氟氯乙烯具有很好的耐候性，其耐辐射性是氟塑料中最好的；而且还具有优良的阻气性，聚三氟氯乙烯薄膜在所有透明塑料膜中水蒸气的透过率最低，是塑料中最好的阻水材料。此外，聚三氟氯乙烯还具有极优异的阻燃性能，其氧指数值高达95%。

（2）聚三氟氯乙烯的应用领域

聚三氟氯乙烯由于其力学性能较好、耐腐蚀性好、冷流性小，且比聚四氟乙烯易于加工成型等特点，可用于制造一些形状复杂且聚四氟乙烯难以成型的耐腐蚀制品，如耐腐蚀的高压密封件、高压阀瓣、泵和管道的零件、高频真空管底座、插座等。利用其阻气性能，可用来制造高真空系统的密封材料；利用其涂覆性能，可对反应器、冷凝加热器、搅拌器、分馏塔、泵等进行防腐涂层；还可用来制造光学视窗，如导弹的红外窗。

9.3.3　其他氟塑料

（1）聚全氟乙丙烯

聚全氟乙丙烯（fluorinated ethylene propylene，FEP）是四氟乙烯与六氟丙烯两种单体的共聚物，其分子结构式为：

$$\left[(CF_2 - CF_2)_x (CF_2 - \overset{\displaystyle F}{\underset{\displaystyle CF_3}{C}})_y \right]_n$$

聚全氟乙丙烯是一种线型聚合物，与聚四氟乙烯相比，由于分子链的对称性、规整性被破坏，使得分子链的刚性降低，柔顺性增加，流动性增加，耐热性降低，结晶度也会降低。

聚全氟乙丙烯的熔点为 290℃，密度为 2.14~2.17g/cm³，吸水率<0.01%，其许多性能与聚四氟乙烯相似，具有优良的电性能、耐水性、不粘性、润滑性，力学性能与聚四氟乙烯接近，但冲击韧性和室温下的抗蠕变性优于聚四氟乙烯。它的摩擦系数低，可在-200~200℃范围内使用，而且耐化学试剂性和聚四氟乙烯相差不大，有极好的耐候性，室外寿命可达 20 年。聚全氟乙丙烯具有较好的加工性能，而且还具有弹性记忆特性，温度越高，复原程度越大。聚全氟乙丙烯可以通过挤出、注塑、模塑、涂覆等方法制成薄膜、片材、棒材、单丝等，用于管线、化工设备、电线电缆以及各种热收缩管膜。

（2）全氟烷氧基树脂

全氟烷氧基树脂（perfluoroalkoxy resin，PFA）又称可熔性聚四氟乙烯，是一类新型的可熔融加工的氟塑料，其分子结构式为：

$$\left[\left(CF_2 - CF_2\right)_x\left(CF_2 - \underset{\underset{OC_3F_7}{|}}{\overset{\overset{F}{|}}{C}}\right)_y\right]_n$$

全氟烷氧基树脂的密度为 2.13~2.16g/cm³，熔点为 302~315℃，吸水率<0.03%。它的性能与聚四氟乙烯相似，如优良的耐化学腐蚀性、润滑性、电绝缘性、不粘性、低摩擦系数、不燃性、耐候性等。但耐高温力学性能优于聚四氟乙烯，最突出的优点是加工性能好，可进行熔融加工。而且全氟烷氧基树脂与聚四氟乙烯相比，在广泛的温度范围内具有更好的耐蠕变性，长期使用温度可达 260℃。全氟烷氧基树脂可采用注塑、挤出、模压等方法成型。可用于高频及超高频绝缘材料、层压材料，还可用于耐腐蚀设备衬里和耐高温、耐油及阻燃材料等。表 9-6 为全氟烷氧基树脂的性能。

表 9-6　全氟烷氧基树脂的性能

性能	全氟烷氧基树脂	性能	全氟烷氧基树脂
相对密度	2.13~2.16	吸水率/%	<0.03
线膨胀系数/($\times 10^{-5}$/K)	12	介电强度/(kV/mm)	19
氧指数 LOL/%	>95	介电常数/($\times 10^6$Hz)	2.1
硬度（邵氏或洛氏）	D60	耐电弧/s	180
拉伸强度/MPa	28~32	长期使用温度/℃	260
体积电阻率/($\times 10^{16}\Omega \cdot cm$)	100	介电损耗角正切值	0.003

9.4　聚酰胺

聚酰胺（polyamide，PA），俗称尼龙（nylon），是指分子主链上含有酰胺基团（—NH—CO—）的高分子化合物。

9.4.1 聚酰胺的结构与性能

聚酰胺树脂的外观为白色至淡黄色的颗粒，其制品坚硬，表面有光泽。由于分子主链中重复出现的酰胺基团是一个带极性的基团，这个基团上的氢能与另一个酰胺基团上的羰基结合成牢固的氢键，使聚酰胺的结构发生结晶化，从而使其具有良好的力学性能、耐油性、耐溶剂性等。聚酰胺的吸水率比较大，酰胺键的比例越大，吸水率也越高，所以吸水率为聚酰胺6>聚酰胺66>聚酰胺610>聚酰胺1010>聚酰胺11>聚酰胺12。

（1）力学性能

聚酰胺具有优良的力学性能。其拉伸强度、压缩强度、冲击强度、刚性及耐磨性都比较好。但是聚酰胺的力学性能会受到温度以及湿度的影响。它的拉伸强度、弯曲强度和压缩强度随温度与湿度的增加而减小。图9-2和图9-3分别为聚酰胺拉伸屈服强度与温度及吸水率的关系。

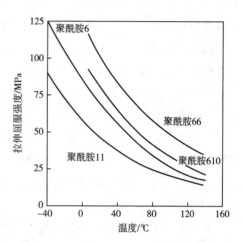

图 9-2　聚酰胺拉伸屈服强度与温度的关系

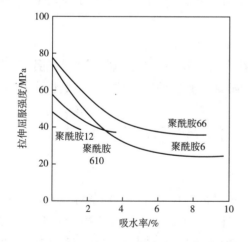

图 9-3　聚酰胺拉伸屈服强度与吸水率的关系

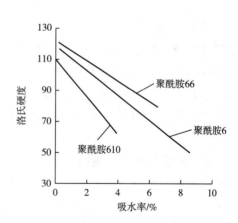

图 9-4　聚酰胺硬度与吸水率的关系

聚酰胺的冲击性能很好，而且温度及吸水率对聚酰胺的冲击强度有很大的影响。聚酰胺的冲击强度是随温度与含水率的增加而上升的。聚酰胺的硬度是随含水率的增加而直线下降的，如图9-4所示。聚酰胺具有很好的耐磨耗性能。它是一种自润滑材料，做成的轴承、齿轮等摩擦零件，甚至可以在无润滑的状态下使用。各种聚酰胺的摩擦系数没有显著的差别，油润滑时摩擦系数小而稳定。此外，聚酰胺的结晶度越高，材料的硬度越大，耐磨性也越好。

耐磨性能还可通过加入 MoS_2、石墨等填料来进一步改善。

（2）电性能

由于聚酰胺分子链中含有极性的酰胺基团，就会影响到它的电绝缘性。聚酰胺在低温和干燥的条件下具有良好的电绝缘性，但在潮湿的条件下，体积电阻率和介电强度均会降低，介电常数和介质损耗也会明显增大。温度上升，电性能也会下降。

（3）热性能

由于聚酰胺分子链之间会形成氢键，因此聚酰胺的熔融温度比较高，而且互熔融温度范围比较窄，有明显的熔点。聚酰胺的热变形温度不高，一般为80℃以下，但用玻璃纤维增强后，其热变形温度可达到200℃。

聚酰胺的热导率很低，为 $0.18\sim0.4W/(m\cdot K)$，相当于金属的几百分之一。因此在用聚酰胺做齿轮和轴承这一类的机械零件时，厚度应尽量减小。聚酰胺的线膨胀系数比较大，为金属的5~7倍，而且会随温度的升高而增加。

（4）耐化学试剂性

聚酰胺具有良好的化学稳定性，由于具有高的内聚能和结晶性，所以聚酰胺不溶于普通溶剂（如醇、酯、酮和烃类），能耐许多化学试剂，它不受弱碱、弱酸、醇、酯、酮、润滑油、油脂、汽油及清洁剂等的影响。对盐水、细菌和霉菌都很稳定。在常温下，聚酰胺溶解于强极性溶剂（如酚类、硫酸、甲酸）以及某些盐的溶液，如氯化钙饱和的甲醇溶液、硫氰酸钾等。在高温下，聚酰胺溶解于乙二醇、冰乙酸、氯乙醇、丙二醇和氯化锌的甲醇溶液。

（5）其他性能

聚酰胺的耐候性能一般，如果长时间暴露在大气环境中，会变脆，力学性能明显下降。如果在聚酰胺中加入了炭黑和稳定剂后，可以明显地改善它的耐候性。常用的稳定剂有无机碱金属的溴盐和碘盐、铜和铜的化合物以及亚磷酸酯类。聚酰胺无臭、无味、无毒，多数具有自熄性，即使燃烧也很缓慢，且火焰传播速度很慢，离火后会慢慢熄灭。

9.4.2 聚酰胺的应用领域

由于聚酰胺具有优良的力学强度和耐磨性、较高的使用温度、自润滑性以及较好的耐腐蚀等性能，因此广泛地用作机械、化学及电器零件，例如轴承、齿轮、凸轮、滚子、辊轴、泵叶轮、风扇叶轮、涡轮、螺钉、螺帽、垫圈、高压密封圈、阀座、输油管、储油容器等；聚酰胺粉末还可喷涂于各种零件表面，以提高摩擦、磨损性能和密封性能。例如，用玻璃纤维增强的聚酰胺6和聚酰胺66，可用于汽车发动机部件，如汽缸盖、进气管、空气过滤器、冷却风扇等；阻燃聚酰胺可用于空调、彩电、复印机、程控交换机等。此外，聚酰胺薄膜可以很好地隔绝氧气，并具有耐穿刺、耐低温、可印刷等特性，所以可用于食品冷藏、保鲜等。近些年来，在汽车工业、交通运输业、机械工业、电子电气工业、包装业、体育器材以及家具制造业上也越来越广泛地使用聚酰胺塑料。

9.5　聚碳酸酯

聚碳酸酯（polycarbonate，PC）是指分子主链中含有—O—R—O—CO—链节的线型高聚物。根据重复单元中 R 基团种类的不同，可以分为脂肪族、脂环族、芳香族等几个类型的聚碳酸酯。目前最具有工业价值的是芳香族聚碳酸酯，其中以双酚 A 型聚碳酸酯为主，其产量在工程塑料中仅次于聚酰胺。

9.5.1　聚碳酸酯的结构与性能

聚碳酸酯的分子主链是由柔顺的碳酸酯链与刚性的苯环相连接，从而赋予了聚碳酸酯许多优异的性能。聚碳酸酯分子主链上的苯环使聚碳酸酯具有很好的力学性能、刚性、耐热性能，而醚键又使聚碳酸酯的分子链具有一定的柔顺性，所以聚碳酸酯为一种既刚又韧的材料。由于聚碳酸酯分子主链的刚性及苯环的体积效应，使它的结晶能力较差，基本属于无定形聚合物，具有优良的透明性。聚碳酸酯分子主链上的酯基对水很敏感，尤其在高温下易发生水解现象。聚碳酸酯为一种透明、呈微黄色的坚韧固体。其密度为 $1.20g/cm^3$，透光率可达 90%，无毒、无味、无臭，并具有高度的尺寸稳定性、均匀的模塑收缩率以及自熄性。

（1）力学性能

聚碳酸酯为一种既刚又韧的材料，力学性能十分优良。其拉伸、弯曲、压缩强度都较高，且受温度的影响小。尤其是它的冲击性能十分突出，优于一般的工程塑料，抗蠕变性能也很好，要优于聚酰胺和聚甲醛，特别是用玻璃纤维增强改性的聚碳酸酯的耐蠕变性更优异，故在较高温度下能承受较高的载荷，并能保证尺寸的稳定性。聚碳酸酯力学性能方面的主要缺点是易产生应力开裂、耐疲劳性差、缺口敏感性高、不耐磨损等。

（2）热性能

聚碳酸酯具有很好的耐高低温性能，120℃下具有良好的耐热性，热变形温度达 130~140℃。同时又具有良好的耐寒性，脆化温度为-100℃，长期使用温度为-70~120℃。而且它的热导率及比热容都不高，线膨胀系数也较小，阻燃性也好，并具有自熄性。

（3）电性能

聚碳酸酯是一种弱极性聚合物，虽然电绝缘性不如聚烯烃类，但仍然具有较好的电绝缘性。由于其玻璃化温度高、吸湿性小，因此可在很宽的温度和潮湿的条件下保持良好的电性能。特别是它的介电常数和介电损耗在 10~130℃ 的范围内接近常数，因此适合于制造电容器。

（4）耐化学试剂性

聚碳酸酯具有一定的耐化学试剂性。在室温下耐水、有机酸、稀无机酸、氧化剂、盐、油、脂肪烃、醇类。但它受碱、胺、酮、酯、芳香烃的侵蚀，并溶解在三氯甲烷、二氯乙烷、甲酚等溶剂中。长期浸在沸水中也会发生水解现象。在某些化学试剂（如四氯化碳）中聚碳酸酯可能会发生"应力开裂"的现象。一般来说，聚碳酸酯对润滑脂、油和酸稳定，在纯汽油中也是稳定的。

（5）其他性能

聚碳酸酯的透光率很高，为87%~90%，折射率为1.587，比丙烯酸酯等其他透明聚合物的折射率高，因此可以作透镜光学材料。聚碳酸酯还具有很好的耐候和耐热老化的能力，在户外暴露两年，性能基本不发生变化。表9-7为聚碳酸酯的性能。

表9-7　聚碳酸酯的性能

性能		数值	性能	数值
密度/（g/cm³）		1.20	布氏硬度/MPa	97~104
吸水率/%		0.15	流动温度/℃	220~230
断裂伸长率/%		70~120	热变形温度（1.82MPa）/℃	130~140
拉伸强度/MPa		66~70	维卡耐热温度/℃	165
拉伸弹性模量/MPa		2200~2500	脆化温度/℃	-100
弯曲强度/MPa		106	热导率/［W/（m·K）］	0.16~0.2
压缩强度/MPa		83~88	线膨胀系数/（×10⁻⁵/K）	6~7
剪切强度/MPa		35	燃烧性	自熄
冲击强度/（kJ/m²）	无缺口	不断	介电常数/（×10⁶Hz）	2.9
			介电损耗/（×10⁶Hz）	（6~7）×10⁻³
	缺口	45~60	介电强度/（kV/mm）	17~22
洛氏硬度		M75	体积电阻率/（×10¹⁶Ω·cm）	3

9.5.2　聚碳酸酯的应用领域

聚碳酸酯可以广泛地应用在交通运输、机械工业、电子电气、包装材料、光学材料、医疗器械、生活日用品等方面。例如，可应用在大型灯罩、防护玻璃、照相器材、眼科用玻璃、飞机座舱玻璃等；还可应用在要求冲击性能高、耐热性好的电力工具、防护安全帽等；利用其透明性和耐热性还可用于纯净水和矿泉水的周转桶、热水杯、奶瓶、餐具等；在医疗器械方面，可用于齿科器材、药品容器、手术器械；在电子电气方面，聚碳酸酯属于E级绝缘材料，可用于制备线圈骨架、绝缘套管、接插件等，薄膜可用于电容器、录音带、录像带等。此外，近些年来，聚碳酸酯还广泛地用于光盘、储存器等方面。

9.6　热塑性聚酯

由饱和二元酸和饱和二元醇缩聚得到的线型高聚物称为热塑性聚酯。热塑性聚酯品种很多，但目前常用的有两种：聚对苯二甲酸乙二醇酯和聚对苯二甲酸丁二醇酯。

9.6.1 聚对苯二甲酸乙二醇酯

聚对苯二甲酸乙二醇酯（PET）的基本性能参见第4章。用作塑料时，需要考虑如下的性能，PET的分子链由刚性的苯基、极性的酯基和柔性的脂肪烃基组成，所以其大分子链既刚硬，又有一定的柔顺性。PET的支化程度很低，分子结构规整，属结晶型高聚物，但它的结晶速率很慢，结晶温度又高，所以结晶度不太高，为40%，因此可制成透明度很高的无定形PET。PET为无色透明（无定形）或乳白色半透明（结晶型）的固体，无定形的树脂密度为1.3~1.33g/cm³，折射率为1.655，透光率为90%；结晶型的树脂密度为1.33~1.38g/cm³。PET的阻隔性能较好，对O_2、H_2、CO_2等都有较高的阻隔性；吸水性较低，在25℃水中浸渍一周吸水率仅为0.6%，并能保持良好的尺寸稳定性。

（1）PET的性能

①力学性能。PET具有较高的拉伸强度、刚度和硬度，良好的耐磨性、耐蠕变性，并可以在较宽的温度范围内保持良好的力学性能。PET的拉伸强度与铝膜相近，是聚乙烯薄膜的9倍，是聚碳酸酯薄膜和聚酰胺薄膜的3倍。

②热性能。PET的T_m为255~260℃，长期使用温度为120℃，短期使用温度为150℃。热变形温度（1.82MPa）为85℃，用玻璃纤维增强后可达220~240℃。而且其力学性能随温度变化很小。

③电性能。虽然含有极性的酯基，但仍然具有优良的电绝缘性。随温度升高，电绝缘性有所降低，且电性能会受到湿度的影响。作为高电压材料使用时，薄膜的耐电晕性较差。

④耐化学试剂性。由于PET含有酯基，不耐强酸强碱，在高温下强碱能使其表面发生水解，氨水的作用更强烈。在水蒸气的作用下也会发生水解。但在高温下可耐高浓度的氢氟酸、磷酸、甲酸、乙酸。PET在室温下对极性溶剂较稳定，不受氯仿、丙酮、甲醇、乙酸乙酯等的影响。在一些非极性溶剂中也很稳定，如汽油、烃类、煤油等。PET还具有优良的耐候性，在室外暴露6年，其力学性能仍可保持初始值的80%。

（2）PET的成型加工特性

PET可采用注塑挤出、吹塑等方法来加工成型。其中吹塑成型主要用于生产聚酯瓶，其方法是首先制成型坯，然后进行双轴定向拉伸，使其从无定形变为具有结晶定向的中空容器。PET在加工上具有如下特性。

①由于熔体具有较明显的假塑性流体特征，因而黏度对剪切速率的敏感性大而对温度的敏感性小。

②虽然其吸水性较小，但在熔融状态下如果含水率超过0.03%时，就会发生水解而引起性能下降，因此成型加工前必须进行干燥。干燥条件为：温度130~140℃，时间2~4h。

③成型收缩率较大，而且制品不同方向收缩率的差别较大，经玻璃纤维增强改性后可明显降低，但生产尺寸精度要求高的制品时，还应进行后处理。

PET的结晶速率慢，为了促进结晶，可采用高模温，一般为100~120℃；另外，还可加入适量的结晶促进剂加快其结晶速率。常用的结晶促进剂有石墨、炭黑、高岭土、安息香酸钠等。

（3）PET塑料的改性品种

①纤维增强改性PET塑料。增强纤维有玻璃纤维、硼纤维、碳纤维等，其中常用的是玻璃纤维。纤维增强PET塑料可以明显地改善其高温力学性能、耐热性、尺寸稳定性等。玻璃纤维增强的PET塑料具有优异的力学性能，在100℃温度下，弯曲强度和模量仍能保持较高的水平，在-50℃的低温条件下，冲击强度与室温相比仅有少量的下降。而且，它的耐蠕变性、耐疲劳性也非常优异，同时还具有很好的耐磨耗性。由于玻璃纤维能够牢固地凝固在PET的结晶上，因此它具有很高的热变形温度（可达220℃），此外，它还具有十分优异的耐热老化性能。在高温、高湿的条件下，仍能保持优良的绝缘性等。表9-8列出PET和玻璃纤维增强PET的性能。

表9-8　PET和玻璃纤维增强PET的性能

性能	PET	30%玻纤增强PET	45%玻纤增强PET	性能	PET	30%玻纤增强PET	45%玻纤增强PET
密度/(g/cm³)	1.37~1.38	1.56	1.69	缺口冲击强度/(kJ/m²)	3.92	80	—
吸水率/%	0.26	0.05	0.04	热变形温度（1.82MPa）/℃	80	215	227
成型收缩率/%	1.8	0.2~0.9	—	线胀系数/(×10⁻⁵/K)	6.0	2.9	—
拉伸强度/MPa	80	140~160	196	介电常数/(×10⁶Hz)	2.8	4.0	—
拉伸模量/MPa	2900	10400	14800	介电强度/(kV/mm)	90	29.6	—
弯曲强度/MPa	117	235	288	体积电阻率/(×10¹⁴Ω·m)	>1	5	0.1
弯曲模量/MPa	—	9100	14000				

②PET合金。采用共混的方法，制成聚合物合金，可以改善PET的性能。例如，与聚碳酸酯共混可以改善它的冲击强度，与聚酰胺共混可以改善它的尺寸稳定性和冲击强度，和聚四氟乙烯共混可以改善其耐磨性能等。

（4）PET塑料的应用领域

PET的应用领域主要有纤维、薄膜、聚酯瓶及工程塑料几个方面。其纤维的用量很大，目前世界上约有半数的合成纤维是由PET制造的。对于没有增强改性的PET塑料主要用来制作薄膜和聚酯瓶。薄膜可以用作电机、变压器、印刷电路、电线电缆的绝缘膜，还可用来制作食品、药品、纺织品、精密仪器的包装材料，也可用来制作磁带、磁盘、光盘、磁卡以及X射线和照相、录像底片。PET瓶具有良好的透明性、阻隔性、化学稳定性、韧性，且质轻，可以回收利用，因此可用于保鲜包装材料。如可用于饮料、酒类、食用油类、调味品、食品等的包装。

增强改性的PET塑料可用于变压器、电视机、连接器、集成电路外壳、继电器、开关等电子器件，还可用于配电盘、阀门、点火线圈架、排气零件等汽车零件，也可用于齿轮、泵壳、凸轮、皮带轮、叶片、电动机框架等机械零件。

9.6.2 聚对苯二甲酸丁二醇酯

聚对苯二甲酸丁二醇酯（polybutyleneterephthalate，PBT）的制备方法可以采用直接酯化法和酯交换法。这两种方法都是先制成对苯二甲酸双羟丁酯，然后缩聚制得聚合物。其分子结构式为：

$$\left[\!\!\begin{array}{c}\overset{O}{\overset{\|}{C}}\end{array}\!\!-\!\!\bigcirc\!\!-\!\!\overset{O}{\overset{\|}{C}}\!\!-\!\!O\!\!-\!\!(CH_2)_4\!\!-\!\!O\right]_n$$

聚对苯二甲酸丁二醇酯在工程塑料中属一般性能，其力学性能和耐热性不高，但摩擦系数低，耐磨耗性较好。但是用玻璃纤维增强后，它的性能得到很大的改善。目前，聚对苯二甲酸丁二醇酯中80%的品种都是改性品种。经过改性后的PBT具有优良的耐热性，长期使用温度为120℃，短期使用温度为200℃；力学性能优良，长时间高载荷的条件下形变量小；尺寸稳定性好，吸水率低，耐摩擦、磨耗性好；具有优良的电绝缘性、化学稳定性、阻燃性；成型加工性好。

PBT的分子结构与PET的很接近，只不过脂肪烃的链节较长，所以PBT的柔顺性要好一些，所以它的玻璃化温度、熔融温度都会低一些，刚性也会小一些。

PBT为乳白色结晶固体，无味、无臭、无毒，密度为1.31g/cm³，吸水率为0.07%，制品表面有光泽。由于其结晶速率快，因此只有薄膜制品为无定形态。

（1）力学性能

没有增强改性的PBT力学性能一般，但增强改性后，力学性能大幅度提高。例如未增强的PBT缺口冲击强度为60J/m²，拉伸强度为55MPa；而用玻璃纤维增强后其缺口冲击强度为100J/m²，拉伸强度可达130MPa，并且屈服强度和弯曲强度都会明显提高。

（2）热性能

PBT的T_g约为51℃，T_m为225~230℃，热变形温度在55~70℃，在1.85MPa的应力下热扭变温度为54.4℃；而经过增强改性后的变形温度可达到210~220℃，1.85MPa应力下的热扭变温度为210℃。且增强后的PBT的线膨胀系数在热塑性工程塑料中是最小的。

（3）电性能

虽然PBT分子链中含有极性的酯基，但由于酯基分布密度不高，所以仍具有优良的电绝缘性。其电绝缘性受温度和湿度的影响小，即使在高频、潮湿及恶劣的环境中，也仍具有很好的电绝缘性。

（4）耐化学试剂性

PBT能够耐弱酸、弱碱、醇类、脂肪烃类、分子量酯类和盐类，但不耐强酸、强碱以及苯酚类化学试剂，在芳烃、二氯乙烷、乙酸乙酯中会溶胀，在热水中，可引起水解而使力学性能下降。表9-9为未增强和增强后的PBT以及几种增强工程塑料的性能比较。

表9-9　未增强和增强后的 **PBT** 以及几种增强工程塑料的性能比较

性能	未增强 PBT	增强 PBT	增强 PPO	增强 PA6	增强 PC	增强 POM
拉伸强度/MPa	55	119.5	100~117	150~170	130~140	126.6
拉伸模量/MPa	2200	9800	4000~6000	9100	10000	8400
弯曲强度/MPa	87	168.7	121~123	200~240	170	203.9
弯曲模量/MPa	2400	8400	5200~7600	5200	7700	9800
悬梁冲击强度（缺口）/(J/m²)	60	98	123	109	202	76
最高连续使用温度/℃	120~140	138	115~129	116	127	96

9.6.3　其他热塑性聚酯

（1）芳香族聚酯

芳香族聚酯（polyarylate，PAR）又称聚芳酯，是分子主链中带有芳香环和醚键的聚酯树脂。聚芳酯与脂肪族聚酯相比，具有更好的耐热性以及其他综合性能。其分子结构式为：

$$\left[\!\!-O-\overset{\overset{O}{\|}}{C}-\!\!\text{⟨◯⟩}\!\!-\overset{\overset{O}{\|}}{C}-O-\!\!\text{⟨◯⟩}\!\!-\overset{\overset{CH_3}{|}}{\underset{\underset{CH_3}{|}}{C}}-\!\!\text{⟨◯⟩}\!\!-\right]_n$$

聚芳酯是一种非结晶型的热塑性工程塑料，于1973年开始工业化生产。聚芳酯具有很好的力学性能、电绝缘性、耐热性、成型加工性，因此得到了迅速的发展。聚芳酯具有良好的抗冲击性、耐蠕变性、应变回复性、耐磨性以及较高的强度。在很宽的温度范围内可显示出很高的拉伸屈服强度。聚芳酯分子主链上含有密集的苯环，因此具有优异的耐高温性，能经受160℃的连续高温，在1.86MPa载荷下，聚芳酯的热变形温度可达175℃。而且它的线膨胀系数小，尺寸稳定性好，热收缩率低，并且有很好的阻燃性。

聚芳酯的吸湿性小，其电性能受温度及湿度的影响小，耐电压性特别优良，具有很好的电绝缘性。聚芳酯具有优异的透明性、耐紫外线照射性、气候稳定性。聚芳酯的加工方法可以是注塑、挤出、吹塑等。由于加工中微量的水分会引起聚芳酯的分解，因此成型前的干燥十分重要。通常的干燥条件为：温度110~140℃，时间为4~6h。含水量应控制在0.02%以下。聚苯酯还可进行二次加工。

目前对聚芳酯的改性工作也在积极开展并取得了有效的结果。例如用玻璃纤维增强改性的聚芳酯可以很大程度地改善聚芳酯的耐应力开裂性，提高热变形温度、尺寸稳定性及力学性能；聚芳酯和聚四氟乙烯的共混物具有优良的耐磨性，很低的摩擦系数；用无机填料填充改性的聚芳酯具有高反射率，且耐热性好、遮光性强，易于加工成型，可用于发光二极管的板用材料等。聚芳酯目前已广泛应用于电子、电气、医疗器械、汽车工业、机械设备等各个方面。如电位器轴、开关、继电器、汽车灯座、塑料泵、机械罩壳、各种接头、齿轮等。

聚苯酯（aromatic polyester），又称聚对羟基苯甲酸酯，也是一种聚芳酯，商品名称为

Ekonol。聚苯酯具有优异的综合性能，它的热稳定性、自润滑性、硬度、电绝缘性、耐磨耗性是目前所有高分子材料中最好的，长期使用温度为315℃，短期使用温度可在370~425℃；同时具有极好的介电强度、很小的介电损耗，并且不溶于任何溶剂和酸中，作为一种耐高温工程塑料，聚苯酯越来越受重视。聚苯酯在宽广的温度范围内具有很高的刚性，吸水率仅为0.02%，还具有极高的耐压缩蠕变性及很高的承受载荷的能力，易于切削加工。聚苯酯还具有良好的自润滑性。聚苯酯具有极好的热稳定性、很高的热导率（为一般塑料的3~5倍），很低的线膨胀系数和优异的耐焊性能。聚苯酯具有优异的电绝缘性能，由于具有很高的结晶性，因而它具有较高的介电常数以及较低的介电损耗。而且其电性能受温度及频率的影响小，可在较大的范围内保持稳定。聚苯酯能够耐所有脂肪族、芳香族溶剂及油类，但会受到浓硫酸和氢氧化钠的侵蚀。它的耐辐射性能以及耐候性能也十分优良。

由于聚苯酯的结晶度高达90%，熔体流动性较差，因而成型加工性较差。常用的加工方法为压制成型、等离子喷涂及分散体涂覆法等类似于金属或热固性塑料的成型加工方法，特殊的品种可采用注射成型方法加工，但要对工艺条件严格控制。目前，还有聚苯酯的改性品种。如玻璃纤维增强改性聚苯酯可提高聚苯酯的热变形温度、耐热性、耐药品性、力学性能等；聚苯酯与聚四氟乙烯合金可改善聚苯酯的耐磨耗性、摩擦性能等。聚苯酯属于一种耐热型工程塑料，可应用于电子、电气、机械设备等方面。还可用于精密电气零件、轴承、滑块、密封填料、耐磨材料等。

（2）聚1,4-环己二甲基对苯二甲酸酯

聚1,4-环己二甲基对苯二甲酸酯（PCT），是耐高温半结晶的热塑性聚酯，是1,4-环己烷二甲醇与对苯二甲酸二甲酯的缩聚产物。聚1,4-环己二甲基对苯二甲酸酯的最突出的性能是它的耐高温性。聚1,4-环己二甲基对苯二甲酸酯的熔点为290℃（PBT为225℃、PET为250℃），与聚苯硫醚（PPS）（285℃）的熔点相近。聚1,4-环己二甲基对苯二甲酸酯的热变形温度值也高于PET和PBT，例如玻纤增强的聚1,4-环己二甲基对苯二甲酸酯在1.86MPa的应力下HD为260℃，与其相应，PBT为204℃，PET为224℃。聚1,4-环己二甲基对苯二甲酸酯的长期使用温度高达149℃。聚1,4-环己二甲基对苯二甲酸酯具有物理性能、热性能和电性能的最佳均衡，聚1,4-环己二甲基对苯二甲酸酯也显示低的吸湿性和突出的耐化学试剂性能。聚1,4-环己二甲基对苯二甲酸酯及其共聚物与其他工程塑料例如PC的合金具有优异的光学透明性、韧性、耐化学试剂性、高流动性和光泽度。聚1,4-环己二甲基对苯二甲酸酯常以混合料、共聚物和共混物的形式在很宽广的应用领域内使用，包括电子、电气工业、医疗用品、仪器设备、光学用品等。

9.7　聚苯硫醚

聚苯硫醚（polyphenyl sulfone，PPS）是一类在分子主链上含有苯硫基的结晶性热塑性工程塑料。聚苯硫醚的全称是聚亚苯基硫醚。聚苯硫醚于1968年开始工业化生产，商品名称为 Ryton。

聚苯硫醚为一种线型结构，当在空气中被加热到345℃以上时，它就会发生部分交联。固化的聚合物是坚韧的，且是非常难溶的。聚苯硫醚具有优异的综合性能。表现为突出的热稳定性、优良的化学稳定性、耐蠕变性、刚性、电绝缘性及加工成型性。它在170℃以下不溶于所有的溶剂，如果温度过高除了强氧化性酸（如浓硫酸、氯磺酸、硝酸）外，不溶于烃、酮、醇，也不受盐酸及氢氧化钠的侵蚀，因此是一种比较理想的、仅次于聚四氟乙烯的防腐材料。另外，聚苯硫醚的熔体流动性比较好，若把它加入难于加工成型的聚酰亚胺中去，就可改善聚酰亚胺的加工性。由于聚苯硫醚的脆性较大，因此，常常要加入玻璃纤维、碳纤维以及聚酯、聚碳酸酯等来改善不足之处。

聚苯硫醚的分子主链是由苯环和硫原子交替排列，分子链的规整性强，大量的苯环可以提供刚性，大量的硫醚键可以提供柔顺性。由于分子主链具有刚柔兼备的特点，所以聚苯硫醚易于结晶，结晶度可达75%，熔点为285℃。聚苯硫醚为一种白色、硬而脆的聚合物，吸湿率很低，只有0.03%；阻燃性很好，氧指数高达44%，热氧稳定性十分突出，且电绝缘性非常好。

（1）力学性能

聚苯硫醚的力学性能不高，其拉伸强度、弯曲强度属中等水平，冲击强度也很低，因此，常采用玻璃纤维、碳纤维及无机填料来改善聚苯硫醚的力学性能，并仍然可保持其耐热性、阻燃性、化学稳定性等。

聚苯硫醚的刚性很高，未改性的聚苯硫醚其弯曲模量可达3.87GPa，而用碳纤维增强后更可高达22GPa。经增强改性后的聚苯硫醚能在长期负荷和热负荷作用下保持高的力学性能、尺寸稳定性和耐蠕变性，因此可用于温度较高的受力环境中。此外，经过填充和共混改性的聚苯硫醚可以制造出摩擦系数和磨耗量都很小、耐高温的自润滑材料。

（2）热性能

聚苯硫醚具有优异的热稳定性，由于它的结晶度较高，因此力学性能随温度的升高下降较小。聚苯硫醚长期使用温度可达240℃，短期使用温度可达260℃，熔融温度为285℃，在500℃的高温下不分解，只有在700℃的空气中才会完全降解。聚苯硫醚由于分子结构中含有硫原子，因此阻燃性能非常突出，无须加入任何阻燃剂就是一种高阻燃材料，而且经反复加工也不会丧失阻燃能力。表9-10为几种常用塑料的极限氧指数值。

表 9-10 几种常用塑料的极限氧指数值

名称	极限氧指数/%	名称	极限氧指数/%
聚氯乙烯	47	聚碳酸酯	25
聚砜	30	聚苯乙烯	18.3
聚酰胺66	28.7	聚烯烃	17.4
聚苯醚	28		

（3）电性能

聚苯硫醚的电绝缘性非常优异，它的介电常数和介电损耗很低，表面电阻率和体积电阻率随温度、湿度及频率的变化不大；而且它的耐电弧性很好，可与热固性塑料相媲美。因此，30%的聚苯硫醚都用于电气绝缘材料。

（4）耐化学试剂性

聚苯硫醚的耐化学腐蚀性能非常好，除了受强氧化性酸（浓硫酸、浓硝酸、王水等）侵蚀外，对大多数的酸、碱、盐、酯、酮、醛、酚及脂肪烃、芳香烃、氯代烃等都很稳定。205℃以下的任何已知溶剂都不能溶解它。

（5）其他性能

聚苯硫醚具有良好的耐候性。经过 2000h 风蚀，用 40% 玻璃纤维增强聚苯硫醚的刚性基本不变。拉伸强度仅有少量下降。聚苯硫醚的耐辐射性也十分优良。它对紫外线和 ^{60}Co 射线很稳定，即使在较强的 γ 射线、中子射线辐射下，也不会发生分解的现象。

此外，聚苯硫醚对玻璃、陶瓷、钢、铝等都有很好的黏合性能。

9.8 聚酰亚胺

聚酰亚胺（polyimide，PI）是分子主链中含有酰亚胺基团—CO—N—CO—的一类芳杂环聚合物。

聚酰亚胺是芳杂环耐高温聚合物中最早工业化的品种，也是工程塑料中耐热性能最好的品种之一。它是由美国杜邦公司于 20 世纪 60 年代初开始工业化生产的。聚酰亚胺具有优异的综合性能，如在 -200~260℃ 的温度下具有很好的力学性能、优良的电绝缘性、化学稳定性、耐辐射性、阻燃性等。聚酰亚胺的制备方法首先是由芳香族二元酸酐和芳香族二元胺经缩聚反应生成聚酰胺酸，然后经热转化或化学转化环化脱水形成聚酰亚胺，其分子结构式为：

$$\left[N \underset{O \ O}{\overset{O \ O}{Ar}} N - Ar' \right]_n$$

式中：Ar 为二酸酐的芳基；Ar′ 为二胺的芳基。

如果芳香族二酸酐和芳香族二胺采用不同的组合，则聚酰亚胺就可以为不同类型的品种。目前，聚酰亚胺约有以下 20 多个品种（图 9-5）。

由于聚酰亚胺含有大量含氮的五元杂环及芳环，分子链的刚性大，分子间的作用力强，由于芳杂环的共轭效应，使其耐热性和热稳定性很高，力学性能也很高，特别是在高温下的力学性能保持率很高。此外，电绝缘性、耐溶剂性、耐辐射性也非常优异。不同品种的聚酰亚胺由于二酐和二胺的结构不同，其性能也会有所不同。例如，纯芳香族二胺合成的聚均苯四甲酰亚胺具有最高的热稳定性；而对苯二胺合成的聚均苯四甲酰亚胺热氧稳定性最高。

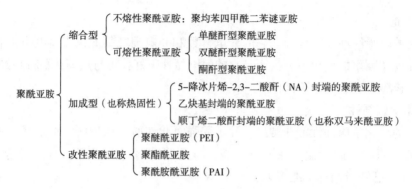

图 9-5 聚酰亚胺品种

（1）力学性能

聚酰亚胺具有优良的力学性能，拉伸强度、弯曲强度以及压缩强度都比较高，而且还具有突出的抗蠕变性、尺寸稳定性，因此非常适于制作高温下尺寸精度要求高的制品。

（2）热性能

聚酰亚胺具有极其优异的耐热性，这是因为组成聚酰亚胺分子主链的键能大，不易断裂分解。例如，对于全芳香族聚酰亚胺，其热分解温度为 500℃，而对于由联苯二酐和对苯二胺合成的聚酰亚胺，其热分解温度达到 600℃，是聚合物中热稳定性最高的品种之一。聚酰亚胺的耐低温性也很好，在 -269℃ 时液氦中仍不会脆裂。聚酰亚胺还具有很低的热膨胀系数，为 $2 \times 10^{-5} \sim 3 \times 10^{-5}/℃$。

（3）电性能

聚酰亚胺分子结构中虽然含有相当数量的极性基团，如羰基、氨基、醚基、硫醚基等，但因结构对称、玻璃化温度高和刚性大而影响了极性基团的活动，因此聚酰亚胺仍然具有优良的电绝缘性能。在较宽的温度范围内偶极损耗小，而且耐电弧性突出，介电强度高，电性能随频率变化小。

（4）耐化学试剂性

聚酰亚胺可以耐油、耐有机溶剂、耐酸，但在浓硫酸和发烟硝酸等强氧化剂作用下会发生氧化降解，且不耐碱。在碱和过热水蒸气作用下，聚酰亚胺会发生水解。

聚酰亚胺具有很好的耐辐射性，经 $4.28 \times 10^{7} Gy$ ^{60}Co 射线照射后，强度下降很小。聚酰亚胺为一种自熄性聚合物，发烟率低。

9.9 聚芳醚酮类塑料

聚芳醚酮（polyarylether ketones，PAEK）类塑料是一类耐高温、结晶性的聚合物。它是在芳基上由一个或几个醚键和酮键连接而成的一类聚合物。醚键和酮基通过亚苯基以不同序列相连接，构成了各种类型的聚芳醚酮。目前已开发出来的聚芳醚酮有聚醚醚酮（PEEK）、聚醚酮（PEK）、聚醚酮酮（PEKK）、聚醚酮醚酮酮（PEKEKK）等。聚芳醚酮的强度和刚性要高于其他工程塑料，并且在很宽的温度范围内具有较好的韧性及疲劳强度，热氧化稳定性极好，连续使用温度大于250℃。聚芳醚酮还具有优良的高温力学性能、阻燃性、耐化学腐蚀性及耐辐射性，在航空航天、汽车、电子、电气等领域有广泛的应用。聚醚醚酮是指大分子主链由芳基、酮键和醚键组成的线型聚合物，它是目前可大批量生产的唯一的聚芳醚酮品种，英文名称为 polyetherether ketone，简称 PEEK，分子结构式为：

$$\left[O - \bigcirc - O - \bigcirc - \overset{\overset{O}{\parallel}}{C} - \bigcirc \right]_n$$

聚醚醚酮具有热固性塑料的耐热性、化学稳定性和热塑性塑料的成型加工性。聚醚醚酮还具有优异的耐热性。其热变形温度为160℃，当用20%~30%的玻璃纤维增强时，热变形温度可提高到280~300℃。聚醚醚酮的热稳定性良好，在空气中420℃、2h 情况下失重仅为2%。500℃时为2.5%，550℃时才产生显著的热失重。聚醚醚酮的长期使用温度约为200℃，在此温度下，仍可保持较高的拉伸强度和弯曲模量，它还是一种非常坚固的材料，有优异的长期耐蠕变性和耐疲劳性能。聚醚醚酮的电绝缘性能非常优异，体积电阻率为 $10^{15} \sim 10^{16} \Omega \cdot$ cm。它在高频范围内仍具有较小的介电常数和介电损耗。例如，在 10^4 Hz 时，在室温的情况下，它的介电常数仅为3.2，介电损耗角正切仅为0.02。聚醚醚酮的化学稳定性也非常好，除浓硫酸外，几乎对任何化学试剂都非常稳定，即使在较高的温度下，仍能保持良好的化学稳定性。另外，它还具有极佳的耐热水性和耐蒸汽性。在200~250℃的蒸汽中可以长时间使用。聚醚醚酮有很好的阻燃性，在通常的环境下很难燃烧，即使是燃烧，发烟量及有害气体的释放量也是很低的，甚至低于聚四氟乙烯等低发烟量的聚合物。此外，它还具有优良的耐辐射性。它对 α 射线、β 射线、γ 射线的抵抗能力是目前高分子材料中最好的。用它包覆的电线制品可耐 1.1×10^7 Gy 的 γ 射线。聚醚醚酮在熔点以上有良好的熔融流动性和热稳定性，因而具有热塑性塑料的典型成型加工性能，因此可用注塑、挤出、吹塑、层压等成型方法，还可纺丝、制膜。虽然聚醚醚酮熔融加工温度范围为360~400℃，但是由于它的热分解温度在520℃以上，因而它仍具有很宽的加工温度范围。

尽管聚醚醚酮的发展历史仅为短短的二十几年，但是由于它具有突出的耐热性、耐化学腐蚀性、耐辐射性以及高强度、易加工性，使得它目前已在核工业、化学工业、电子电气、机械仪表、汽车工业和宇航领域中得到了广泛的应用。尤其是作为耐热性能优异的热塑性树脂，它可用作高性能复合材料的基体材料。

橡胶、涂料及其他聚合物材料篇

第 10 章　橡胶

10.1　概述

橡胶具有高弹性，用途十分广泛，应用领域包括人们的日常生活、医疗卫生、文体生活、工农业生产、交通运输、电子通信和航空航天等，是国民经济与科技领域中不可缺少的高分子材料之一。橡胶制品的种类繁多，大致可分为轮胎、胶管、胶带、鞋业制品和其他橡胶制品等，其中轮胎制品的橡胶消耗量最大，占世界橡胶总消耗量的 50%~60%，全世界年橡胶用量约 1700 万吨。

10.1.1　橡胶材料的特征

根据 ASTM D1566 定义，橡胶是一种材料，在大的形变下能迅速而有力地恢复其形变，能够被改性。改性的橡胶实质上不溶于（但能溶胀于）沸腾的苯、甲乙酮、乙醇—甲苯等溶剂中。改性的橡胶在室温下（18~29℃）拉伸到原长度的 2 倍并保持 1min 后除掉外力，它能够在 1min 内恢复到原长度的 1.5 倍以下。常温下的高弹性是橡胶材料的独有特征，因此橡胶也被称为弹性体。橡胶的高弹性本质是由大分子构象变化而来的熵弹性，这种高弹性表现为，在外力作用下具有较大的弹性变形，最高可达 1000%，除去外力后变形很快恢复，不同于由键角变化而引起的普弹性。橡胶具有高分子材料的共性，如黏弹性、绝缘性、环境老化性、密度小以及对流体的渗透性低等。此外，橡胶比较柔软，硬度低。

10.1.2　橡胶的发展历史

橡胶工业的发展可以分为两个阶段。

天然橡胶的发现和利用时期（1900 年以前）：1493~1496 年哥伦布第二次航行到美洲时，发现当地人玩的球能从地上跳起来，经了解才知道球是由一种树流出的浆液制成的，此后欧洲人才知道橡胶这种物质。但直到 1823 年，英国人创办了第一个生产橡胶防水布工厂，这才是橡胶工业的开始。1826 年汉考克（Hancock）发明了开放式炼胶机，1839 年固特异（Goodyear）发现了加入硫黄和碱式碳酸铝可以使橡胶硫化，这两项发明奠定了橡胶加工业的基础。1888 年邓禄普（Dunlop）发明了充气轮胎，汽车工业的发展促进了橡胶工业真正的起飞。1904 年莫特（Mote）用炭黑使天然橡胶的拉伸强度提高，找到了橡胶增强的有效途径。

合成橡胶的发展和应用时期（1900 年以后）：在橡胶工业发展的同时，高分子化学家及物理学家研究证明天然橡胶是异戊二烯的聚合物，确定了链状分子结构，揭示了橡胶弹性的本质。1900 年人们了解天然橡胶的分子结构后，人类合成橡胶才真正成为可能。1932 年苏联在工业生产丁钠橡胶后，相继生产了氯丁橡胶、丁腈橡胶和丁苯橡胶。20 世纪 50 年代 Zeigler-Natta 催化剂的发现，导致了合成橡胶工业的新飞跃，出现了顺丁橡胶、乙丙橡胶、异戊橡胶等新品种。1965~1973 年间出现了热塑性弹性体，又称第三代橡胶。1984 年德国用苯乙烯、异戊二烯、丁二烯作为单体合成集成橡胶（SiBR）。1990 年 Goodyear 橡胶轮胎公司将 SIBR 作为生产轮胎的新型橡胶。茂金属催化剂的出现，给合成橡胶工业带来了新的革命，现在已合成了茂金属乙丙橡胶等新型橡胶品种。

近年来，橡胶工业新技术发展迅速，通过卤化、氢化、环氧化、接枝、共混、增容、动态硫化等方法开发了许多新橡胶材料，橡胶制品也向着高性能化、功能化、特种化方向发展，橡胶材料以其独有的特性发挥着重要的作用。

10.1.3 橡胶的分类

按照分类方法的不同，可以形成不同的橡胶类别如图 10-1 所示。按照橡胶的来源和用途可以分为天然橡胶和合成橡胶。最初橡胶工业使用的橡胶全是天然橡胶，它是从自然界的植物中采集出来的一种弹性体材料。合成橡胶是各种单体经聚合反应合成的高分子材料。此外，还可以按照橡胶的化学结构、形态和交联方式进行分类。

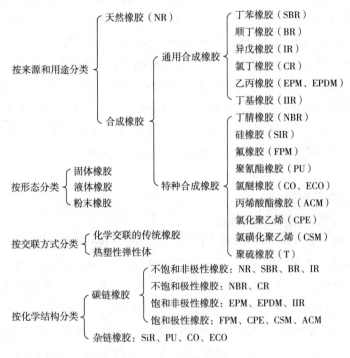

图 10-1　橡胶的分类

10.1.4 橡胶的性能指标

橡胶的性能指标，可帮助我们根据橡胶制品的使用要求选择相应的橡胶品种。

（1）拉伸强度

试样在拉伸破坏时，原横截面上单位面积上所受的力，单位为 MPa。橡胶很少在纯拉伸条件下使用，但是橡胶的很多其他性能与该性能密切相关，如耐磨性、弹性、应力松弛、蠕变、耐疲劳性等。

（2）扯断伸长率

试样在拉伸破坏时，伸长部分的长度与原长度之比，通常以百分率（%）表示。

（3）硬度

硬度是橡胶抵抗变形的能力指标之一。用硬度计来测试，常用的是邵氏硬度计，其值的范围为 0~100。其值越大，橡胶越硬。

（4）定伸应力

试样在一定伸长（通常 300%）时，原横截面上单位面积所受的力，单位为 MPa。

（5）撕裂强度

表征橡胶耐撕裂性的好坏，试样在单位厚度上所承受的负荷，单位为 kN/m。

（6）阿克隆磨耗

在阿克隆磨耗机上，使试样与砂轮呈 15°倾斜角和受到 2.72kg 的压力情况下，橡胶试样与砂轮磨耗 1.61km 时，用被磨损的体积来表征橡胶的耐磨性，单位为 $cm^3/1.61km$。

另外还有许多其他性能指标，如回弹性、生热、压缩永久变形、低温特性、耐老化特性等，可参考有关文献。

10.2　天然橡胶

天然橡胶（natural rubber，NR）是指从植物中获得的橡胶，这些植物包括巴西橡胶树（又称三叶橡胶树）、银菊、橡胶草、杜仲草等。巴西橡胶树含胶量多，质最好，量最高，采集最容易，目前世界天然橡胶总产量的 98%以上来自巴西橡胶树，巴西橡胶树适于生长在热带和亚热带的高温地区。全世界天然橡胶总产量的 90%以上产自东南亚地区，主要是马来西亚、印度尼西亚、斯里兰卡和泰国；其次是印度、中国南部、新加坡、菲律宾和越南等。由于天然橡胶具有很好的综合性能，至今天然橡胶的消耗量仍约占橡胶总消耗量的 40%。

10.2.1　天然橡胶的组成

天然橡胶的主要成分是橡胶烃，另外还含有 5%~8%的非橡胶烃成分，如蛋白质、丙酮抽出物、灰分、水分等。天然橡胶中的非橡胶成分含量虽少，但对天然橡胶的加工和使用性能却有不可忽视的影响。蛋白质具有吸水性，会影响天然橡胶的电绝缘性和耐水性，但其分解产生的胺类物质又是天然橡胶的硫化促进剂和天然防老剂。丙酮抽出物主要是一些类酯物和分解物。类酯物主要由脂肪、蜡类、甾醇、甾醇酯和磷脂组成，这类物质均不溶于水，除磷脂之外均溶于丙酮。甾醇是一类以环戊氢化菲为碳架的化合物，通常在第 10、第 13 和第 17 位置上有取代基，它在橡胶中有防老化作用。胶乳加氨后，类脂物分解会产生脂肪酸，脂肪酸、蜡在混炼时起分散剂的作用，脂肪酸在硫化时也起活性剂作用。灰分主要是无机盐类及很少量的铜、锰、铁等金属化合物。其中金属离子会加速天然橡胶的老化，必须严格控制其含量。水分过多易使生胶发霉，硫化时产生气泡，并降低电绝缘性能。1% 以下的少量水分在加工的过程中可以挥发除去。

10.2.2　天然橡胶的结构

天然橡胶的主要成分橡胶烃是顺式-1,4-聚异戊二烯的线型高分子化合物，分子量分布指数（M_w/M_n）很宽（2.8~10），呈双峰分布，分子量在 3 万~3000 万。因此，天然橡胶具有良好的力学性能和加工性能。

天然橡胶在常温下是无定形的高弹态物质，但在较低的温度（-50~10℃）下或应变条件下可以产生结晶。天然橡胶的结晶为单斜晶系，晶胞尺寸 $a=1.246$nm，$b=0.899$nm，$c=0.810$nm，$\alpha=\gamma=90°$，$\beta=92°$。在 0℃，天然橡胶结晶极慢，需几百小时，在-25℃结晶最快，天然橡胶结晶速率与温度关系如图 10-2 所示。天然橡胶在拉伸应力作用下容易发生结晶，拉伸结晶度最大可达 45%。软质硫化天然橡胶的伸长率与结晶程度的关系如图 10-3 所示。

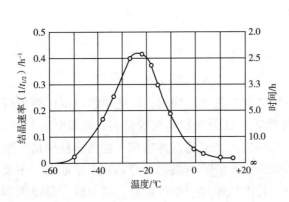

图 10-2　天然橡胶结晶速率与温度关系

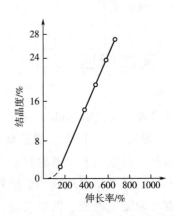

图 10-3　硫化天然橡胶的伸长率与结晶程度关系

10.2.3　天然橡胶的性能和应用

天然橡胶具有很好的弹性，在通用橡胶中仅次于顺丁橡胶。这是由于天然橡胶分子主链上与双键相邻的 σ 键容易旋转，分子链柔性好，在常温下呈无定形状态；分子链上的侧甲基体积小，数目少，位阻效应小；天然橡胶为非极性物质，分子间相互作用力小，对分子链内旋转约束和阻碍小。例如，天然橡胶的回弹率在 0~100℃ 范围内，可达 50%~85%，弹性模量为 2~4MPa，约为钢铁的 1/30000；伸长率可达 1000% 以上，为钢铁的 300 倍。随着温度的升高，生胶会慢慢软化，到 130~140℃时完全软化，200℃开始分解；温度降低则逐渐变硬，0℃时弹性大幅度下降。天然橡胶的 $T_g = -72℃$，冷却到 $-72~-70℃$ 以下时，弹性丧失变为脆性物质。受冷冻的生胶加热到常温，仍可恢复原状。

天然橡胶具有较高的力学强度。天然橡胶能在外力作用下拉伸结晶，是一种结晶性橡胶，具有自增强性，纯天然橡胶硫化胶的拉伸强度可达 17~25MPa，用炭黑增强后可达 25~35MPa。天然橡胶的撕裂强度也很高，可达 98kN/m。天然橡胶具有良好的耐屈挠疲劳性能，滞后损失小，生热低，并具有良好的气密性、防水性、电绝缘性和隔热性。天然橡胶良好的工艺加工性能，表现为容易进行塑炼、混炼、压延、压出等。但应防止过炼，降低力学性能。天然橡胶的缺点是耐油性、耐臭氧老化性和耐热氧老化性差。天然橡胶为非极性橡胶，易溶于汽油、苯等非极性有机溶剂；天然橡胶分子结构中含有大量的双键，化学性质活泼，容易与硫黄、卤素、卤化氢、氧、臭氧等反应，在空气中与氧进行自动催化的连锁反应，使分子断链或过度交联，使橡胶发生黏化或龟裂，即发生老化现象，与臭氧接触几秒钟内即发生裂口。天然橡胶具有很好的综合力学性能和加工工艺性能，被广泛应用于轮胎、胶管、胶带以及桥梁支座等各种工业橡胶制品，是用途最广的橡胶品种。它可以单用制成各种橡胶制品，如胎面、胎侧、输送带等，也可与其他橡胶并用以改进其他橡胶或自身的性能。

聚异戊二烯橡胶（IR）的结构单元为异戊二烯，与天然橡胶相同，两者的结构、性质类似，但是也有差别：聚异戊二烯橡胶的顺式含量低于天然橡胶；结晶能力比天然橡胶差，分子量分布窄，分布曲线为单峰。此外，聚异戊二烯橡胶中不含有天然橡胶那么多的蛋白质和丙酮抽出物等非橡胶烃成分。与天然橡胶相比，聚异戊二烯橡胶具有塑炼时间短、混炼加工简便、膨胀和收缩小、流动性好等优点，并且聚异戊二烯橡胶的质量均一、纯度高，外观无色透明，适于制造浅色胶料和医用橡胶制品。但聚异戊二烯橡胶中不含脂肪酸和蛋白质等能在硫化中起活化作用的物质，其硫化速率比天然橡胶的慢。为获得与天然橡胶相同的硫化速率，一般是将聚异戊二烯橡胶的促进剂用量相应地增加 10%~20%。天然橡胶中的非橡胶烃物质具有一定的防老化作用。因此，聚异戊二烯橡胶的耐老化性能相对天然橡胶差。

10.3 通用合成橡胶

10.3.1 丁苯橡胶

丁苯橡胶（styrene-butadiene rubber，SBR）是丁二烯和苯乙烯的共聚物，是最早工业化的合成橡胶。目前丁苯橡胶（包括胶乳）约占合成橡胶总产量的 55%，约占天然橡胶和合成橡胶总产量的 34%，是产量和消耗量最大的合成橡胶胶种。聚合方法有乳液聚合和溶液聚合两种（图 10-4）。

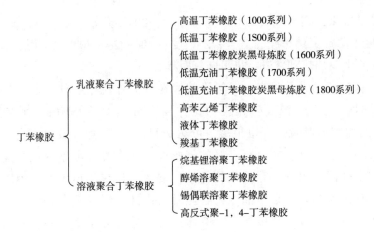

图 10-4 丁苯橡胶种类

丁苯橡胶的分子结构式如下：

$$\left[\left(CH_2-CH=CH-CH_2 \right)_x \left(CH_2-CH \right)_y \left(CH_2-CH_2 \right)_z \right]_n$$

乳液聚合丁苯橡胶（简称乳聚丁苯）是通过自由基聚合得到的，在 20 世纪 50 年代以前，均是高温丁苯橡胶，之后才出现了性能优异的低温丁苯橡胶。目前所使用的乳液聚合丁苯橡胶基本上为低温乳液聚合丁苯橡胶。羧基丁苯橡胶是在丁苯橡胶聚合过程中加入少量（1%~3%）的丙烯酸类单体共聚而制成，其力学性能和耐老化性能等较丁苯橡胶好。但这种橡胶吸水后容易早期硫化，工艺上不易掌握。高苯乙烯丁苯橡胶是将苯乙烯含量为 85%~87% 的高苯乙烯树脂胶乳与丁苯橡胶（常用 SBR1500）胶乳以一定比例混合后经过共絮凝得到的产品。

20 世纪 60 年代中期，由于阴离子聚合技术的发展，溶液聚合丁苯橡胶（简称溶聚丁苯）开始问世。采用阴离子型（丁基锂）催化剂，使丁二烯与苯乙烯进行溶液聚合的共聚物。根据聚合条件和所用催化剂的不同，可以分为无规型和无规-嵌段型两种。随着汽车工业的发展，溶液聚丁苯橡胶正日益受到重视，产量处在稳步增长阶段。

10.3.2 聚丁二烯橡胶

聚丁二烯橡胶（butadiene rubber，BR）的聚合方法有乳液聚合和溶液聚合两种，以溶液聚合方法为主（图 10-5）。聚丁二烯橡胶是丁二烯单体在有机溶剂（如庚烷、加氢汽油、苯、甲苯、抽余油等）中，利用 Ziegler-Natta 催化剂、碱金属或其有机化合物催化聚合的产物。聚合过程中单体丁二烯的加成方式既可以是 1,2-加成，也可以是 1,4-加成，1,4-加成中又存在顺式结构和反式结构。

10.3.3　丁基橡胶

丁基橡胶（butyl rubber or isobutylene and isoprene copolymer，HR）是异丁烯与少量异戊二烯（0.5%~3%）的共聚物，以 CH$_3$Cl 为溶剂，以三氯化铝（或三氟化硼）为催化剂，在低温（-100~-90℃）通过阳离子溶液聚合而制得（图 10-6）。1943 年实现丁基橡胶的工业化生产，1960 年和 1971 年先后实现氯化丁基橡胶和溴化丁基橡胶的工业化生产。

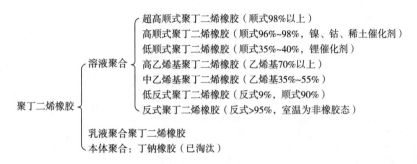

图 10-5　聚丁二烯橡胶种类

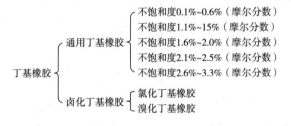

图 10-6　丁基橡胶种类

10.3.4　乙丙橡胶

乙丙橡胶是在 Ziegler-Natta 立体有规催化体系开发后发展起来的一种通用合成橡胶，增长速率较快。乙丙橡胶是以乙烯、丙烯为主要单体，采用过渡金属钒或钛的氯化物与烷基铝构成的催化剂共聚而成，主要生产方法为悬浮法或溶液法。根据是否加入非共轭二烯单体作为第三单体，乙丙橡胶分为二元乙丙橡胶（ethylene-propylene copolymer，EPM）和三元乙丙橡胶（ethylene-propylene-diene copolymer，EPDM）两大类。最早开始生产的二元乙丙橡胶，由于其分子链没有可以发生交联反应点的双键，不能用硫黄硫化，与通用二烯烃类橡胶不能很好地共混并用，因此应用受到限制，后来开发了三元乙丙橡胶。目前使用最广泛的也是三元乙丙橡胶。三元乙丙橡胶和其他橡胶特性的比较见表 10-1。三元乙丙橡胶使用的第三单体主要有三种：降冰片烯（ENB）、双环戊二烯（DCPD）、1,4-己二烯（HD）。此外，近年来还出现了各种商品牌号的改性乙丙橡胶和热塑性乙丙橡胶，如图 10-7 所示。

10.3.5 氯丁橡胶

氯丁橡胶（chloroprene or neoprene rubber，CR）最早由美国杜邦公司在1931年生产。全世界年产约70万吨。氯丁橡胶是利用2-氯-1,3-丁二烯单体采用自由基乳液聚合制备的。氯丁橡胶按其特性和用途可分为通用型、专用型和氯丁胶乳三大类（图10-8）。通用型氯丁橡胶大致可分为两类：即采用硫黄作调节剂，用秋兰姆作稳定剂的硫黄调节型，以及不含这些化合物的非硫黄调节型。硫调型氯丁橡胶的聚合温度约40℃，非硫调型氯丁橡胶的聚合温度在10℃以下。

表 10-1　乙丙橡胶的主要品种

性能		EPDM	IR/NR	SBR	BR	IIR	CR
相对密度		0.86	0.93	0.94	0.91	0.92	1.23
性能	耐候性	极优	好	好	差	优	优
	耐臭氧性	极优	差	差	差	优	优
	耐热性	极优	好	好~优	优	极优	优
	耐寒性	优	优	好~优	极优	好	好
	耐酸性	极优	优	优	优	优	好
	耐碱性	极优	优	优	优	优	好
	耐油性	差	差	差	差	差	优
	耐磨性	优	优	优	极优	好	优
	抗撕裂	好	极优	好	好	优	优
	耐蒸气	极优	优	优	极优	极优	好
气密性		好	差~好	好	差	极优	优
黏合性		差	优	优	好	好	极优
绝缘性		极优	优	优	优	极优	差~好
色稳定性		极优	优~极优	优	优	优~极优	差
动态特性		优	极优	优	极优	差	好
阻燃性		差	差	差	差	差	优
压缩变形		优	极优	极优	优	好	优
帘布黏合性		差	极优	优	优	差~好	优
充油性		极优	优	好~优	好~优	差	好
炭黑填充性		极优	优~极优	优	优	差	好~优

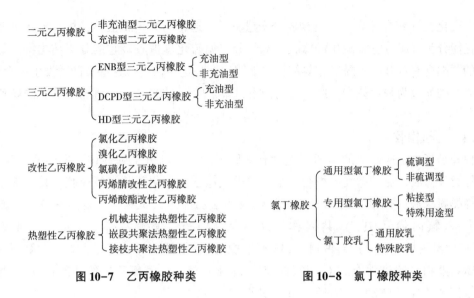

图 10-7　乙丙橡胶种类　　　　　图 10-8　氯丁橡胶种类

10.4　特种合成橡胶

特种橡胶是指用途特殊、用量较少的一类橡胶，多属饱和橡胶（丁腈橡胶除外），分子主链有的是碳链，有的是杂链，除硅橡胶外都是极性橡胶。由于这些橡胶结构上的多样性，所以性能上独具特色，也正是这些独特的性能才能满足那些独特的要求。因此，这些橡胶尽管用量很少，在国防、军事和民用领域却发挥着十分重要的作用。

10.4.1　丁腈橡胶

丁腈橡胶是目前用量最大的一种特种合成橡胶，以丁二烯和丙烯腈为单体经乳液共聚而制得的高分子弹性体，于 1937 年工业化生产。聚合方法包括高温乳液聚合（25～50℃）和低温乳液聚合（5～10℃）。目前主要采取低温乳液聚合，丙烯腈的含量是影响丁腈橡胶性能的重要指标，其含量一般在 15%～50% 范围内，其通常用作一次性手套使用。

10.4.2　硅橡胶

硅橡胶是由硅氧烷与其他有机硅单体共聚的聚合物。硅橡胶是一种分子链兼具有无机和有机性质的高分子弹性体，按其硫化机理分为三大类：有机过氧化物引发自由基交联型（也称热硫化型）、缩聚反应型（也称室温硫化型）和加成反应型三大类。热硫化型硅橡胶是指相对分子质量为 40 万～60 万的硅橡胶。采用有机过氧化物作硫化剂，经加热产生自由基使橡胶交联，从而获得硫化胶，是最早应用的一大类橡胶，品种很多。按化学组成的不同，主要有以下几种：二甲基硅橡胶、甲基乙烯基硅橡胶、甲基乙烯基苯基硅橡胶、甲基乙烯基三氟丙基硅橡胶、亚苯基硅橡胶和亚苯醚硅橡胶等。

室温硫化型（缩合硫化型）硅橡胶分子量较低，通常为黏稠状液体，按其硫化机理和使用工艺性能分为单组分室温硫化硅橡胶和双组分室温硫化硅橡胶。它的分子结构特点是在分子主链的两端含有羟基或乙酰氧基等活性官能团，在一定条件下，这些官能团发生缩合反应，形成交联结构而成为弹性体。生胶一般为液态，聚合度为 1000 以上，通常称液态硅橡胶。

10.4.3　氟橡胶

氟橡胶是指主链或侧链的碳原子上含有氟原子的一类高分子弹性体，主要分为四大类：含氟烯烃类氟橡胶、亚硝基类氟橡胶、全氟醚类氟橡胶和氟化磷腈类氟橡胶。其中常用的是含氟烯烃类氟橡胶，是偏氟乙烯与全氟丙烯或四氟乙烯的共聚物，主要品种有：偏氟乙烯（VDF）—六氟丙烯（HFP）共聚物（26 型氟橡胶）、偏氟乙烯（VDF）—四氟乙烯（TFE）—六氟丙烯（HFP）共聚物（246 型氟橡胶）、偏氟乙烯—四氯乙烯—六氟丙烯—可硫化单体共聚物（改进性能的 G 型氟橡胶）、偏氟乙烯—三氟氯乙烯的共聚物（23 型氟橡胶）以及四氟乙烯（TFE）—丙烯（PP）共聚物（四丙氟胶）。

10.4.4　丙烯酸酯橡胶

丙烯酸酯橡胶（acrylate rubber）是由丙烯酸酯（CH_2 =CHCOOR）（通常是烷基）为主要单体，与少量带有可提供交联反应的活性基团的单体共聚而成的一类弹性体，丙烯酸酯一般采用丙烯酸乙酯和丙烯酸丁酯。含有不同的交联单体的丙烯酸酯橡胶，加工性能和硫化特性也不相同，较早使用的交联单体为 2-氯乙基乙烯醚和丙烯腈。由于硫化活性低，近年来逐步开发出一些反应活性高的交联单体，主要有以下四种类型。

①烯烃环氧化物烯丙基缩水甘油醚、缩水甘油丙烯酸酯、缩水甘油甲基丙烯酸酯。

②含活性氯原子化合物氯乙酸乙烯酯、氯乙酸丙烯酸酯（被羧基活化）。

③酰胺类化合物烷氧基丙烯酰胺、羟甲基丙烯酰胺。

④含非共轭双烯烃单体二环戊二烯、甲基环戊二烯及其二聚体、亚乙基降冰片烯。

10.4.5　其他合成橡胶

除上述典型品种外，还有一些特种合成橡胶，具体简介如下。

（1）聚氨酯橡胶

聚氨酯是以多元醇、多异氰酸酯和扩链剂为原料在催化剂作用下经缩聚而成，因其分子中含有氨基甲酸酯（—NH—COO—）基本结构单元，故称聚氨基甲酸酯（简称聚氨酯）。根据分子链的刚性、结晶性、交联度及支化度等，聚氨酯可以制成橡胶、塑料、纤维及涂料等。聚氨酯橡胶（PU）是聚氨基甲酸酯橡胶的简称，由聚酯（或聚醚）二元醇与二异氰酸酯类化合物缩聚而成。通常，聚氨酯橡胶分为浇铸型（CPU）、混炼型（MPU）和热塑性（TPU）三类。

（2）氯化聚乙烯（chlorinated polyethylene，CPE）

氯化聚乙烯是聚乙烯通过氯取代反应而制备的一种高分子材料。主要的生产方法有溶液法、气相法以及水相悬浮法三种，氯化的温度不同（高于或低于聚乙烯的熔点），将得到不同构型的嵌段氯化聚乙烯。

（3）氯磺化聚乙烯（chlorosufonated polyethylene，CSM）

氯磺化聚乙烯是聚乙烯经氯化及磺化的产物。一般氯含量在 27%～45%，最佳含量为 37%，此时弹性体弹性最好。硫含量为 1%～5%，一般含量在 1.5%以下，以亚磺酰氯形式存在于分子中，提供化学交联点。氯磺化聚乙烯与氯化聚乙烯一样，性能主要受原料聚乙烯的品种、氯含量及其分布状态和硫含量的影响。由于大分子主链高度饱和，氯磺化聚乙烯具有优良的耐热老化、耐臭氧老化、耐油和阻燃性能，但分子极性大，低温性能较差，价格较高。氯磺化聚乙烯主要用于轮胎的胎侧、胶带、胶辊、胶管、电绝缘制品、胶布制品和建筑材料等。

（4）聚硫橡胶

聚硫橡胶是分子主链中含有硫原子的一种杂链橡胶，是以二氯化物和碱金属的多硫化物缩聚而制得。品种包括固态橡胶、液态橡胶和胶乳三种，其中以液态橡胶产量最大。由于饱和分子主链上含有硫原子，聚硫橡胶具有良好的耐油、耐非极性溶剂和耐老化性。聚硫橡胶具有低透气性、良好的低温屈挠性和对其他材料的黏结性，但聚硫橡胶的耐热性差，压缩永久变形较大，使用温度范围窄。聚硫橡胶主要用于密封材料和防腐蚀涂层等。液态聚硫橡胶还可作固体火箭推进剂的胶黏剂（固体火箭推进剂是为火箭提供高速向前运动能源的高能固态推进剂，它是用胶黏剂将氧化剂和金属燃料等固体颗粒结合形成的）。

第 11 章　涂料和黏合剂

11.1　涂料

11.1.1　概述

涂料是指涂布在物体表面而形成的具有保护和装饰作用的膜层材料。最早的涂料是采用植物油和天然树脂熬炼而成，其作用与我国的大漆相近，因此被称为"油漆"。随着石油化工和合成聚合物工业的发展，植物油和天然树脂已逐渐被合成聚合物改性和取代，涂料所包括的范围已远远超过"油漆"原来的狭义范围。

（1）涂料的组成和作用

涂料是多组分体系，主要有成膜物质、颜料和溶剂三种组分，此外还包括催干剂、填充剂、增塑剂、增稠剂和稀释剂等。

成膜物质也称基料，它是涂料最主要的成分，其性质对涂料的性能（如保护性能、力学性能等）起主要作用。作为成膜物质应能溶解于适当的溶剂，具有明显结晶作用的聚合物一般不适合作为成膜物质。结晶的聚合物一般不溶解于溶剂，聚合物结晶后会使软化温度提高，软化温度范围变窄，且会使漆膜失去透明性，从涂料的角度来看，这些都是不利的，作为成膜物质还必须与物体表面和颜料具有良好的结合力。为了得到合适的成膜物质，可用物理方法和化学方法对聚合物进行改性。原则上，各种天然和合成的聚合物都可作为成膜物质。与塑料、橡胶和纤维等所用聚合物的最大差别是，涂料所用聚合物的平均分子量一般较低。

成膜物质分为两大类，一类是转化型或反应型成膜物质，另一类是非转化型或挥发型成膜物质。植物油或具有反应活性的低聚物、单体等所构成的成膜物质称为反应型成膜物质，将它涂布在物体表面后，在一定条件下进行聚合或缩聚反应，从而形成坚韧的膜层。由于在成膜过程中伴有化学反应，形成网状交联结构，因此，此类成膜物质相当于热固性聚合物，如环氧树脂、天然树脂、氨基树脂和醇酸树脂等。挥发型成膜物质是由溶解或分散于液体介质中的线型聚合物构成，涂布后，由于液体介质的挥发而形成聚合物膜层，由于在成膜过程中未发生任何化学反应，成膜仅是溶剂挥发，成膜物质为热塑性聚合物，如纤维素衍生物、氯丁橡胶、乙烯基聚合物和热塑性丙烯酸树脂等。

颜料主要起遮盖、赋色和装饰作用，并对表面起抗腐蚀的保护作用。颜料的粒径一般为 $0.2 \sim 10 \mu m$ 的无机或有机粉末，无机颜料如铅铬黄、铁黄、镉黄、铁红、钛白粉、氧化锌和铁黑等，有机颜料如炭黑、酞菁蓝、耐光黄和大红粉等。有些颜料除了具有遮盖和赋色作用外，还有增强、赋予特殊性能、改善流变性能、降低成本的作用，如锌铬黄、红丹（铅丹）、磷酸锌和铝粉具有防锈功能。

溶剂通常是用以溶解成膜物质的易挥发性有机液体。涂料涂布在物体表面后，溶剂基本上应尽快挥发，不是一种永久性的组分，但溶剂对成膜物质的溶解能力决定了所形成的树脂溶液的均匀性、漆液的黏度和漆液的储存稳定性，溶剂的挥发性会极大地影响涂膜的干燥速率、涂膜的结构和涂膜外观的完美性。为了获得满意的溶解和挥发成膜效果，在产品中常用的溶剂有甲苯、二甲苯、丁醇、丁酮和乙酸乙酯等。溶剂的挥发是涂料对大气污染的主要根源，溶剂的安全性、对人体的毒性也是涂料工作者选择溶剂时应该考虑的。

涂料的上述三组分中溶剂和颜料有时可被除去，没有颜料的涂料被称为清漆，而含颜料的涂料被称为色漆。粉末涂料和光敏涂料（或称光固化涂料）则属于无溶剂的涂料。

①填充剂。又称增量剂，在涂料工业中也称为体质颜料，它不具有遮盖力和着色力，而是改进涂料的流动性能、提高膜层的力学性能和耐久性、光泽，并可降低成本。常用的填充剂有重晶石粉、碳酸钙、滑石粉、云母粉、石棉粉和石英粉等。

②增塑剂。是为提高漆膜柔性而加入的有机添加剂。常用的有氯化石蜡、邻苯二甲酸二丁酯（DBP）和邻苯二甲酸二辛酯等。

③催干剂。对聚合物脱层的聚合或交联称为漆膜的干燥。催干剂就是促使聚合或交联的催化剂。常用的催干剂有环烷酯、辛酸、松香酸及亚油酸铝盐、钴盐和锰盐，其次是有机酸的铅盐和锆盐。

④增稠剂和稀释剂。增稠剂是为提高涂料的黏度而加入的添加剂，常用的有纤维素醚类、细粒径的二氧化硅和黏土等。稀释剂是为降低黏度，便于施工而加入的添加剂，常用的有乙醇和丙酮等。

涂料中的其他添加成分还有杀菌剂、颜料分散剂以及为延长储存而加入的阻聚剂和防结皮剂等。

（2）涂料的分类

涂料的品种繁多，可从不同的角度分类，如根据成膜物质、溶剂、施工方法、功能和用途等。既然成膜物质的性能是决定涂料性能的主要因素，按成膜物质的种类，一般将涂料分为 17 大类，详见表 11-1。按涂料的使用层次分为底漆、腻子、二道底漆和面漆。按涂料的外观分类，如按涂膜的透明状况分为清漆（清澈透明）和色漆（带有颜色）；按涂膜的光泽状况分为光漆、半光漆和无光漆。按涂料的形态分为固态涂料（即粉末涂料）和液态涂料，后者包括溶剂涂料与无溶剂涂料。有溶剂涂料又可分为水性涂料和溶剂型涂料，溶剂含量低的又称高固体分涂料。无溶剂涂料主要包括通称的无溶剂涂料和增塑剂分散型涂料（即塑性溶胶）等。

表 11-1　涂料按成膜物质分类

涂料类别	主要成膜物质
油脂漆	天然植物油、动物油、合成油等
天然树脂漆	松香及其衍生物、虫胶、乳酪素、动物胶、大漆及其衍生物等
酚醛树脂漆	酚醛树脂及改性酚醛树脂

涂料类别	主要成膜物质
沥青漆	天然沥青、(煤) 焦油沥青、石油沥青等
醇酸树脂漆	醇酸树脂及改性醇酸树脂
氨基树脂漆	脲醛树脂、三聚氰胺甲醛树脂
硝基漆	硝基纤维素、改性硝基纤维素
纤维素漆	苄基纤维、乙基纤维、羟甲基纤维、醋酸纤维、醋酸丁酯纤维
过氯乙烯漆	过氯乙烯树脂 (氯化聚乙烯)、改性过氯乙烯树脂
乙烯树脂漆	氯乙烯共聚树脂、聚醋酸乙烯及其衍生物、聚乙烯醇缩醛树脂、含氯树脂、氯化聚丙烯、石油树脂等
丙烯酸树脂漆	热塑性丙烯酸树脂及热固性丙烯酸树脂等
聚酯树脂漆	不饱和聚酯树脂
环氧树脂漆	环氧树脂及改性环氧树脂
聚氨酯漆	聚氨酯
元素有机漆	有机硅树脂及有机氟树脂
橡胶漆	天然橡胶、合成橡胶及其衍生物
其他漆类	聚酰亚胺树脂、无机高分子材料等

水性涂料分为两大类,一是乳胶 (或乳液),二是水性树脂体系。水性树脂体系可分为水溶性体系和水分散性体系,水溶性体系的成膜物质有两种:一是成膜物质具有强极性结构,可在水中溶解;二是成膜物质通过化学反应形成水溶性的盐,此类成膜物质一般含有酸性基团或者碱性基团,可与氨或酸反应,其中氨和酸是挥发性的,在涂料干燥的过程中能够逸出。为保证成膜物质的水溶性,成膜物质的分子量相对较低,从 1000~6000,极少数情况可达到20000。水分散性成膜物质的分子量较高,一般为 30000 左右。

水性涂料中作为溶剂和分散介质的水与通常的有机溶剂的性质有很大的差异,因而水性涂料的性质与溶剂型涂料的性质也有很大的不同,主要表现在:水的凝固点为 0℃,因而水性涂料必须在 0℃ 以上保存。水的沸点 100℃,虽比溶剂低,但气化蒸发热为 2300J/g,远远高于一般溶剂,因而干燥时耗能多,蒸发慢,在涂装时易产生流挂,影响表面质量,这也是水性涂料涂装技术上的难点之一。水的表面张力为 73.0mN/m,比一般溶剂高许多,因而水性涂料在涂装时易产生下列缺陷和漆膜弊病:不易渗入被涂物质表面的细缝中,易产生缩孔,展平性不良,易流性,不易消泡,浸渍涂装时易产生下沉、流迹等。一般需加入助溶剂来降低表面张力,提高表面质量。另外,水分散体系的水性涂料对于剪切力、热、pH 等较敏感,因而在制造、输送水性涂料过程中应加以考虑。水性树脂分子在颜料表面吸附性差,乳胶涂料的光泽低,不鲜艳,在装饰性上欠佳。即使初期的光泽鲜艳性好,在室外暴露后光泽保持率差。现在,水性涂料在人工老化试验 3000h 后,光泽保持率能维持在 85% 以上已是最好的。

（3）涂料膜的形成

用涂料的目的是在被涂物的表面形成一层坚韧的薄膜。涂料的成膜包括将涂料施工在被涂物表面和使其形成固态的连续涂膜两个过程，成膜方式包括物理成膜方式和化学成膜方式。物理成膜方式又分为溶剂或分散介质的挥发成膜和聚合物粒子凝聚两种形式，主要用于热塑性涂料的成膜。

①溶剂或分散介质的挥发成膜。这是溶液型或分散型液态涂料在成膜过程中必须经过的一种形式。液态涂料涂在被涂物上形成"湿膜"，其中所含有的溶剂或分散介质挥发到大气中，涂膜黏度逐步加大至一定程度而形成固态涂膜。涂料品种中硝酸纤维素漆、过氯化乙烯漆、沥青漆、热塑性乙烯树脂漆、热塑性丙烯酸树脂漆和橡胶漆都以溶剂挥发方式成膜。

②聚合物粒子凝聚成膜。这种成膜方式是涂料依靠其中作为成膜物质的高聚物粒子在一定的条件下互相凝聚而成为连续的固态膜。含有挥发性分散介质的分散型涂料，如水乳胶涂料、非水分散型涂料和有机溶胶等，在分散介质挥发的同时产生高聚合物粒子的接近、接触、挤压变形而聚集起来，最后由粒子状态的聚集变为分子状态的聚集而形成连续的涂膜。含有不挥发的分散介质的涂料如塑性溶胶，由分散在介质中的高聚物粒子溶胀、凝聚成膜。热塑性的固态粉末涂料在受热的条件下通过高聚物热熔、凝聚而成膜。化学成膜是指先将可溶的（或可熔的）低分子量的聚合物涂布在基材表面以后，在加温或其他条件下，分子间发生反应而使分子量进一步增加或发生交联而成坚韧薄膜的过程。这种成膜方式是一种特殊形式的高聚物合成方式，它完全遵循高分子合成反应机理，是热固性涂料包括光敏涂料、粉末涂料、电泳漆等的共同成膜方式。

（4）涂料的涂装技术

将涂料均匀地涂在基材表面的施工工艺称为涂装。为了使涂料达到应有的效果，涂装施工非常重要，俗话说"三分油漆，七分施工"，虽然夸张一点，但也说明施工的重要性。涂料的施工首先要对被涂物的表面进行处理，然后才可进行涂装。表面处理有两方面的作用，一方面是消除被涂物表面的污垢、灰尘、氧化物、水分、锈渣、油污等；另一方面是对表面进行适当改造，包括进行化学处理或机械处理，以消除缺陷或提高附着力。不同的基质有不同的处理方法。

金属的表面处理主要包括除锈、除油、除旧漆、磷化处理和钝化处理等。木材施工前要先晾干或低温烘干（70~80℃），控制含水在 7%~12%，还要除去未完全脱离的毛束（如木质纤维）。表面的污物要用砂纸或其他方法除去，并要挖去或用有机溶剂溶解木材中的树脂，有时为了美观，在涂漆前还需漂白和染色。

塑料一般为低能表面，为了增加塑料表面的极性，可用化学氧化处理，例如用酪酸、火焰、电晕或等离子体等进行处理；为了增加涂料中成膜物质在塑料表面的扩散速度，也可用溶剂（如三氯乙烯蒸气）进行侵蚀处理。另外，在塑料表面上往往残留有脱模剂和渗出的增塑剂，必须预先进行清洗。涂装的方法很多，一般要根据涂料的特性、被涂物的性质、形状及质量要求而定。

①手工涂装。手工涂装包括刷涂、滚涂和刮涂等。其中刷涂是最常见的手工涂装法，适用于多种形状的被涂物。滚涂主要用于乳胶涂料的涂装，刮涂是用于黏度高的厚膜涂装方法，一般用来涂布腻子和填孔剂。

②浸涂和淋涂。将被涂物浸入涂料中，然后吊起，滴尽多余的涂料，经过干燥而达到涂装目的的方法称为浸涂。淋涂则是用喷嘴将涂料淋在被涂物上以形成涂层，它和浸涂方法一样适用于大批量流水线生产方式。对于这两种涂装方法最重要的是要控制好黏度，因为黏度直接影响漆膜的外观和厚度。

③空气喷涂。空气喷涂是通过喷枪使涂料雾化成雾状液滴，在气流带动下，喷到被涂物表面的方法。这种方法效率高，作业性好。

④无空气喷涂。无空气喷涂法是靠高压泵将涂料增压至 $5\sim35MPa$，然后从特制的喷嘴小孔（口径为 $0.2\sim1mm$）喷出，由于速度高（约 $100m/s$），随着冲击空气和压力的急速下降，涂料中的溶剂急速挥发，体积骤然膨胀而分散雾化，并高速涂着在被涂物上。这种方法可以大大减少漆雾飞扬，生产效率高，适用于高黏度涂料。

⑤静电喷涂。静电喷涂是利用被涂物为阳极，涂料雾化器或电栅为阴极，形成高压静电场，喷出的漆滴由于阴极的电晕放电而带上负电荷，它们在电场的作用下，沿电力线高效地被吸附在被涂物上。这种方法易实现机械化和自动化，生产效率高，适用于流水线生产，且漆膜均匀，质量好。

⑥电泳涂装。电泳涂装是水稀释性涂料特有的一种涂装方式。通常把电泳施工的水溶性涂料称为电泳漆。电泳涂装是在一个电泳槽中进行的，涂料置于槽中，由于水稀释性漆是一个分散体系，水稀释性树脂的聚集体作为黏合剂，将颜料、交联剂和其他添加剂包覆于微粒内，微粒表面带有电荷，在电场的作用下，带电荷微粒向着与所带电荷相反的电极移动，并在电极表面失去电荷，沉积在电极表面上，此电极为被涂物。将被涂物取出冲洗后加温烘干，便可得到交联固化的漆膜。电泳涂装广泛用于汽车、电器、仪表等的底漆涂装。

另外还有粉末涂料的涂装方法。粉末涂料涂装的两个要点是：一是如何使粉末分散和附着在被涂物的表面；二是如何使它成膜。粉末涂料的涂装方法近年发展很快，方法很多，常用的涂装方法有火焰喷涂法、流化床法和静电涂装法三种。

11.1.2 醇酸树脂涂料

1927 年，通用电器公司对多元醇与多元酸合成的聚酯做了重大改进，即在聚酯成分中增加了脂肪酸，这种聚酯取名为醇酸树脂。在国外，醇酸树脂约占涂料用合成树脂的40%以上。因此，醇酸树脂漆在涂料工业中占有极重要的地位。

11.1.3 丙烯酸涂料

丙烯酸树脂是由丙烯酸及丙烯酸酯或甲基丙烯酸及甲基丙烯酸酯单体通过加聚反应生成的聚丙烯酸或聚丙烯酸酯树脂。以丙烯酸树脂为成膜物质的涂料称为丙烯酸涂料。在生产过程中为了改进丙烯酸树脂的性能和降低成本，常按比例加入烯类单体如丙烯腈、甲基丙烯酰胺、甲基丙烯酸、乙酸乙烯、苯乙烯等与之共聚。表 11-2 简单地列出了一些共聚单体的作用。

表 11-2　各种单体对漆膜性能的影响

膜的性质	单体的类别
室外耐久性	甲基丙烯酸酯和丙烯酸酯
硬度	甲基丙烯酸酯、苯乙烯、甲基丙烯酸和丙烯酸
柔韧性	丙烯酸乙酯、丙烯酸正丁酯、丙烯酸 2-乙基己酯
抗水性	甲基丙烯酸甲酯、苯乙烯
抗撕裂	甲基丙烯酰胺、丙烯腈
耐溶剂	丙烯腈、氯乙烯、偏氯乙烯、甲基丙烯酰胺、甲基丙烯酸苯乙烯、含芳香族的单体
引入反应性基团	丙烯酸羟乙酯、丙烯酸羟丙酯、丙烯酸缩水甘油酯、丙烯酸、甲基丙烯酸、丙烯酰胺、丙烯酸烯丙酯、氯乙烯、偏氯乙烯

根据所用单体不同，丙烯酸树脂分为热塑性丙烯酸树脂和热固性丙烯酸树脂。溶剂型丙烯酸涂料最早使用的是热塑性丙烯酸涂料，主要组分是聚甲基丙烯酸酯。由于热塑性丙烯酸涂料的固体含量太低，大量溶剂逸入大气中，为增加固含量，必须降低丙烯酸树脂的相对分子质量，但这必然影响漆膜的各种性能，为此发展了热固性丙烯酸树脂涂料。热固性丙烯酸树脂涂料是使相对分子质量较低的丙烯酸树脂在涂布以后经分子间反应而构成的体型分子。热固性丙烯酸树脂一般通过侧链的羟基、羧基、氨基、环氧基和交联剂（如氨基树脂、多异氰酸酯及环氧树脂等）反应。这类涂料除了具有较高的固体分以外，它还有更好的光泽和表观，更好的耐化学、耐溶剂及耐碱、耐热性等。常见的丙烯酸酯漆分类列于表 11-3。

表 11-3　常见的丙烯酸酯漆分类

分类		主要组成成分	成膜方式
挥发型		热塑性丙烯酸酯树脂	挥发干燥
		丙烯酸酯树脂加纤维素酯或其他成膜物	挥发干燥
交联型		侧链带羟基或羧基的丙烯酸酯树脂加氨基树脂	烘烤交联
		侧链带环氧基或 N-羟甲基（烷氧基）的丙烯酸酯树脂	烘烤交联
		侧链带羟基的丙烯酸酯树脂加环氧树脂	烘烤交联
		侧链带羟基的丙烯酸酯树脂和多异氰酸酯预聚物分装	常温交联
		非光化学活性溶剂中分散的交联型丙烯酸酯树脂	烘烤交联
水性型	自干型	水分散型乳胶（含少量助溶剂）	成膜助剂，挥发自干
		水溶胶（含少量助溶剂）	成膜助剂，挥发自干
	交联型	侧链带羟基或 N-羟甲基（烷氧基）等的水溶性树脂加或不加氨基树脂	电泳或喷涂，烘烤交联
		水分散型带羟基乳胶加氨基树脂	烘烤交联
		水分散型带 N-羟甲基（烷氧基）乳胶	烘烤交联
	交联型	侧链带缩水甘油基、羟基或羧基等的丙烯酸酯树脂加适当交联树脂	烘烤交联

分类		主要组成成分	成膜方式
无溶剂型	交联型	侧链带缩水甘油基、羟基或羧基等的丙烯酸酯树脂粉末,外加适当交联树脂粉末	烘烤交联
		环氧树脂等与丙烯酸反应或二异氰酸酯与丙烯酸羟丙酯反应加入丙烯酸酯活性稀释剂,应用时加光敏引发剂	紫外线或电子束辐射交联

11.1.4 聚氨酯涂料

聚氨酯涂料即聚氨基甲酸酯涂料。凡用异氰酸酯或其反应产物为原料的涂料统称聚氨酯涂料。聚氨酯涂料中除含有相当数量的氨基甲酸酯键（—NH—CO—）外,还含有酯键、醚键、脲键、脲基甲酸酯键等,综合性能优良,是一种用途广泛的高级涂料。表 11-4 列出了一些常见聚氨酯涂料的特点和分类。

表 11-4　常见聚氨酯涂料的特点和分类

类别		固化方式	游离 NCO/%	主要用途
单组分	氨酯油和氨酯醇酸（ASTM-1）	油脂中的双键与空气中的氧气氧化聚合	0	室内装饰用漆、船舶、工业防腐蚀、维修漆、地板漆
	湿固化 ASTM-2	空气中的湿气	<15	木材、钢材、塑料、地板、水泥壁面、地下设施的涂装
双组分	封闭型 ASTM-3	加热	0	绝缘漆,特别是烤漆
	催化固化 ASTM-4	催化剂+预聚物	5~10	各种防腐蚀涂料、耐磨涂料、皮革、橡胶用漆
	多羟基组分固化 ASTM-5	多羟基组分+加成物或预聚物	6~12	各种装饰性涂料和防腐蚀涂料、木材、钢材、有色金属塑料、水泥、皮革、橡胶用漆

11.1.5 其他涂料

（1）环氧树脂涂料

环氧树脂中最重要的是由双酚 A 与环氧丙烷在碱作用下制备的双酚 A 型树脂,相对分子质量为 400~4000。由于环氧树脂的相对分子质量太低,不具有成膜性质,必须通过化学交联方法成膜,常用的固化剂有胺、酸酐和聚酰胺等,还可与其他带有活性基团的涂料树脂如酚醛树脂、氨基树脂等并用,经高温烘烤成膜。

环氧树脂涂料对金属（钢、铝等）、陶瓷、玻璃、混凝土等极性底材,均有优良的附着力，且固化时体积收缩率低。环氧树脂漆的耐化学品性能优良，耐碱性尤其突出，因而大量用作防腐蚀底漆。环氧树脂对湿表面有一定的润湿力，尤其在使用聚酰胺树脂作固化剂时，可制成水下施工涂料，用于水下结构的检修和水下结构的防腐蚀施工。环氧树脂本身的分子量不高，能与各种固化剂、配合剂等一起制成无溶剂、高固体分涂料、粉末涂料和水性涂料。环氧树脂还具有优良的电绝缘性质，用于浇注密封、浸渍漆等。环氧树脂含有环氧基和羟基两种活泼基团，能与多元胺、酚醛树脂、氨基树脂、聚酰胺树脂和多异氰酸酯等配合制成多种涂料，既可常温干燥，也可高温烘烤，以满足不同的施工要求。不过，环氧树脂的耐光老化性差，因为环氧树脂含有芳香醚键，漆膜经日光照射后易降解断链，不宜做户外的面漆；低温固化性差，固化温度一般在10℃以上，不宜在冬季施工。

（2）氨基树脂涂料

以含有氨基官能团的化合物（主要为尿素、三聚氰胺、苯代三聚氰胺）与醛类（主要是甲醛）缩聚反应制得的热固性树脂称为氨基树脂。用于涂料的氨基树脂需用醇类改性，使它能溶于有机溶剂，并与主要成膜树脂有良好的混溶性和反应性。在涂料中，由氨基树脂单独加热固化所得的涂膜硬而脆，且附着力差，因此通常与基体树脂如醇酸树脂、聚酯树脂、环氧树脂等配合，组成氨基树脂漆。氨基树脂漆中氨基树脂作为交联剂，它提高了基体树脂的硬度、光泽、耐化学品性以及烘干速率，而基体树脂则克服了氨基树脂的脆性，改善了附着力。与醇酸树脂漆相比，氨基树脂漆的特点是：清漆色泽浅、光泽高、硬度高、良好的电绝缘性；色漆外观丰满、色彩鲜艳、附着力强、耐老化性好、干燥时间短、施工方便、有利于涂漆的连续化操作。尤其值得一提的是三聚氰胺甲醛树脂，它与不干性醇酸树脂、热固性丙烯酸树脂、聚酯树脂配合，可制得保光和保色性极佳的高级白色或浅色烘漆。这类涂料目前在车辆、家用电器、轻工产品、机床等方面得到了广泛的应用。

（3）不饱和聚酯漆

不饱和聚酯漆是一种无溶剂漆。它是由不饱和二元酸与二元醇缩聚反应制成的直链型的聚酯树脂，再以单体稀释而组成的。这种涂料在引发剂和促进剂存在下，能交联转化成不熔不溶的漆膜。其中，不饱和单体同时起着成膜物质及溶剂的双重作用，因此也可称为无溶剂漆。在不饱和聚酯树脂漆料中，加入一些光敏物质，或直接将光敏物质与不饱和聚酯树脂聚合，这样所得的涂料能够感光。光聚合漆的优点是在短时间内可以完全固化，储存方便。它可以涂覆在胶合板、塑料、纸张和其他材料上。不饱和聚酯树脂作为无溶剂漆，已广泛应用于各领域，不饱和聚酯漆用作金属储槽内壁的防腐蚀涂料，效果很好；它对食品无污染、无毒，啤酒厂已广泛采用。在不饱和聚酯树脂中适当地加入填料制成聚酯腻子，解决了溶剂型树脂腻子（如醇酸树脂腻子、过氯乙烯树脂腻子等）里外干燥速率不一样的问题，但存在固化速率慢、打磨性差等缺点。

（4）有机硅涂料

有机硅聚合物简称有机硅，广义指分子结构中含有 Si—C 键的有机聚合物。有机硅涂料是以有机硅聚合物或有机硅改性聚合物为主要成膜物质的涂料。有机硅由于以 Si—O 键为主链，因而有机硅涂料具有优良的耐热性、电绝缘性、耐高低温、耐电晕、耐潮湿和抗水性；

对臭氧、紫外线和大气的稳定性良好，对一般化学试剂的抗耐力好。有机硅涂料多用于耐热涂料、电绝缘涂料和耐候涂料等。

另外，还有各种功能性涂料，即除具有一般涂料的防护和装饰等性能外，还具有如导电、示温、防火、伪装等特殊功能的表面涂装材料。在功能性材料中，功能性涂料以其成本低廉、效果显著、施工方便的特点获得了飞速的发展，已成为机械、电子、化工、国防等各个科技领域不可缺少的材料。

11.2　黏合剂

11.2.1　概述

（1）黏合剂的特点、分类和组成

黏合剂又称胶黏剂，是通过黏附作用使被黏物相互结合在一起的物质。近年来，黏合技术发展迅速，应用十分广泛，与焊接、铆接、榫接、钉接、缝合等连接方法相比具有以下的特点。

①可以黏合不同性质的材料，对被黏结材料的适用范围较宽。如对两种不同性质的金属或脆性陶瓷材料很难焊接、铆接和钉接，但采用黏合方法可以获得事半功倍的效果。

②可以黏合异形、复杂结构和大型薄板的结构部件。采用黏合方法可以避免焊接时产生的热变形和铆接时产生的机械变形。大型薄板结构件不采用黏合方法是难以制造的。

③黏合件外形平滑美观，有利于提高空气动力学性能。这一特点对航空飞机、导弹和火箭等高速运载工具尤其重要。

④黏合是面黏结，不易产生应力集中，接头有良好的疲劳强度，同时具有优异的密封、绝缘和耐腐蚀等性能。但是，黏合技术对被黏物的表面处理和黏合工艺要求很严格，对黏合质量目前也没有简便可行的无损检验方法。

黏合剂品种繁多，可按多种方法进行分类（图 11-1）。

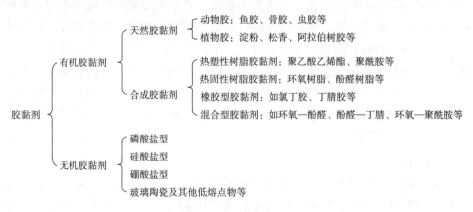

图 11-1　黏合剂的分类

按黏合剂基体材料的来源可分为无机黏合剂和有机黏合剂。无机黏合剂虽然具有较好的耐热性，但受冲击容易脆裂，用量很少。有机黏合剂包括天然黏合剂和合成黏合剂。天然黏合剂来源丰富，价格低廉，毒性低，但耐水、耐潮和耐微生物作用较差，主要在家具、包装、木材综合加工和工艺品制造中有广泛的应用。合成黏合剂具有良好的电绝缘性、隔热性、抗震性、耐腐蚀性、耐微生物作用和良好的黏合强度，而且能根据不同用途的要求方便地配制不同的黏合剂。合成黏合剂的品种多、用量大，占总量的 60%~70%。

按黏结处受力的要求可分为结构型黏合剂和非结构型黏合剂。结构型黏合剂用于能承受载荷或受力结构件的黏结，黏合接头具有较高的黏结强度。如用于汽车、飞机上的结构部件的连接。一般热固性黏合剂和合金型黏合剂适合于做结构型黏合剂。非结构型黏合剂用于不受力或受力不大的各种应用场合，通常为橡胶型黏合剂和热塑性黏合剂，常以压敏、密封剂和热熔胶的形式使用。

按固化方式的不同，黏合剂可分为水基蒸发型、溶剂挥发型、化学反应型、热熔型和压敏型等。黏合剂一般是以聚合物为主要成分的多组分体系。除主要成分（基料）外，还有许多辅助成分，可对主要成分起到一定的改性或提高品质的作用。仔细选择辅助成分的品种和数量，可使黏合剂的性能达到最佳。根据配方及用途的不同，包含以下辅料中的一种或数种。

固化剂。用以使黏合剂交联固化，提高黏合剂的黏合强度、化学稳定性、耐热性等，是热固性树脂为主要成分的黏合剂所必不可少的成分。不同的树脂要针对其分子链上的反应基团而选用合适的固化剂。

硫化剂。与固化剂的作用类似，是使橡胶为主要成分的黏合剂产生交联的物质。

促进剂。可加速固化剂或硫化剂的固化反应或硫化反应的物质。

增韧剂及增塑剂。能改进黏合剂的脆性、抗冲击性和伸长率。

填料。具有降低固化时的收缩率，提高尺寸稳定性、耐热性和机械强度，降低成本等作用。

溶剂。溶解主料以及调节黏度，便于施工。溶剂的种类和用量与黏结工艺密切相关。

其他辅料。如稀释剂、偶联剂、防老剂等。

（2）黏结及其黏结工艺

黏结（胶接）是用黏合剂将被黏物表面连接在一起的过程。要达到良好的黏结，必须具备两个条件：第一，黏合剂要能很好地润湿被黏物表面；第二，黏合剂与被黏物之间要有较强的相互作用。液体对固体表面的润湿情况可用接触角来描述，如图 11-2 所示。接触角 θ 是液滴曲面的切线与固体表面的夹角。

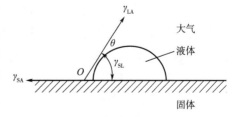

图 11-2　液体与固体表面的接触角

接触角 $\theta<90°$ 时为润湿，$\theta>90°$ 时为润湿不良，$\theta=180°$ 为不润湿，$\theta=0°$ 为液体在固体表面铺展。一般将 θ 趋于零时液体的表面张力称为临界表面张力。液体对固体的润湿程度主要取决于它们的表面张力大小。当一个液滴在固体表面达到热力学平衡时，应满足以下方程式。

$$\gamma_{SA} = \gamma_{SL} + \gamma_{LA}\cos\theta$$

如果三个力的合力使接触点上液滴向左拉，则液滴扩大，θ 变小，固体润湿程度变大；若向右拉，则产生相反现象。这里，向左方拉的力是 γ_{SA}，向右方拉的力是 $\gamma_{SL} + \gamma_{LA}\cos\theta$，由此可以得出以下结论：

$\gamma_{SA} > \gamma_{SL} + \gamma_{LA}\cos\theta$ 时，润湿程度增大；

$\gamma_{SA} < \gamma_{SL} + \gamma_{LA}\cos\theta$ 时，润湿程度减小；

$\gamma_{SA} = \gamma_{SL} + \gamma_{LA}\cos\theta$ 时，液滴处于静止状态。

因此，表面张力小的物质能够很好地润湿表面张力大的物质，而表面张力大的物质不能润湿表面张力小的物质。一般金属、金属氧化物和其他无机物的表面张力较大，远大于黏合剂的表面张力，很容易被黏合剂湿润，为形成良好的黏合力创造了先决条件。有机高分子材料的表面张力较低，不容易被黏合，特别是含氟聚合物和非极性的聚烯烃类聚合物等难黏性材料，更不容易黏合，此时可以在黏合剂中加入适量表面活性剂以降低黏合剂的表面张力，提高黏合剂对被黏材料的润湿能力。玻璃、陶瓷介于上述二者之间。另外，木材、纤维、织物、纸张、皮革等属于多孔物质，容易润湿，只需进行脱脂处理，即可以黏合。

黏合剂与被黏物之间的结合力，大致有以下几种：由于吸附以及相互扩散而形成的次价结合；由于化学吸附或表面化学反应形成的化学键；配价键，如金属原子与黏合剂分子中的 N、O 等原子形成的配价键；被黏物表面与黏合剂由于带有异种电荷而产生的静电吸引力；由于黏合剂分子渗进被黏物表面微孔中以及凹凸不平处而形成的机械啮合力。

不同情况下，这些力所占的相对比例不同，因而就产生了不同的黏结理论，如吸附理论、扩散理论、化学键理论及静电吸引理论等。黏结接头在外力的作用下被破坏的形式分三种基本情况：内聚破坏，黏合剂或被黏物中发生的目视可见破坏；黏附破坏，黏合剂和被黏物界面处发生的目视可见破坏；混合破坏，兼有前两种情况的破坏。因此，要想获得良好的黏合接头，黏合剂与被黏物的界面黏接强度、胶层的内聚强度都必须加以考虑，黏合接头的机械强度是黏合剂的主要性能指标之一。按实际的受力方式可分为拉伸强度、剪切强度、冲击强度、剥离强度和弯曲强度等。

黏合接头的机械强度除受黏合剂分子结构的影响外，黏结工艺也是一个很重要的影响因素，合理的黏结工艺可创造最适应的外部条件来提高黏合结头的强度。黏结工艺一般可分为初清洗、黏结接头机械加工、表面处理、上胶、固化及修整等步骤。初清洗是将被黏物件表面的油污、锈迹、附属物等清洗掉。然后根据接头的形式和形状对接头进行机械加工，如通过对被黏物表面机械处理以形成适当的粗糙度等。胶接的表面处理是胶接好坏的关键。常用的表面处理方法有溶剂清洗、表面喷砂、打毛、化学处理等，或使某些较活泼的金属"钝化"，以获得牢固的胶接层。上胶的厚度一般以 0.05~0.15mm 为宜，不宜过厚，厚度越厚产生缺陷和裂纹的可能性越大，越不利胶接强度的提高。另外，固化时应掌握适当的温度，固化时施加压力有利胶接强度的提高。

（3）黏合剂的选择

不同的材料、不同的用途以及价格等方面的因素常常是我们选择黏合剂的基础。其中材料是决定选用黏合剂的主要因素，下面就介绍几类材料所适用的黏合剂。

①金属材料。用于黏结金属的常用结构型黏合剂的性能见表 11-5。利用此表可对黏合剂的种类进行初步筛选。用以金属黏结的非结构型黏合剂通常为橡胶型黏合剂和热塑性树脂黏合剂，属热熔型和压敏型。大多数热熔型和压敏型黏合剂均适用。

②塑料用黏合剂。塑料基体和黏合剂的物理化学性质都会影响黏结接头的强度，塑料和黏合剂的玻璃化温度及热膨胀系数是要考虑的主要因素。结构型黏合剂应有比使用温度高的玻璃化温度以避免蠕变等问题。如果黏合剂在远低于其玻璃化温度下使用，会导致脆化而使冲击强度下降。塑料与黏合剂的热膨胀系数如果相差较大，则胶接接头在使用过程中容易产生应力。另外，聚合物表面在老化过程中的变化也不可忽视。

表 11-5　金属材料用结构型黏合剂的性能

黏合剂	使用温度范围/℃	剪切强度/MPa	剥离强度	冲击强度	抗蠕变性能	耐溶剂性	耐潮湿性	接头特性
环氧—胺	-46~66	21~35	差	差	好	好	好	刚性
环氧—聚酰胺	-51~66	14~28	一般	好	好	好	一般	柔韧
环氧—酸酐	-51~150	21~35	差	一般	好	好	好	刚性
环氧—聚酰胺	-253~82	45.5	很好	好	一般	好	差	韧
环氧—酚醛	-253~177	22.5	差	差	好	好	好	硬
环氧—聚硫	-73~66	21	好	一般	一般	好	好	韧
丁腈—酚醛	-73~150	21	好	好	好	好	好	柔韧
乙基—酚醛	-51~107	14~35	很好	好	一般	一般	好	柔韧
氯丁—酚醛	-57~93	21	好	好	好	好	好	柔韧
聚酰亚胺	-253~316	21	差	差	好	好	一般	硬
聚苯并咪唑	-253~260	14~21	差	差	好	好	好	硬
聚氨酯	-253~66	35	好	好	好	一般	差	韧
丙烯酸酯	-51~93	14~28	差	一般	好	差	差	硬
氰基丙烯酸酯	-51~66	14	差	差	好	差	差	硬
聚苯醚	-57~82	17.5	一般	好	好	差	好	柔韧
热固性丙烯酸	-51~121	21~28	差	差	好	好	好	硬

③橡胶用黏合剂。对于大多数橡胶与橡胶的黏结，氯丁橡胶、环氧—聚酰胺和聚氨酯黏合剂等能提供优异的黏结强度，不过橡胶中的填料、增塑剂、抗氧剂等配合剂容易迁移至表面，影响黏结强度，使用过程时应注意。橡胶与其他非金属材料的黏结，可视另一种材料的情况而定。橡胶—皮革可用氯丁胶和聚氨酯黏合剂；橡胶—塑料、橡胶—玻璃和橡胶—陶瓷可用硅橡胶黏合剂；橡胶—玻璃钢、橡胶—酚醛塑料可用氰基丙烯酸酯和丙烯酸酯等黏合剂；

橡胶—混凝土、橡胶—石材可用氯丁橡胶、环氧胶和氰基丙烯酸酯等黏合剂。橡胶—金属的黏结一般可选用改性的橡胶黏合剂，如氯丁—酚醛树脂黏合剂和氰基丙烯酸酯等黏合剂。

④复合材料用黏合剂。环氧、丙烯酸酯以及聚氨酯黏合剂常用于复合材料。

⑤玻璃。用于黏结玻璃的黏合剂，除考虑强度外还要考虑透明性以及与玻璃热膨胀系数的匹配性。常用的黏合剂包括环氧树脂、聚乙酸乙烯酯、聚乙烯醇缩丁醛和氰基丙烯酸酯等黏合剂。

⑥混凝土。建筑结构主要是钢筋混凝土结构，建筑结构胶的主要黏结对象是金属、混凝土及其他水泥制品，既要求室温固化，又要有高的黏结强度。迄今为止，绝大部分采用环氧树脂黏合剂，对载荷不大的非结构件也可用聚氨酯黏合剂。现在世界各国已有多种牌号，如法国的西卡杜尔 31#、32#，日本的 E-206、10# 胶，中国科学院大连化学物理所于 1983 年研制成功 JGN 型系列建筑结构胶。

11.2.2　环氧树脂黏合剂

以环氧树脂为基料的黏合剂统称为环氧树脂黏合剂，它是当前应用最广泛的黏合剂之一。因环氧树脂分子中含有环氧基、羟基、氨基或其他极性基团，对大部分材料有良好的黏结能力，故有"万能胶"之称。与金属的黏结强度可达 $2 \times 10^7 Pa$ 以上。环氧树脂黏合剂的拉伸强度、剪切强度高，耐酸、碱和耐油、醇、酮、酯等多种有机溶剂，抗蠕变，固化收缩率小，电绝缘性能良好，通常被用作结构型黏合剂。但未改性环氧树脂性脆，冲击性能较差，常用增韧剂改性提高其冲击韧性。另外，配制后的环氧黏合剂一般使用期较短，有的体系虽用的是潜伏性固化剂，但仍需在低温下储藏，以免生成凝胶。

11.2.3　聚氨酯黏合剂

聚氨酯黏合剂是分子链中含有异氰酸酯基（—N—CO—）及氨基甲酸酯基（—NH—CO—O—），具有很强的极性和活泼性的一类黏合剂。由于—N—CO—可以与多种含有活泼氢的化合物发生化学反应，所以对多种材料具有极高的黏附性，在国民经济中得到广泛应用，是合成黏合剂中的重要品种之一。

11.2.4　酚醛树脂黏合剂

酚醛树脂是最早用于黏合剂工业的合成树脂品种之一，是由苯酚及其衍生物和甲醛在酸性或碱性催化剂存在下缩聚而成。随着苯酚与甲醛用量配比和催化剂的不同，可生成热固性酚醛树脂和热塑性酚醛树脂两大类，可参照酚醛树脂一节。酚醛树脂黏合剂按其组成可分为以下几类。

①未改性酚醛树脂黏合剂：甲阶酚醛胶、热塑性酚醛胶。

②酚醛—热塑性树脂黏合剂：酚醛—缩醛胶、酚醛—聚酰胺胶。

③酚醛—热固性树脂黏合剂：酚醛—环氧胶、酚醛—有机硅胶。

④酚醛—橡胶黏合剂：酚醛—氯丁胶、酚醛—丁腈黏合剂。

⑤间苯二酚甲醛树脂黏合剂。

11.2.5　其他类型的黏合剂

（1）丙烯酸酯类黏合剂

丙烯酸酯类黏合剂有溶液型黏合剂、乳液型黏合剂和无溶剂型黏合剂等。无溶剂型丙烯酸酯类黏合剂是以单体或预聚物为主要原料的黏合剂，通过聚合而固化，有 α-氰基丙烯酸酯黏合剂、厌氧性黏合剂和丙烯酸结构黏合剂等。

①α-氰基丙烯酸酯黏合剂。α-氰基丙烯酸酯黏合剂是由 α-氰基丙烯酸酯单体、增稠剂、增塑剂、稳定剂等配制而成。因为 α-氰基丙烯酸酯单体十分活泼，很容易在弱碱和水的催化下进行阴离子聚合，并且反应速率很快，所以胶黏层脆，必须加入其他组分。稳定剂是为防止储存中单体发生阴离子聚合，常用的是二氧化硫。增稠剂是为了提高黏度，便于涂胶，常用的是 PMMA，用量为 5%~10%。增塑剂如邻苯二甲酸二丁酯和磷酸三甲酚等，提高胶膜的韧性。阻聚剂是为防止单体存放时发生自由基聚合反应，常用的是对苯二酚。市售的 501 胶和 502 胶就是这类黏合剂。α-氰基丙烯酸酯黏合剂具有透明性好、固化速率快、使用方便、气密性好的优点，广泛应用于黏结金属、玻璃、宝石、有机玻璃、橡皮和硬质塑料等，缺点是不耐水、性脆、耐温性差、有气味等。

②厌氧性黏合剂。厌氧性黏合剂是一种单组分液体黏合剂，它能够在氧气存在下以液体状态长期储存，但一旦与空气隔绝就很快固化而起到黏结或密封作用，因此称为厌氧胶。厌氧胶主要由三部分组成：可聚合的单体、引发剂和促进剂。用作厌氧胶的单体都是甲基丙烯酸酯类，常用的有甲基丙烯酸二缩三乙二醇双酯、甲基丙烯酸羟丙酯、甲基丙烯酸环氧酯和聚氨酯—甲基丙烯酸酯等。常用的引发剂有异丙苯过氧化氢和过氧化苯甲酰等。常用的促进剂有 N，N-二甲基苯胺和三乙胺等。厌氧胶主要应用于螺栓紧固防松、密封防漏、固定轴承以及各种机件的胶接。

③丙烯酸酯结构黏合剂。20 世纪 70 年代中期，国外开发了新型改性丙烯酸酯结构黏合剂，又名第二代丙烯酸酯黏合剂。第二代丙烯酸酯黏合剂是反应型双包装黏合剂，由丙烯酸酯类单体或低聚物、引发剂、弹性体和促进剂等组成。组分需要分装，可将单体、弹性体、引发剂装在一起，促进剂另装。当这两包装组分混合后即发生固化反应，使单体（如 MMA）与弹性体（如氯磺化聚乙烯）产生接枝聚合，从而得到很高的黏结强度。第二代丙烯酸酯黏合剂具有室温快速固化、黏结强度高和黏结范围广等优点，用于黏结钢、铝和青铜等金属，以及 ABS、PVC、玻璃钢、PMMA 等塑料、橡胶、木材、玻璃和混凝土等，特别适于异种材料的黏结。但目前尚存在有气味、耐水和耐热性差、储存稳定性差等缺点。

（2）呋喃树脂黏合剂

呋喃树脂黏合剂分为糠醇树脂黏合剂、糠醛丙酮树脂黏合剂、糠醇丙酮树脂黏合剂和糠醛糠醇黏合剂四种。其特点是耐热、耐腐蚀、较好的机械强度和电性能，主要用来黏结木材、橡胶、塑料和陶瓷等。

（3）氨基树脂黏合剂

氨基树脂黏合剂主要有脲甲醛树脂黏合剂和三聚氰胺甲醛树脂黏合剂，具有色浅、耐光性好、毒性小和不发霉等特点。另外，三聚氰胺甲醛树脂还具有良好的耐水、耐油、耐热性和优良的电绝缘性能，主要用于木材加工，如制造胶合板、泡花板等。三聚氰胺甲醛树脂除了用于高级木材加工外，主要用于黏结玻璃纤维，制造玻璃钢。

（4）有机硅黏合剂

有机硅黏合剂分为以硅树脂为基的黏合剂和以有机硅弹性体为基的黏合剂两种；此外，尚有各种改性的有机硅黏合剂。有机硅黏合剂具有耐高温、低温、耐蚀、耐辐射、防水性和耐候性好等特点，广泛用于宇航、飞机制造、电子工业、建筑、医疗等方面。

（5）橡胶黏合剂

以氯丁橡胶、丁腈橡胶、丁基橡胶、聚硫橡胶、天然橡胶等为基本组分配制成的黏合剂称为橡胶类黏合剂。这类黏合剂强度较低、耐热性不高，但具有良好的弹性，适用于黏结柔软材料和热膨胀系数相差悬殊的材料。橡胶黏合剂分为溶液型和乳液型两类，按是否硫化又分为非硫化型和硫化型橡胶黏合剂。硫化型黏合剂在配方中加入了硫化剂和增强剂等，因而强度较高，应用更为广泛。橡胶类黏合剂中氯丁黏合剂最为重要。通用的氯丁黏合剂主要有填料型、树脂改性型和室温硫化型等，配方中除氯丁胶、填料、硫化剂之外还有其他配合剂。例如国产氯丁胶 XY-403 的配方为：氯丁橡胶 100 份、氧化镁 10 份及氧化锌 1 份（硫化剂），防老剂 D 2 份，促进剂 DM 1 份，松香 5 份。制备工艺：先将氯丁橡胶在开炼机上塑炼，依次加入各种配合剂，将混炼均匀的胶料切碎并投入预先按比例配好的溶剂中，搅拌溶解即成。如用汽油调配，汽油与橡胶用量比为橡胶：汽油＝1：2。

（6）热熔型黏合剂

它是以热塑性聚合物为基体的多组分混合物，室温下呈固态，受热后软化、熔融而有流动性，涂布、润湿被黏物质后，经压合、冷却固化，在几秒内完成黏结的黏合剂，也称为热熔胶。热熔胶有天然热熔胶（石蜡、松香）和合成热熔胶。其中以后者最为重要，包括 EVA 热熔胶、无规丙烯热熔胶、聚酰胺热熔胶、聚氨酯热熔胶和聚酯熔胶、SDS 等。EVA 热熔胶是乙烯—乙酸乙烯的共聚物配制成的热熔胶中目前用得最多的一类热熔胶。除热熔性聚合物外，热熔胶配方中还包括增黏剂、增塑剂和填料等。热熔胶可黏结金属、塑料、皮革、织物、材料等，在印刷、制鞋、包装、装饰、电子、家具等行业深受欢迎。

（7）压敏黏合剂

压敏黏合剂对压力敏感，它是一类无须借助于溶剂或热，只需施加轻度指压，常温下即能与被黏物黏合牢固的黏合剂。压敏黏合剂需具有适当的黏性和抗剥离应力的弹性，通常以长链聚合物为基料，加入增黏剂、软化剂、填料、防老剂和溶剂等配制而成的，压敏胶可分为橡胶系压敏胶和树脂系压敏胶两类。树脂系压敏胶最重要的品种是丙烯酸酯类压敏胶。压敏胶黏带是使用最广泛的压敏黏合剂之一，它是将压敏胶涂于塑料薄膜、织物、纸张或金属箔上制成胶带，有单面和双面两种。常见的品种是橡皮膏。压敏胶主要用于制造压敏胶黏带、胶黏片和压敏标签等，用于包装、绝缘包覆、医用和标签等。另外，还有各种特种黏合剂，如聚酰亚胺黏合剂、聚苯并咪唑黏合剂等耐高温结构黏合剂，导电、导热、导磁黏合剂，液态密封黏合剂及制动黏合剂等，在此不再详述。

第12章　功能聚合物材料

12.1　概述

塑料、橡胶、纤维、聚合物共混合复合材料属于具有力学性能和部分热学功能的结构聚合物材料。涂料和黏合剂属于具有表面和界面功能的聚合物材料。功能聚合物材料是除了力学功能、表面和界面功能以及部分热学功能（如耐高温塑料）的聚合物材料，主要包括物理功能、化学功能、生物功能（医用）和功能转换型聚合物材料（图12-1）。

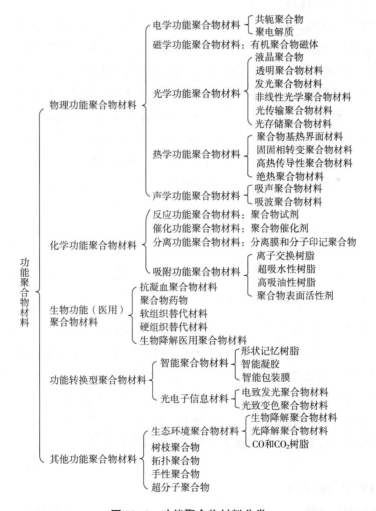

图12-1　功能聚合物材料分类

物理功能高分子材料包括具有电、磁、光、声、热功能的高分子材料，是信息和能源等高技术领域的物质基础。化学功能高分子材料包括具有化学反应、催化、分离、吸附功能的高分子材料，在基础工业领域有广泛的应用。生物功能高分子材料就是医用高分子材料，是组织工程的重要组分部分。功能转换型高分子材料是具有光—电转换、电—磁转换、热—电转换等功能和多功能的高分子材料。生态环境（绿色材料）、智能和具有特殊结构及分子识别功能的高分子材料如树枝聚合物、超分子聚合物、拓扑聚合物、手性聚合物等是近年来发展起来的新型功能高分子材料。功能高分子材料的多样化结构和新颖性功能不仅丰富了高分子材料研究的内容，而且扩大了高分子材料的应用领域。

12.2 物理功能聚合物材料

12.2.1 导电聚合物材料

物质的导电性是由于物质内部存在的载流子（带电粒子），包括正离子、负离子、电子或空穴的移动引起的，可用电导率或电阻表示。电导率定义为单位截面积上单位长度电阻（Ω）的倒数。电导率的单位是 S/cm，$S=1/\Omega$。根据物质的电导率，可将材料分为导体、绝缘体、半导体（界于金属导体和绝缘体之间）和超导体（表 12-1）。铜、铁等金属材料和石墨是导体；聚乙烯、聚酰胺、环氧树脂等高分子材料和石英是绝缘材料；硅、锗等和聚乙炔等是半导体；经掺杂的聚乙炔等是导体。超导体定义为在一定温度下具有零电阻超导电现象的材料。C^{60} 掺杂物，经注入电荷载体聚噻吩膜和一些金属氧化物具有超导性。就高分子材料的导电性而言，覆盖了绝缘体、半导体、导体和超导体。

表 12-1 材料的电导率

材料	电导率/$\Omega \cdot cm$	材料	电导率/$\Omega \cdot cm$
绝缘体	$<10^{-10}$	导体	$10^2 \sim 10^6$
半导体	$10^{-10} \sim 10^2$	超导体	$\rightarrow \infty$

导电高分子材料可以分为两类：结构型和填充型。结构型导电高分子材料包括共轭高分子、电荷转移高分子、有机金属高分子和高分子电解质。在结构型导电高分子材料中又可以分为电子导电型和离子导电型高分子材料。大多数结构型导电高分子属于电子导电的高分子。高分子电解质属于离子导电的高分子。填充型导电高分子材料是在高分子材料中添加导电性的物质如金属、石墨后具有导电性。导电高分子材料在电池、传感器、吸波材料、电致变色材料、电磁屏蔽材料、抗静电材料和超导体等许多领域有广泛应用。

12.2.2 有机聚合物磁体

物质的磁性分为抗磁性（磁化率$\chi = -10^{-8} \sim -10^{-5}$）、顺磁性（$\chi = -10^{-6} \sim -10^{-3}$）、反铁磁

性（$\chi = -10^{-5} \sim -10^{-3}$）、亚铁磁性（$\chi = 1 \sim 10^4$）和铁磁性（$\chi = 1 \sim 10^5$），由组成材料的原子中电子的磁矩引起，取决于电子壳层结构。抗磁性物质表现为抗磁，顺磁性和反铁磁性物质表现为弱磁，亚铁磁性和铁磁性物质表现为强磁。居里温度（T_c）是表征材料磁性的一个临界温度，高于此温度材料的铁磁性消失变成抗磁性。一般磁性材料是指在常温下表现为铁磁性的材料。典型磁性材料的电子自旋源于金属或金属离子的 d 或 f 电子轨道。天然磁石的主要成分为四氧化三铁，磁带用磁记录材料是 γ-三氧化二铁，铁在 3d 轨道含未填满的电子。有机小分子磁体是含自由基的分子晶体如硝基氧化物或电荷转移盐如四氰基乙烯（TCNE）和四氰基二亚基苯醌（TCNQ）盐。

有机高分子磁体可分为两类：一是纯有机高分子磁体（不含金属的有机磁体）；二是金属络合型有机高分子磁体。由于组成有机高分子的碳、氢、氮、氧等原子和共价键结构，电子成对出现且自旋反平行排列，因此没有净自旋，表现为抗磁性。使有机高分子具有铁（ferro-）或亚铁（ferri-）磁性必须满足两个条件：一是获得高自旋，二是使高自旋分子间产生铁磁性自旋耦合排列。

12.2.3　液晶聚合物

液晶态是物质存在的凝聚态结构之一。液晶态与晶态的区别是部分或全部失去结构的平移有序性，而与液态的区别是存在取向有序性。因此液晶既具有液体的流动性，又具有晶体的各向异性。小分子液晶已经发展了很长时间，大量液晶显示器件已经在信息工业得到广泛应用。液晶高分子材料（liquid crystal polymers）是在一定条件下以液晶态存在的高分子材料，依其生成条件可分为热致液晶聚合物（即通过加热而呈现液晶态）、溶致液晶聚合物（即通过加入溶剂而生成液晶态）和场致液晶聚合物（即通过压力场、电场、磁场等而显示液晶态）。根据液晶相态有序性的不同，又可分为向列型（nematic）、近晶型（smectic）和胆甾型（cholesteric）。大多数液晶聚合物的结构都含有液晶基元和柔性间隔基。液晶基元具有刚性和有利于取向的外形，如长棒状和盘碟状。常见的液晶基元的核心成分是 1,4-亚苯基。以 1,4-亚苯基为基础的二联苯、三联苯、苯甲酰氧基苯、苯甲酰氨基苯、二苯乙烯、二苯乙炔、苯甲亚氨基苯、二苯并噻唑等构成了液晶基元的骨架。根据液晶基元在高分子链结构的位置，主要可分为主链型、侧链型、复合型和树枝型（即在主链和侧链都存在液晶基元）。一些主链型的液晶高分子材料显示了高强度、高模量的特点，既可以作为结构材料如纤维增强体和自增强塑料，也可以作为功能材料应用。侧链型液晶高分子材料显示了特殊的光、电、磁性能，可作为信息显示、信息存储、非线型光学等功能材料应用。

12.3　化学功能聚合物材料

12.3.1　高分子试剂和高分子催化剂

高分子试剂是通过官能基化把有机合成反应中的试剂或反应底物（D）键合到高分子上

并用该高分子承载的试剂或反应底物进行有机化学反应。因此高分子试剂可分为以下几类。

（1）高分子试剂

①氧化还原试剂。既有氧化作用又有还原功能，主要有醌型、硫醇型、吡啶型、聚合二茂铁型和聚合多核杂芳环型。

②氧化试剂。主要有聚苯乙烯过氧酸和高分子硒。

③还原试剂。主要有聚苯乙烯金属锂化合物和聚苯乙烯磺酸肼。

④卤代试剂。主要有二卤化磷型、N–卤代亚胺型和三价碘型。

⑤酰基化试剂。可对有机化合物的氨基、羟基和羧基发生酰化反应，即形成酰胺、酯和酸酐。高分子酰基化试剂主要有高分子活性酯和高分子酸酐。

⑥烷基化试剂。用于 C—C 键生成和碳链增长，主要有硫甲基锂型、高分子金属络合物和叠氮型。

⑦亲核试剂。指在化学反应中试剂的多电部位（邻近有给电子基团）进攻反应物的缺电部位（邻近有吸电子基团），多为阴离子或带孤对电子和多电子基团的化合物。阴离子交换树脂可用作亲核试剂。

（2）高分子催化剂

高分子催化剂是将具有催化活性的功能基或小分子通过共价键、配位键或离子键结合到高分子载体上形成的固体催化剂，其作用是降低化学反应的活化能，加快反应速率，主要有以下四类。

①离子交换树脂（高分子酸碱催化剂）。许多有机合成反应可用酸或碱作催化剂。利用离子交换树脂带有的酸或碱性，在需要酸碱催化的化学反应中取代小分子酸碱而得到应用，所以用作催化剂的离子交换树脂也称为高分子酸碱催化剂。

②高分子金属催化剂。许多金属、金属氧化物、金属络合物和稀土金属在有机和高分子合成中具有催化作用，将具有催化作用的金属物质以物理方式（吸附或包埋）固定到高分子上得到的高分子金属催化剂称为高分子负载催化剂，将具有催化作用的金属物质以化学键合方式（共价键、离子键）固定到高分子上得到的高分子金属催化剂称为高分子键合催化剂。若将具有催化性能的金属引入树枝高分子的表面、支化单元或芯上称为树枝高分子催化剂，如含 54 个茂铁的树枝高分子具有氧化和还原催化活性。

③有机—水相转移催化剂。指在反应中能与阴离子形成离子对或与阳离子形成络合物，从而增加这些离子化合物在有机相的溶解度使反应速率提高。含亲脂性的季铵盐、磷鎓盐和非离子型的冠醚类化合物可用做相转移催化剂。

④手性催化剂。是合成手性物质的催化剂。

12.3.2　聚合物分离膜和膜反应器

膜分离是利用薄膜对混合物组分的选择性透过使混合物分离。高分子分离膜就是能起到膜分离作用的膜材料。有两个重要指标来判断高分子分离膜的效率：一是膜的透过性（透过速率）；二是膜的选择性（分离系数）。透过性是指测定物质在单位时间和单位压力差下透过单位面积分离膜的绝对量，用物质的量（mol）或体积（mL）表示。

分离膜按照化学组成可分为无机分离膜和高分子分离膜。膜分离过程主要有四种形式。

（1）过滤式分离

由于组分分子的大小和性质不同，它们透过膜的速度不同，因而透过部分和留下部分的组成不同，实现组分的分离。微滤、超滤、反渗透和气体分离属于过滤式分离。

（2）渗析式分离

料液中的某些溶质或离子在浓度差或电位差的推动下，透过膜进入接受液中而被分离。渗析、电渗析和离子交换膜属于此类分离。

（3）液膜分离

液膜与料液和接受液互不混溶，液—液两相间的传质分离类似于萃取和反萃取，溶质从料液进入液膜相当于萃取，溶质再从液膜进入接受液相当于反萃取。

（4）蒸发分离

利用料液两组分的沸点不同，当通过分离膜时组分 1 从液相变为气相，而组分 2 维持液相得到分离。

12.3.3　离子交换树脂

离子交换树脂由网状结构的高分子骨架和连接在骨架上的官能团组成（表 12-2）。离子交换树脂具有离子交换功能，即在一定条件下树脂上的离子可以交换成另一种离子，在另一条件下又可以发生逆向交换，使树脂恢复到原来的离子。因此离子交换树脂可以再生重复使用。

表 12-2　离子交换树脂的种类

类型	官能团
强酸型	磺酸基（$-SO_3H$）
弱酸型	羧酸基（$-COOH$），磷酸基（$-PO_3H_3$）
强碱型	季铵盐 [$-N^+(CH_3)_3$]，$-N^+(CH_3)_2(CH_2CH_2OH)$
弱碱型	伯氨基、仲氨基、叔氨基（$-NH_2$，$-NHR$，$-NR_2$）
螯合型	胺羧基 [$-CH_2N(CH_2COOH)_2$，$-CHN(CH_3)C_6H_5(OH)_5$]
两性型	强碱-弱酸 [$-N^+(CH_3)_3$，$-COOH$]
	弱碱-弱酸（$-NH_2$，$-COOH$）
氧化还原型	硫醇基（$-CH_2SH$），对苯二酚基 [$-C_6H_5(OH)_2$]

离子交换树脂按交换基团的性质可分为阳离子交换树脂、阴离子交换树脂和两性离子交换树脂。阳离子交换树脂有强酸型和弱酸型两类，阴离子交换树脂有强碱型和弱碱型两类。离子交换树脂按高分子骨架可分为凝胶型和大孔型。可作为高分子骨架材料的有聚苯乙烯

（苯乙烯—二乙烯苯共聚物）、丙烯酸树脂（丙烯酸—二乙烯苯共聚物）、酚醛树脂、环氧树脂、聚乙烯吡啶和聚氯乙烯。离子交换树脂的发展经历了磺化酚醛树脂、凝胶型离子交换树脂、螯合树脂、大孔离子交换树脂、热再生树脂到大网均孔树脂。

强酸型聚苯乙烯系阳离子交换树脂的制备是在苯乙烯和二乙烯苯在水相进行自由基悬浮共聚合得到的珠体上引入磺酸基团；弱酸型丙烯酸系阳离子交换树脂的制备是用丙烯酸或丙烯酸酯和二乙烯苯在聚乙烯醇的水溶液中聚合，然后水解而成。强碱型聚苯乙烯系阴离子交换树脂的制备是用苯乙烯和二乙烯苯悬浮聚合珠体进行氯甲基化，然后再氨基化。弱碱型丙烯酸系阴离子交换树脂的制备是用交联的聚丙烯酸甲酯在二乙苯或苯乙酮中溶胀后与乙烯多胺反应制成多胺树脂，再用甲醛或甲酸进行甲基化反应得到叔胺树脂。

螯合树脂的主要功能是分离重金属和贵金属。在分析化学中常利用络合物既有离子键又有配价键的特点来鉴定特定的金属离子。将这些络合物以基团的形式连接到高分子链上就得到螯合树脂。螯合树脂的结构有侧链型和主链型两类。在高分子载体上引入大环结构是制备螯合树脂的新途径。

12.3.4 高吸水性和高吸油性聚合物材料

棉花、纸、布是常用的吸水材料，能吸收自身质量 $10 \sim 20$ 倍的水。亲水性高分子也是吸水材料，能吸收自身质量 $1 \sim 30$ 倍的水。高吸水性高分子材料是在亲水性高分子的基础上发展的，能迅速吸收高于自身质量数百倍甚至上千倍的高分子材料。高吸水性高分子材料在具有大量强吸水性基团如羟基、酰氨基、磺酸基和羧基上是和亲水性高分子相同的，但在具有低交联度的三维网络结构上是和亲水性高分子不同的。正是这种结构特征，一方面高吸水性高分子材料具有强的吸水性，另一方面能够使水分子只溶胀而不溶解。吸水机理是由于水分子被封闭在吸水性聚合物的网络结构中所致。高吸水性高分子材料的制备主要包括亲水性基团的引入（羧化）和不溶化（交联）处理。根据原料高吸水性高分子材料可分类为：淀粉接枝型高分子吸水剂，纤维素型高分子吸水剂和合成高分子型吸水剂，包括聚丙烯酸盐型、聚乙烯醇型、聚乙二醇型和聚丙烯酰胺型。淀粉接枝型高分子吸水剂的合成是先将淀粉水解糊化，用铈盐（Ce^{4+}）或 Fe/H_2O_2 为催化剂将丙烯酸或盐接枝到淀粉上。也可将丙烯腈接枝到淀粉上，用碱水解将氰基转化成酰氨基并进一步转化成羧基，制备高吸水性高分子材料。纤维素型高分子吸水剂的制备方法是将纤维素羧化，将丙烯酸接枝到纤维素上并经过适当交联。聚丙烯酸盐、聚乙烯醇、聚乙二醇和聚丙烯酰胺都是水溶性高分子，经过适度交联可制备高吸水性高分子材料。交联方法有：多官能团化合物交联法、与交联剂共聚、自身交联、多价金属离子交联、放射线辐照、引入结晶结构。多官能团化合物有多元醇类、不饱和聚酯类、丙烯酰胺类、脲酯类、烯丙酸类和二乙烯基苯。和高吸水性高分子材料的结构相似，高吸油性高分子材料也含有低交联度的三维网络。但高吸油性高分子材料需要引入吸油性基团，主要有苯乙烯/二苯乙烯基和甲基丙烯酸酯两类，吸油率为自身质量的 $10 \sim 20$ 倍。

12.4　生物功能聚合物材料

12.4.1　生物相容性

生物医学材料定义为以医疗为目的，用于与生物体物质（主要是人体）接触以形成功能并相互作用的无生命材料。生物功能高分子材料就是指医用高分子材料。这种材料可以构成医疗装置或部件，用于诊断治疗或代替人体的组织和器官。医用高分子材料按照用途可分为硬组织（骨、齿）相容性的高分子材料、软组织（肌肉、皮肤、血管）相容性的高分子材料、血液相容性的高分子材料和高分子药物。生物相容性是生物医用材料在特定环境中与生物体之间的相互作用或反应，包括人工材料与硬组织的相容性，与软组织的相容性和与血液的相容性。当生物医用材料与生物体接触后将发生宿主反应和材料反应。宿主反应是生物体组织和机体对人工材料的反应。材料反应是人工材料对生物体组织和机体的反应。这些反应的结果一方面人工材料要受到生理环境的作用引起降解或性能改变，另一方面人工材料也将对周围组织和机体发生作用引起炎症或毒性，因此生物相容性是发展生物医用高分子材料的关键。

医用高分子材料按性能可分为生物可降解型和非降解型两类。可生物降解型的医用高分子材料有可吸收缝线、黏结剂、缓释药物等，当它们降解成小分子后可被生物体吸收或通过代谢而排出体外。非降解型的医用高分子材料有接触镜、人造血管等，它们与生物体接触后具有长期稳定性。医用高分子材料按使用性能分为植入性和非植入性两类。植入性医用高分子材料有人工血管、人工骨和软骨等。非植入性医用高分子材料有人工肝等。对于植入性医用高分子材料要求它们不但要有生物相容性，还要求其弹性形变和植入部位的组织的弹性形变相匹配，即具有力学相容性。此外，生物体还存在于复杂的环境，例如胃液呈酸性、肠液呈碱性、血液呈弱碱性。血液和体液含有大量的 Na^+、K^+、Ca^{2+}、Mg^{2+}、Cl^-、HCO_3^-、PO_4^{3-}、SO_4^{2-} 等离子以及 O_2、CO_2、H_2O、类脂质、类固醇、蛋白质、生物酶等物质，这就要求医用高分子材料要有化学惰性，与生物体接触时不发生反应。

12.4.2　抗凝血聚合物材料

高分子表面的血液相容性指高分子材料与血液接触时不发生凝血或溶血。凝血的机理复杂，一般认为当异物与血液接触时，异物将吸附血浆内蛋白质，然后黏附血小板，血小板崩坏放出血小板因子而在异物表面凝结。人工血管、人工心脏、人工肾等医用高分子材料是同血液循环直接相关的，必然与血液接触，所以要求所用材料必须具有优异的抗凝血性。抗凝血高分子材料主要有三类：一是具有微相分离结构的高分子材料，如由软段和硬段组成的聚氨酯嵌段共聚物。其中软段为聚醚、聚丁二烯、聚二甲基硅氧烷等，形成连续相，而硬段有氨基甲酸酯基、脲基等，形成分散相；二是高分子材料表面接枝改性；三是高分子材料肝素化，肝素是一种硫酸化的多糖类物质，是天然的抗凝血剂，把肝素固定在高分子材料表面就能具有较好的抗凝血性能。

12.4.3 生物降解医用聚合物材料

生物可降解的医用高分子材料指能在生物体内生理环境中逐步降解或溶解并被机体吸收代谢的高分子材料。由于植入体内的材料主要接触组织和体液，因此水解（包括酸、碱和酶的催化作用）和酶解是造成降解的主要原因。根据结构和水解性的关系，与杂原子（氧、氮、硫）相连的羰基是易水解基团，按在中性水介质中的降解难易程度排列为：聚酸酐>聚原酸酯>聚羧酸酯>聚氨酯>聚碳酸酯>聚醚>聚烯烃。常用的可生物降解高分子材料有聚羟基乙酸（PGA 或称为聚乙交酯）、聚乳酸（PLA 或称为聚丙交酯）、聚羟基丁酸酯（PHB）、聚己内酯（PCL）、聚酸酐、聚磷腈（polyphosphazene）、聚氨基酸和聚氧化乙烯。聚羟基乙酸是最早应用的缝合线，由于它的亲水性，植入的缝合线在 2~4 周失去力学性能。羟基乙酸—乳酸共聚物制成的纤维既具有比聚羟基乙酸更快生物降解性，又具有较高的力学性能。聚己内酯比聚羟基乙酸和聚乳酸的降解速率低，适于做长期植入装置。聚磷腈是以磷和氮为骨架的无机高分子，磷原子上有两个有机化合物侧链，水解时形成磷酸和氨盐，具有较好的血液相容性。酶是一种蛋白质，起生物催化剂的作用。生物体系的化学反应主要由酶来催化。生物降解高分子材料的水解过程不需要酶参加，但水解生成的低分子量聚合物片段需要通过酶作用转化成小分子代谢产物。酶还可以催化水解反应和氧化反应。

12.4.4 组织器官替代聚合物材料

皮肤、肌肉、韧带、软骨和血管都是软组织，主要由胶原组成。胶原是哺乳动物体内结缔组织的主要成分，构成人体约30%的蛋白质，共有 16 种类型，最丰富的是Ⅰ型胶原。在肌腱和韧带中存在的是Ⅰ型胶原，在透明软骨中存在的是Ⅱ型胶原。Ⅰ和Ⅱ型胶原都是以交错缠结排列的纤维网络的形式在体内连接组织。胶原的分子结构是由三股螺旋多肽链组成，每个链含 1050 个氨基酸。骨和齿都是硬组织。骨是由 40%的有机物质和 60%的磷酸钙、碳酸钙等无机物质所组成。其中在有机物质中，90%~96%是胶原，其余是钙磷灰石和羟基磷灰石 $[Ca_{10}(PO_4)_6(OH)_2]$ 等矿物质。所有的组织结构都异常复杂。高分子材料作为软组织和硬组织替代材料是组织工程的重要任务。组织或器官替代的高分子材料要从材料方面考虑的因素有力学性能、表面性能、孔度、降解速率和加工成型性。需要从生物和医学方面考虑的因素有生物活性和生物相容性、如何与血管连接、营养、生长因子、细胞黏合性和免疫性。

在软组织的修复和再生中，编织的聚酯纤维管是常用的人工血管（直径>6mm）材料，当直径<4mm 时用嵌段聚氨酯。人工皮肤的制备过程是将人体纤维细胞种植在尼龙网上，铺在薄的硅橡胶膜上，尼龙网起三维支架作用，硅橡胶膜保持供给营养液。随着细胞的生长释放出蛋白和生长因子，长成皮组织。软骨仅由软骨细胞组成，没有血管，一旦损坏不易修复。聚氧化乙烯可制成凝胶作为人工软骨应用。骨是一种密实的具有特殊连通性的硬组织，由Ⅰ型胶原和以羟基磷灰石形式的磷酸钙组成。骨包括外层的长干骨和内层填充的骨松质。长干骨具有很高的力学性能，人工长干骨需要用连续纤维的复合材料制备。人工骨松质除了生物

相容性（支持细胞黏合和生长以及可生物降解）的要求外，也需要与骨松质具有相近的力学性能（压缩强度5MPa，压缩模量50MPa）。

神经细胞不能分裂但可以修复。受损神经的两个断端可用高分子材料制成的人工神经导管修复（表12-3）。电荷对神经细胞修复具有促进功能，驻极体聚偏氟乙烯和压电体聚四氟乙烯制成的人工神经导管对细胞修复也具有促进功能，但它们是非生物降解性的高分子材料，不能长期植入体内。

表12-3 人工神经导管的高分子材料种类

分类	材料
惰性材料导管	硅橡胶、聚乙烯、聚氯乙烯、聚四氟乙烯
选择性导管	硝化纤维素、丙烯腈—氯乙烯共聚物
可降解导管	聚羟基乙酸、聚乳酸、聚原酸酯
带电荷导管	聚偏氟乙烯、聚四氟乙烯
生长或营养素释放导管	乙烯—乙酸乙烯共聚物

12.4.5 释放控制高分子药物

药物服用后通过与机体的相互作用而产生疗效。以口服药为例，药物服用经黏膜或肠道吸收进入血液，然后经肝脏代谢，再由血液输送到体内需药的部位。要使药物具有疗效，必须使血液的药物浓度高于临界有效浓度，而过量服用药物又会中毒，因此血液的药物浓度又要低于临界中毒浓度。为使血药浓度变化均匀，发展了释放控制的高分子药物，包括生物降解性高分子（聚羟基乙酸、聚乳酸）和亲水性高分子（聚乙二醇）作为药物载体（微胶囊化）和将药物接枝到高分子链上，通过相结合的基团性质来调节药物释放速率。

12.5 功能转换型聚合物材料

12.5.1 智能聚合物材料

智能材料是集功能材料、复合材料和仿生材料于一体的新材料，具有以下特征。

传感功能：能从自身的表层或内部获取关于环境条件及其变化的信息，如负载、应力、应变、热、光、电、磁、声、振动、辐射和化学等信号的强度及变化。

反馈功能：可通过传感网络对系统的输入和输出信号进行对比，并将结果提供给控制系统。

识别和处理功能：识别从传感网络得到的信息并做出判断。

响应功能：根据外界环境变化和内部条件变化做出反应，以改变自身的结构与功能使之与外界协调。

自诊断功能：能分析比较系统目前的状况和过去的情况，对系统故障和判断失误等问题进行自诊断并予以校正。

自修复功能：通过自繁殖、自生长、原位复合等再生机制来修补系统局部损伤或破坏。

自适应功能：对不断变化的外部环境和条件，能及时调整自身的结构与功能，并相应地改变自身的状态和行为，从而使系统始终保持最优化的方式对外界做出响应。

智能材料按金属、陶瓷、高分子和复合材料类型而分类为智能金属材料、智能陶瓷材料、智能高分子材料和智能复合材料。目前开发成功的智能高分子材料主要有形状记忆树脂、智能凝胶、智能包装膜等。聚偏氯乙烯（PVDC）膜具有压电性，用PVDC制备的传感器用于汽车的警报装置。液晶高分子具有随温度改变颜色的特性，可用于温度指示计。

（1）形状记忆树脂

形状记忆树脂（shape memory resins）是在温度的影响下可恢复到它们最初制造的形状的一类智能材料，其记忆功能可描述为：聚合物在高于玻璃化温度（T_g）的温度下变形；在低于T_g的温度下固定变形的聚合物；除去固定；在高于T_g的温度，聚合物恢复原始的形状。形状记忆树脂可应用在不同管径的接口、医疗用紧固件、感温装置、便携容器等。形状记忆树脂具有两相结构：记忆起始形状的固定相和随温度能可逆固化或软化的可逆相组成。可逆相为物理交联结构，如熔点较低的结晶态或玻璃化温度较低的玻璃态。固定相可分为化学交联（热固性）和物理交联（热塑性）两类。聚降冰片烯、反-1,4-聚异戊二烯、苯乙烯—丁二烯共聚物和聚氨酯是四种已商品化的形状记忆树脂。

（2）智能高分子凝胶

高分子凝胶（polymer gels）是由液体（溶胀剂）和高分子网络组成的，高分子网络可吸收液体而溶胀。有两个重要参数决定高分子凝胶的性质：交联密度（v＝每单位体积交联链的数量）和交联点间的相对分子质量（M_c），且$v \propto M_c^{-1}$。根据溶剂的不同，高分子凝胶可分为高分子水凝胶（hydrogels）和高分子有机凝胶。高分子凝胶对外界的刺激（温度、压力、光、电或磁场、液体组成、pH）具有敏感性。根据刺激信号的不同，高分子凝胶可分为温敏性凝胶、压敏性凝胶、光敏性凝胶、电活性凝胶、磁活性凝胶、pH响应性凝胶等。能随外界环境而改变结构、物理和化学性质的高分子凝胶称为智能高分子凝胶或刺激—响应高分子凝胶。例如丙烯酸和异丙基丙烯酰胺共聚物是温敏性凝胶，在小于37℃溶胀，当加热至50℃时突然凝聚。智能高分子凝胶中含四种作用力，即离子、氢键、疏水和范德瓦耳斯力，控制刺激—响应能力：当环境条件造成较强的吸引力，凝胶凝聚排斥溶剂；当环境条件造成较强的排斥力，凝胶膨胀吸收溶剂。

凝胶的膨胀和收缩可将化学能或电能转换为机械能（人工肌肉）。当1Hz电场施加到聚二甲基硅氧烷和电流变体（聚环氧乙烷基）组成的弹性凝胶上时，凝胶立即变硬。当施加的电场为0时，硬凝胶立即变弹性。形状记忆凝胶是由两种凝胶（聚丙烯酰胺和聚异丙基丙烯酰胺）组成的。聚异丙基丙烯酰胺在37℃溶胀，而聚丙烯酰胺在37℃稳定。在水中当丙酮浓度增加到34%时，聚丙烯酰胺比聚N-异丙基丙烯酰胺更收缩。利用两种凝胶具有不同的刺激—响应功能，调节温度和水中丙酮浓度，形状记忆凝胶可显示不同的形状。

12.5.2　光致发光和电致发光聚合物材料

材料吸收了光能所产生的发光现象为光致发光（photoluminescence）。具有 π 共轭结构的高分子材料除了具有导电性能外，还具有发光性能：光致荧光（材料接受能量后立即引起发光，中断能量后立即停止发光，这种发光称为荧光）和光致磷光（材料不仅接受能量后发光，而且中断能量后的一段时间仍能发光）。共轭高分子材料具有荧光现象。当光照射共轭高分子时，能量与共轭高分子的成键—反键能隙相同的光子被吸收，发出荧光。在实际应用中，材料的荧光性质比磷光性质重要。能够显示强荧光物质需要具备大的 π 共轭结构，刚性平面结构和取代基团有较多的给电子基团如—NR_2、—OH、—OR。

材料在电场下被电能激发而产生的发光现象为电致发光（electroluminescence）。电致发光是一个能量转换过程，即电能转变成光能，经历阶段如下。

（1）载流子的注入

在外电场下电子和空穴分别从阳极和阴极向夹在电极中间的高分子膜注入。

（2）载流子的迁移

注入的电子和空穴分别从电子传输层和空穴传输层向发光层迁移。

（3）载流子的复合

电子和空穴结合产生激子。

（4）激子的迁移

激子在电场作用下迁移，将能量传递给发光分子，并激发电子从基态跃迁到激发态。

（5）电致发光

激发态能通过辐射失活，产生光子，释放出光能。聚乙炔（PAc）、聚对苯（PPP）、聚苯胺（PAn）、聚噻吩（PTh）、聚对苯乙炔（PPV）等共轭高分子和聚乙烯基咔唑（PVK）具有光致或电致发光性能。

电致发光高分子材料的重要应用是聚合物发光二极管（polymer light-emitting diodes，PLED）。发光二极管是低电压下发光的器件。单层结构的发光二极管由玻璃基质、铟锡氧化物（ITO）阴极、共轭高分子（如 PPV）膜和金属阳极组成。多层结构的发光二极管是在共轭高分子膜的两面分别增加正负载流子传输层。从正负极分别注入正负载流子，它们在电场作用下相对运动，相遇形成激发子，发生辐射跃迁而发光。共轭高分子膜具有吸收光子、形成激子、激子迁移和重组从而发射光子的能力。

12.5.3　光致变色聚合物材料

光致变色（photochromism）是指物质在光能辐照下，在反应的一个或两个方向上具有明显不同的两种颜色间的可逆变化。光致变色高分子材料是含光致变色化合物或基团的材料，根据光致变色化合物或基团可分类如下。

（1）甲亚胺结构型

主链含邻羟基苯甲亚氨基团的高分子具有光致变色功能，光致变色机理是在光照下甲亚氨基邻位羟基上的氢发生分子内迁移，使顺式烯醇变为反式酮，导致吸收光谱变化。

（2）硫卡巴腙结构型

由对（甲基丙烯酰氨基）苯基二硫腙络合物与苯乙烯、甲基丙烯酸甲酯、丙烯酸丁酯或丙烯酰胺的共聚物制备的光致变色高分子，在光照下可变色。

（3）偶氮苯型

在高分子主链或侧链引入偶氮苯，可制备光致变色高分子材料，光致变色机理由偶氮苯的顺反异构引起，偶氮苯在光照下可从反式转为顺式，顺式是不稳定的，在暗条件下回复到反式。

（4）聚联吡啶型

在光照下发生氧化—还原反应而变色。

（5）噻嗪结构型

噻嗪是含硫和氮杂原子的杂环化合物，光致变色机理是通过氧化—还原反应，其氧化态是有色的，还原态是无色的。

（6）螺结构型

螺苯并吡喃和噁嗪具有光致变色功能，螺苯并吡喃和甲基丙烯酸甲酯共聚或接枝到高分子侧链上可制备此类光致变色高分子材料。

12.5.4 环境可降解聚合物材料

高分子材料按体积计算是应用最广泛的材料，但废弃的高分子材料也造成了"白色污染"。垃圾场的市政固体废物（municipal solid waste，MSW）按体积计算高分子材料占18%（质量占6.5%），仅次于纸张（体积占38%，质量占40%）处于第二位。体积分数对于掩埋市政固体废物所需要的空间是最重要的指标之一，而质量分数对于输运市政固体废物是最重要的指标。环境中可降解高分子材料包括生物降解和光降解高分子材料的开发是解决"白色污染"的途径之一。

生物降解高分子材料指能在分泌酶素的微生物（细菌、真菌）作用下降解的高分子材料，主要种类如下。

①微生物聚酯。用微生物通过各种碳源发酵合成的脂肪族共聚酯，如3-羟基丁酸酯和3-羟基戊酸酯的共聚物。

②脂肪族聚酯。用乙二醇和脂肪族二元酸合成的聚酯和聚己内酯，一些脂肪族聚酯的生物降解性能见表12-4。

表 12-4　一些脂肪族聚酯的生物降解性能

性能	聚羟基乙酸	聚左旋羟基丙酸	聚右旋羟基丙酸	聚己内酯
熔点/℃	225~230	173~178	非晶态	58~63
T_g/℃	35~40	60~65	55~60	−65~−60
拉伸强度/MPa	140	107	40	60

续表

性能	聚羟基乙酸	聚左旋羟基丙酸	聚右旋羟基丙酸	聚己内酯
拉伸模量/MPa	7.0	2.7	1.9	0.4
完全降解时间/月	6~12	>24	12~16	>24

③聚乳酸。用玉米经乳酸菌发酵得到的 L-乳酸的聚合物。

④全淀粉塑料。全淀粉塑料是热塑性的，可在 1 年内完全生物降解。

光降解高分子材料指能在阳光（紫外线）照射下主链断裂、失去强度并破碎成碎片的高分子材料。大多数高分子材料在阳光下会发生光降解，但降解速率极慢，需要在分链上引入易光降解的基团：—N＝N—、—CH＝N—、—CH＝CH—、—NH—NH—、—S—、—NH—、—C＝O 等，或加入 1%~3% 的光敏剂，如 N,N-二丁基二硫代氨基甲酸铁、二苯乙酮、乙酰苯酚等。主链型光降解高分子材料主要有乙烯——氧化碳共聚物、乙烯—甲基乙烯基酮共聚物和苯基—苯基乙烯基酮共聚物。

12.5.5　CO 和 CO_2 树脂

CO 和 CO_2 是自然界存在的碳资源，其储量比天然气和煤的总和还多。CO 和氮丙啶在钴催化剂和高压下可生成聚酰胺。CO 和环氧丙烷在钴或钴—钌复合催化剂下可生成聚酯。CO 和苯乙烯在稀土催化剂下可生成苯乙烯——氧化碳共聚物。

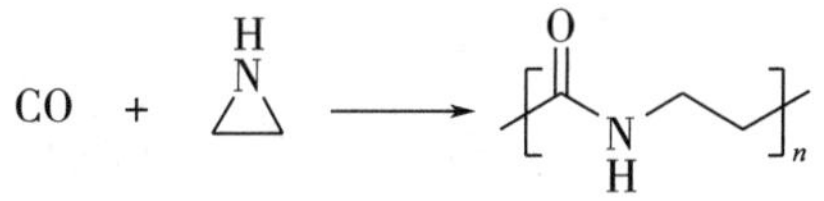

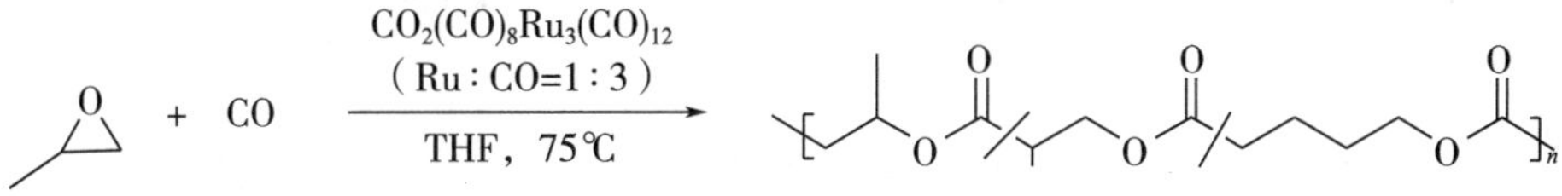

CO_2 是惰性的，但它也是一个弱酸性氧化物，能在一些碱性化合物存在下发生反应，而且它还是一个较强的配位体，可与金属形成络合物。通过催化剂激活，CO_2 可参与共聚合，因此可利用 CO_2 制备新的高分子共聚物。目前已经制备了聚脲（CO_2 与二元胺缩聚，高温、高压或以磷化合物、吡啶为催化剂）、脂肪族聚碳酸酯（CO_2 与环氧化物开环聚合、阴离子催化剂）等。脂肪族聚碳酸酯的结构如下：

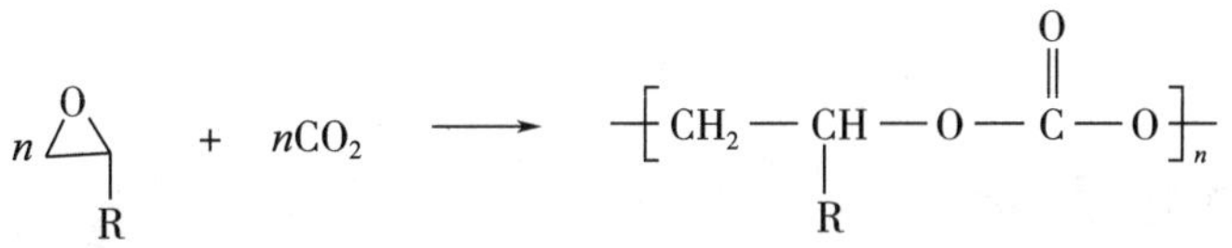

249

第13章　聚合物共混及复合材料

13.1　概述

自从 20 世纪初发明了合成塑料、合成橡胶和合成纤维开始，人类就一直受益于聚合物材料，其成功取决于它们具有优异的综合性能。设计和开发一个新的聚合物材料涉及合成新材料和优化现有材料两种途径，且这两种途径是互补的。通过合成途径创造新的聚合物材料需要设计和筛选大量的单体、催化剂、相对分子质量及其分布、反应时间和反应温度等是优化现有材料的基础。优化现有的聚合物材料可以根据已经掌握的大量聚合物材料改性的知识，在不断创造新的聚合物材料的同时，也能够根据聚合物材料的结构—形态—加工—性能之间的关系，综合运用各种化学和物理方法，设计和控制多相和多组分的聚合物共混材料和复合材料。聚合物共混与复合材料是根据结构、性能和市场的需要进行优化和组合的材料，其研究开发和应用在聚合物材料中占有重要地位。共混与复合是聚合物材料在不同结构层次的改性，实现聚合物材料超韧化、高强化、功能化和在极限条件下适应性的两个最重要和常用的手段（图 13-1）。

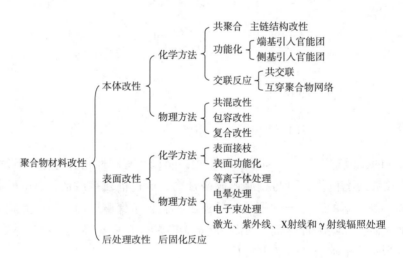

图 13-1　聚合物材料改性

13.2　聚合物共混材料

聚合物共混材料是两种或多种聚合物混合的材料，具有多样化的相形态，不仅作为结构材料，也作为功能材料应用。聚合物共混材料生产的目的是改善单一聚合物材料的韧性、耐热性、强度和加工性以及赋予聚合物材料的功能性，如阻隔性、阻燃性、染色性、混合气体或液体分离和生物相容性。当两个聚合物混合时，共混材料的性能与组成的关系主要有：线形；上偏差，即性能提高（协同效应）；下偏差，即性能降低。组分的协同效应是聚合物共混材料研究所追求的。

13.2.1　相形态和相图

聚合物的相容性决定聚合物共混材料的形态和使用性能。聚合物的相容性有三种定义：热力学相容性（miscibility），部分相容性（compatibility）及工艺相容性（不相容性）。热力学相容性是聚合物在分子尺度的相容，即组分在任何比例都能形成稳定均相的能力。热力学理论要求热力学相容性的充要条件是：混合自由能为负值和混合自由能—组成曲线上无拐点。若仅满足第一个条件而不能满足第二个条件，则具有部分相容性。工艺相容性本质上是不相容的，但聚合物共混材料在长期使用过程中具有稳定的力学性能。计算机模拟的相容和不相容聚合物共混材料的结构如图 13-2 所示。

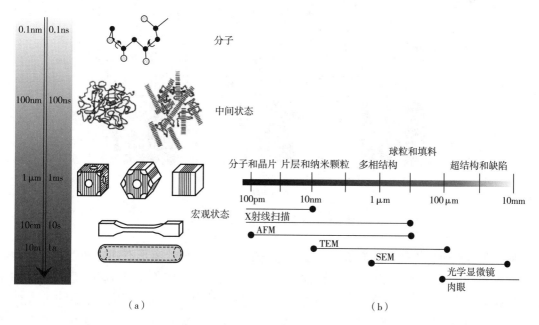

（a）　　　　　　　　　　　　　　　（b）

图 13-2　聚合物材料的长度—时间标度及其相应的表征技术

聚合物相容性的热力学理论可用 Flory-Huggins 聚合物溶液理论的晶格模型来阐述。当 1mol 的聚合物 1 和 2mol 溶剂（可视为聚合物 2）混合时，它们的混合自由能（ΔG_n）为：

$$\Delta G_n = RT(n_1 \ln \Phi_1 + n_2 \ln \Phi_2 + n_2 \Phi_r \chi'_{12})$$

式中：T 为热力学温度；R 为理想气体常数；Φ_1，Φ_2 分别为聚合物 1 和聚合物 2 的体积分数；χ'_{12} 为相互作用参数，表示聚合物 1 与聚合物 2 间的相互作用焓。

聚合物共混材料的相分离过程（动力学），即从热力学相容性向部分相容性转化的过程有两种机理：旋节线机理（或称为失稳分解机理，spinodal decomposition）与成核和生长机理（nucleation and growth）。图 13-3 为具有 UCST 特征的聚合物溶液的摩尔混合自由能 ΔG—组成、温度—组成曲线及其相分离形态示意图。在温度 T_B，聚合物溶液是稳定的。在温度 T_A，聚合物溶液分裂为两相：亚稳区［即双节线（binonal curve）和旋节线（spinodal curve）间的区域］和不稳区（旋节线内的区域）。组成处于旋节线内时，相分离为旋节线机理。组成处在双节线和旋节线之间时，相分离为成核和生长机理。

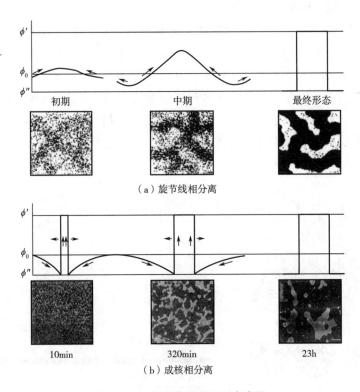

（a）旋节线相分离

（b）成核相分离

图 13-3　相分离机理及形态发展

　　两种相分离机理末期产生的最终形态可能是相同的，但相分离形态随时间变化（初期和中期）是不同的。旋节线机理是当聚合物共混体系快速冷却（淬火）到不稳定区域时即在相分离的初期和中期，长波涨落不稳定性导致体系自发相分离，形成无序的双连续两相交织的结构（海—海形态结构）。而成核和生长机理是一级相变冷却到亚稳区域，少数相在多数相溶液中出现小滴。从均匀相到成核相，最初小滴生长通过超饱和溶液中自发进行。通过小滴弥合或粗化相畴尺寸进一步增加，即通过小滴蒸发引起熵增长。由于聚合物的低扩散性和高黏度，生长的第二阶段即球状核生长融合成大核是一个缓慢的热激活过程。成核和生长机理产生的形态是典型的海—岛结构。海—海形态和海—岛形态导致的聚合物共混体系的性能不同。一般来说，海—海形态对应的力学性能高于海—岛形态。这是控制相分离形态，提高聚合物共混材料性能的一个方法。α-甲基苯乙烯—丙烯腈共聚物（Pα-MSAN）/聚甲基丙烯酸甲酯（PMMA）共混材料按不同机理相分离的形态发展如图 13-4 和图 13-5 所示。

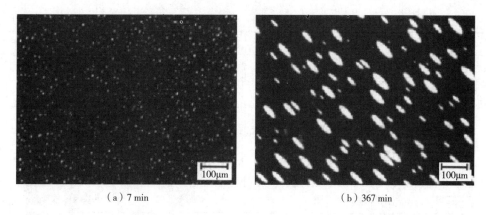

（a）7 min （b）367 min

图 13-4　按成核和生长机理相分离的 Pα-MSAN/PMMA（85/15）的形态随时间的变化

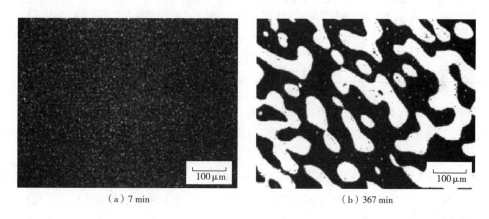

（a）7 min （b）367 min

图 13-5　按旋节线机理相分离的 Pα-MSAN/PMMA（60/40）的形态随时间的变化

聚合物共混体系相分离随温度的变化（相图）有三种类型。PMMA/聚乙酸乙烯酯（PVAc）为具有下临界共溶温度（lower critical solution temperature，LCST）的聚合物共混材料，即在低温时体系是相容的，在高温时是不相容的。液晶聚氨酯（LCPU）/苯乙烯-4-乙烯基苯酚共聚物（PS-co-VPh）为具有上临界共溶温度（upper critical solution temperature，UCST）的聚合物共混材料，即在高温时该体系是相容的，在低温时是不相容的。苯酰化的聚苯醚（APPO）/聚苯乙烯（PS）为同时具有 UCST 和 LCST 的聚合物共混材料。具有上、下临界共溶温度的聚合物共混体系很多，见表 13-1。形成 LCST 有两个原因：一是在低温时两组分间存在分子间相互作用导致负的混合自由能；二是组分的热膨胀系数和热压力系数差在低温时变小。

表 13-1　具有上或下临界共溶温度的聚合物共混体系

聚合物 1	聚合物 2	相图类型	聚合物 1	聚合物 2	相图类型
聚苯乙烯	聚异戊二烯	UCST	苯乙烯—丙烯腈共聚物	聚己内酯	LCST
聚苯乙烯	聚异丁烯	UCST	苯乙烯—丙烯腈共聚物	聚甲基丙烯酸甲酯	LCST

253

续表

聚合物1	聚合物2	相图类型	聚合物1	聚合物2	相图类型
聚二甲基硅氧烷	聚异丁烯	UCST	乙烯—乙酸乙烯酯共聚物	氯化聚异戊二烯	LCST
聚苯乙烯	聚丁二烯	UCST	聚己内酯	聚碳酸酯	LCST
丁苯橡胶	聚苯乙烯	UCST	聚偏氟乙烯	聚丙烯酸酯	LCST
聚己内酯	聚苯乙烯	UCST	聚偏氟乙烯	聚丙烯酸乙酯	LCST
聚苯乙烯	聚甲基丙基硅氧烷	UCST	聚偏氟乙烯	聚甲基丙烯酸甲酯	LCST
聚苯乙烯	聚乙烯基甲基醚	UCST	聚偏氟乙烯	聚甲基丙烯酸乙酯	LCST
聚乙二醇	聚丙二醇	UCST	聚偏氟乙烯	聚甲基乙烯基酮	LCST
聚乙二醇	聚甲基丙烯酸甲酯	UCST	聚甲基丙烯酸甲酯	氯化聚乙烯	LCST
聚丙二醇	聚甲基丙烯酸甲酯	UCST	乙烯—乙酸乙烯共聚物	氯化聚异戊二烯	LCST
聚苯乙烯	聚甲基丙烯酸甲酯	UCST			

聚合物相容性的实验测定方法可分为六类。

①热力学方法。通过测定热力学参数如相互作用参数χ、混合热ΔH、分子间相互作用来表征聚合物的相容性。

②形态学方法。通过观察连续相和分散相的组成和分散相内部微细结构来表征聚合物的相容性。一般来说，只要能观察到分散相，就不存在热力子相容性。但分散相的尺寸越小，说明工艺相容性越好。

③分子运动方法。通过测定聚合物共混材料的T_g来确定聚合物的相容性。不相容的两个聚合物共混，会出现两个T_g。通过增容的聚合物共混材料虽然也有两个T_g，但两个T_g会彼此靠拢和加宽。

④界面相方法。通过测定界面相的厚度和结构来表征聚合物的相容性。

⑤动力学方法。通过测定聚合物共混材料的相分离形态、相分离温度、相分离点和相分离速度探讨温度和时间等因素对聚合物相容性的影响。

⑥力学性能测试方法。通过对聚合物共混材料的力学性能、流变性能、光学性能等的测定都可以作为聚合物相容性的判据。

13.2.2 反应增容和反应加工

大多数聚合物共混材料是具有工艺相容性的，如橡胶增韧塑料。为改善聚合物的相容性，在聚合物共混材料中加增容剂是最常用的手段。增容剂的作用相当于表面活性剂，可降低界面张力和增加界面层厚度。嵌段共聚物和接枝共聚物常用作增容剂，增容剂也可以在共混过程中原位生成。一般聚合物共混体系的界面张力为10^{-6}J/cm，加入嵌段或接枝共聚物后界面张力可降低10%。典型的不相容聚合物共混材料的界面层厚度为0.1nm，加入嵌段或接枝共聚物后界面层厚度可提高 2~3 倍。

在聚合物共混材料中加入核—壳（芯—壳）型增容剂也是一种增容方法。核—壳型增容剂是以一定交联程度的聚合物为核，另一种聚合物聚合在核的表面。这种增容剂的颗粒尺寸为 40nm~1μm。通过降低共混体系界面张力而减小分散相组分的粒径也可改善工艺相容性。

ABS（丙烯腈—丁二烯—苯乙烯共聚物）具有海—岛形态结构，该结构是在 ABS 的制备中形成的。ABS 的制备采用乳液聚合，首先将苯乙烯和丙烯腈单体与聚丁二烯橡胶乳液混合，提高温度使苯乙烯和丙烯腈聚合。在聚合过程中，不但形成苯乙烯和丙烯腈的共聚物，而且苯乙烯和丙烯腈还接枝到聚丁二烯橡胶粒子的表面。聚合物共混材料的反应增容主要有以下三种方法。

①端基或侧基功能团之间的反应。如环氧树脂的环氧基团可与聚酰胺的氨基反应，原位生成具有增容效果的嵌段或接枝共聚物。

②与聚合物增容剂的反应。如马来酸酐可以与主链带有双键的聚合物（如聚丁二烯）以及带有接枝点的饱和聚合物（如聚丙烯）反应，生成马来酸酐接枝的聚合物（黏合性树脂或称为聚合物增容剂），黏合性树脂中的马来酸酐基团可以进一步和聚酰胺中的氨基反应，在聚合物共混材料中起到有效的增容作用。

③加入低分子量化合物促进交联或共交联反应。如用 Ti 催化剂使 PBT/PC 发生酯交换反应。

对于含结晶聚合物的共混体系，控制结晶组分的结晶性也可增容。无定形性聚氯乙烯和结晶性聚氧化乙烯的共混材料中聚氧化乙烯存在一个临界结晶度组成，约为 10%（质量分数）。聚氧化乙烯含量在低于该临界结晶度时是处于非晶态，它与聚氯乙烯是相容的。聚氧化乙烯含量在高于该临界结晶度时是结晶的，它与聚氯乙烯是不相容的。而聚氧化乙烯和聚苯乙烯是不相容的，在它们的共混组成中不存在临界结晶度。等规—无规聚丙烯嵌段共聚物在与聚丙烯共混时能迁移到聚丙烯球晶边界和片晶间区域并共结晶（球晶边界增强概念）生成大量球晶间连接分子而提高聚丙烯的韧性。结晶型 LLDPE 和结晶型共聚尼龙（6/12）的共混材料是不相容的，而马来酸酐接枝的 LLDPE（黏合性树脂）和共聚尼龙（6/12）的共混材料是相容的，这是由于马来酸酐可与共聚尼龙（6/12）的氨基发生化学反应并限制了共聚尼龙（6/12）的结晶速率。

13.2.3　通用塑料系共混材料

聚乙烯是对环境应力开裂较为敏感的一类聚合物材料。在聚乙烯的环境应力开裂过程中，环境试剂和应力是两个缺一不可、起协同作用的因素。为了改善聚乙烯的耐环境应力开裂性，必须既对聚乙烯产生增韧效果，又能减弱环境试剂中亲油基团与聚乙烯的相互作用，提高环境试剂中亲水基团与聚乙烯共混材料的相互作用，可在聚乙烯中加入亲水性的乙烯—乙酸乙烯共聚物、乙烯—丙烯酸酯共聚物和聚氧化乙烯等或橡胶。

13.2.4　工程塑料系共混材料

大多数热塑性工程塑料（如聚酰胺、聚碳酸酯、聚酯）和特种工程塑料（如聚醚砜、聚醚酰亚胺、聚醚醚酮）具有缺口冲击敏感性，即对断裂生长的抵抗能力远低于抵抗断裂引发能力。因此改善工程塑料和特种工程塑料的缺口冲击敏感性可以大幅度地提高韧性（超韧工程塑料），增韧的手段是用可反应性增容的橡胶。

13.2.5 热固性树脂系共混材料

环氧树脂是热固性树脂，常用作聚合物复合材料的基体。环氧树脂有两个重要的缺点：韧性低和湿热性能差。为了改善环氧树脂的韧性，可选择具有反应性基团的羧化聚丁二烯橡胶（CTB）、羧化丁腈橡胶（CTBN）和胺化丁腈橡胶（ATBN）和环氧树脂共混。这些反应性基团与环氧树脂反应形成化学键的连接可以有效改善共混物的界面黏合性和提高环氧树脂的韧性。近来，含羟基、羧基或环氧端基的超支化聚合物液体橡胶，也可用于增韧环氧树脂。

为了改善环氧树脂的韧性，同时又不降低环氧树脂的耐热性和力学性能，可用耐高温的热塑性树脂，如聚醚酰亚胺（PEI）、聚醚砜（PES）、聚砜（PSF）、聚醚醚酮（PEEK）和环氧树脂共混。

13.2.6 聚合物互穿网络

互穿聚合物网络（interpenetrating polymer networks，IPN）是具有拓扑网络结构的聚合物共混材料，包含两个独立的交联网络，可标记为 X/Y IPN，X 为第一个聚合物网络，Y 为第二个聚合物网络。根据合成方法，互穿聚合物网络可分为异时互穿聚合物网络和同时互穿聚合物网络。异时互穿聚合物网络是先形成一个聚合物网络，再形成第二个聚合物网络。同时互穿聚合物网络的两个聚合物网络是同时形成的。若组成的两个聚合物网络都是弹性体，称为互穿弹性体网络。若在一个聚合物网络中贯穿着一个线型聚合物，称为半互穿聚合物网络。此外，还有梯度互穿聚合物网络、胶乳互穿聚合物网络、热塑性互穿聚合物网络。

13.2.7 分子复合材料

分子复合材料是借助短纤维增强塑料的原理，利用主链刚性的聚合物（芳酰胺、杂环聚合物和聚酰亚胺）等以分子形式分散在柔性链塑料中的共混材料。聚对苯二甲酰对苯二胺（PPTA）属溶致性液晶聚合物材料，它在硫酸中有一个临界浓度（C^*），约为 8%。当浓度大于 C^*，溶液为各向同性；当浓度小于 C^*，溶液为各向异性。为使 PPTA 与尼龙 1010 分散均匀，要控制溶液浓度小于使 PPTA 不形成液晶相。然后通过共沉淀，可制备 PPTA/尼龙 1010 分子复合材料。

13.2.8 原位增强塑料

原位增强塑料是指混合的聚合物组分在加工成型过程中一种组分形成增强体，另一种组分形成基体的聚合物共混（复合）材料，即利用聚合物共混材料的制备方法，达到纤维增强塑料的目的。大多数原位增强塑料是采用热致性液晶聚合物为增强体和热塑性塑料为基体。利用液晶聚合物在熔融过程中的易成纤性，在塑料基体内形成直径为 $0.1\mu m$ 和有一定长径比的微纤而起到增强体的作用。因此加工过程中的剪切速率对热致性液晶的成纤和对共混材料的性能有很大影响。

13.2.9　橡胶增韧塑料机理和判据

在聚合物共混材料的研究与开发中，热塑性弹性体或橡胶增韧塑料是最重要的方向之一。根据橡胶增韧塑料断裂过程中能量耗散途径和橡胶相的作用，提出了多种橡胶增韧的理论，主要有微裂纹（银纹）机理、剪切屈服机理、多重银纹（剪切带）机理、空穴生长机理和局部各向异性模型。这些模型考虑了橡胶相的作用、基体相的作用以及橡胶相与基体相相互作用（增容）的作用。

对高抗冲聚苯乙烯的拉伸过程中观察到体积膨胀和应力发白的现象提出了微裂纹机理。微裂纹机理认为，聚合物共混材料在形变过程中基体内部产生大量裂纹，橡胶粒子横跨于微裂纹的上下表面间而起到阻止微裂纹进一步发展成裂纹。对 ABS 断裂过程中观察到的基体产生塑性流动现象提出了剪切屈服机理。剪切屈服机理认为，由于基体和橡胶的热膨胀系数和泊松比不同，橡胶粒子对其周围基体的静张应力会引起基体局部自由体积增加，从而降低了基体的玻璃化温度，导致基体塑性流动。

对高抗冲聚苯乙烯断裂过程中基体产生的大盘银纹现象提出了多重银纹机理，认为由于橡胶和基体的模量不同，橡胶粒子引起周围基体应力集中而引发基体银纹。橡胶粒子既可引发银纹也能控制银纹的生长，阻止大尺寸银纹的产生。基体内大量小尺寸银纹的产生可有效耗散能量，提高材料的韧性。空穴化机理是在橡胶增韧聚碳酸酯中出现的膨胀带（dilation band）而提出的，认为橡胶的增韧涉及空穴在橡胶相内的产生和生长，多重空穴的产生明显消耗了更多的能量。

通过对橡胶增韧结晶聚合物（聚酰胺）共混材料的研究发现，结晶的取向行为对于抵抗变形起到重要作用，针对这一作用研究人员提出了局部各向异性模型，认为共混材料由低模量的橡胶颗粒、取向的片晶相和基体相组成。该模型考虑了基体中结晶相的作用。聚酰胺主链间的氢键优先平行排列在橡胶和基体的界面。在变形过程中，取向的橡胶间的片晶相起到增韧作用。对不同的聚合物共混材料和在不同的受力条件下可能对应不同的橡胶增韧机理，因为裂纹生长与受力条件有关。在缺口冲击作用下的裂纹生长前沿轮廓在不同裂纹前沿位置的孔穴和橡胶相也分别受压缩或拉伸力而变形。

13.3　聚合物复合材料

复合材料定义为两种或多种组分按一定方式复合而产生的材料，该材料的特定性能优于每个单独组分的性能。复合材料有四要素：基体材料、增强材料、成型技术和界面相。为了满足特定工程应用目标的要求，可以通过正确选择复合材料组分和制备工艺来设计复合材料。复合材料以性能分类，可分为常用复合材料（以颗粒增强体、短纤维和玻璃纤维为增强体）和先进复合材料（以碳纤维、芳纶、碳化硅纤维等高性能连续纤维为增强体）。复合材料从使用的角度分类，可分为结构复合材料（力学性能为主）和功能复合材料（除力学性能外的物理化学性质，如电、热、光、声、生物医用、仿生、智能等）。常用复合材料在国民经济的各个领域有广泛的应用。先进复合材料在航空航天等高技术领域有广泛的应用。功能复合材料在信息、能源等高技术领域有广泛的应用。复合材料按基体不同，可分为金属基、陶瓷基、碳基和聚合物基复合材料（图13-6），其制备工序通常如图13-7所示。不同基体材料的性能比较见表13-2。聚合物复合材料是由聚合物基体和增强体（包括纤维和颗粒填料）组成，但由于界面相对复合材料性能的影响很大，目前将聚合物复合材料定义为由聚合物基体、增强体和界面相组成。聚合物基体材料包括热塑性树脂和热固性树脂两大类。根据基体材料也可将聚合物复合材料分类为热塑性复合材料和热固性复合材料。根据增强体的形态，聚合物复合材料可分类为颗粒填充、短纤维增强、连续纤维增强和织物增强四类。根据复合材料的连通性（Newnham 等提出的标记法），0 表示点（颗粒），1 表示线（纤维），2 表示面（薄膜或织物），3 表示三维网络和连续相，则以聚合物为基体的颗粒填充复合材料可表示为0—3，短纤维复合材料为1—3。连续纤维布复合材料为2—3，立体织物复合材料为3—3。聚合物复合材料的成型技术包括各种制备方法（如原位复合、梯度复合、模板复合等）、各种成型加工方法（如注射成型、模压成型、挤压成型、树脂传递模塑成型等）、复合材料的结构设计和界面相的设计。

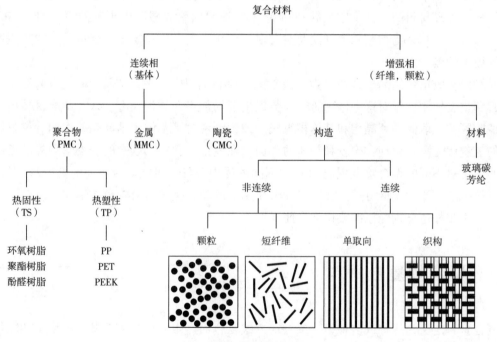

图13-6　复合材料分类

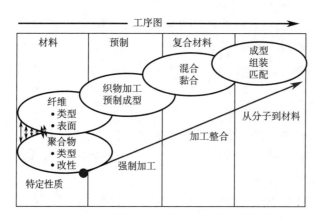

图13-7 复合材料的制备工序

表13-2 不同基体材料的性能比较

基体材料	熔点/℃	强度/MPa	模量/GPa	热膨胀系数/(×10⁻⁶/℃)	密度/(g/cm³)
金属	高，800~3500	大，1000~20000	大，70~700	中，0~10	中，1~5
陶瓷	中，400~3400	中，400~3000	中，70~400	小，4~40	大，2~20
聚合物材料	低，350~600	小，10~100	小，1~10	大，100	小，1~2

13.3.1 增强机理

对增强体的基本要求是其强度和刚性要大于基体，而基体的断裂应变要大于增强体。对于短纤维增强的复合材料，纤维是间接承载的，其增强机理是基于载荷能通过基体从纤维传递到纤维，由于纤维的强度大于基体并具有较高的模量，因此在纤维的周围局部地抵抗形变起到增强作用。纤维与基体的模量比影响每根纤维周围的体积，并决定最佳纤维长度、最小纤维含量和所需的纤维长径比（L/D）。纤维长径比是复合材料的一贯重要指标，一般短纤维的长径比为10~1000。球状颗粒填料的长径比为1，非球状颗粒填料的长径比为1~10，连续纤维的长径比为∞。短纤维增强的复合材料受力时载荷从基体经过界面剪切应力传递到纤维，剪切应力在纤维两端最大，在纤维方向可衰减至0。而拉伸应力在纤维两端为0，在纤维中部最大。能使传递到纤维的拉伸应力等于基体拉伸应力时的纤维长径比为临界纤维长径比。在连续纤维增强的复合材料中，纤维直接受载起增强作用。

13.3.2 颗粒填充聚合物复合材料

（1）填料和填充复合材料

填料按来源可分为天然的和合成（人造）的，按组成可分为金属的、无机的和有机的，按形状可分为球形、针形、片形和晶须等。填料在聚合物复合材料中的作用是提高力学性能、改善尺寸稳定性、改善加工性能、降低成本或改善颜色等。天然填料是自然界存在的矿物质，经加工后成颗粒状。天然填料来源于硅质（二氧化硅、硅酸盐）、碳酸盐（碳酸钙、碳酸镁）、硫酸盐（重晶石、石链）、金属氧化物（尖晶石）和碳质（石墨）矿物质。

合成的填料是经过化学方法制备的，常用的有 $CaCO_3$、SiO_2、云母、石墨和炭黑等。随着纳米技术的发展，纳米金属粉末、纳米无机粒子、纳米碳管等合成填料应运而生，为聚合物复合材料的开发奠定了基础。纳米材料除了用物理的粉碎法和球磨法外，主要还用化学方法如溶胶—凝胶法、化学气相沉积法、超重力场法等。

填料的增强性取决于填料的形状和纤维长径比，小粒径的球状填料也有增强性，颗粒直径$>10^3nm$ 时失去增强性。此外，颗粒填料还具有聚集的倾向，形成 $10^3 \sim 10^6$ 的团簇形态，在与基体复合时需要破坏团簇形态。

某些填料具有特殊的物理或化学功能性。例如三氧化二锑具有阻燃性；石墨、炭黑和金属粉末具有导电性，二硫化钼、石墨、炭黑和氧化铝具有耐磨性，氢氧化铝、氢氧化镁和金属粉末具有导热性。某些填料具有特殊的形态，如云母呈片状，用片状填料填充的复合材料称为片状复合材料（flake composites）。颗粒填充的聚合物复合材料有很多种，如钙塑板是 $CaCO_3$ 填充聚丙烯、聚乙烯或聚氯乙烯复合材料，炭黑补强的轮胎制品、自润滑复合材料、汽车摩擦材料及填充型导电塑料。在聚合物基如聚酰胺、聚酰亚胺、聚醚醚酮中加入润滑剂（如聚四氟乙烯、石墨、MoS_2）可制备具有低摩擦系数的自润滑复合材料，而在酚醛树脂中加入多种无机和金属填料可制备具有高摩擦系数的制动材料。

（2）晶须增强塑料

晶须增强体是由高纯度单晶生长而成的短纤维，具有高度取向的结构和高强度、高模量和高伸长率的力学性能。在晶须增强塑料中常用的晶须有钛酸钾（$K_2Ti_6O_{13}$）晶须、碳化硅（SiC）晶须、碳酸钙晶须、硫酸钙晶须、碳晶须（气相生长碳纤维）和聚合物晶须。碳酸钙晶须、硫酸钙晶须和钛酸钾晶须的价格较低，常用于晶须增强的聚合物复合材料。用 20% 的碳酸钙晶须增强的聚丙烯不仅强度提高 1 倍，冲击强度也提高 1 倍。用钛酸钾晶须可将聚酰胺和聚甲醛的强度提高 1 倍。

（3）聚合物基纳米复合材料（纳米塑料）

纳米复合材料是含尺寸为 1~100nm 的增强体。纳米粒子的基本特征有体积效应、表面效应和宏观量子隧道效应。纳米材料的体积效应是指当纳米材料的尺寸与传导电子的德布罗意波长或超导态的相干波长相当或更小时，其周期性的边界条件将被破坏。纳米材料的表面效应是指纳米粒子的表面原子与总原子数之比随粒径变小而增大并引起材料物理化学性质的变化。纳米材料的宏观量子隧道效应，即它们可以穿越宏观系统的势垒而产生变化。在塑料中加入纳米粒子或纳米纤维（如碳纳米管）可在不降低塑料透明性和韧性的同时，提高塑料的力学性能、耐热性、阻燃性和摩擦性能。将不同的纳米粒子复合使用还可以制备功能纳米塑料。

13.3.3 玻璃钢和短纤维增强复合材料

玻璃纤维增强的聚合物基复合材料称为玻璃钢，为常用复合材料。玻璃纤维主要由 SiO_2 组成，见表 13-3。E-玻璃纤维（无碱）具有较高的强度和模量，是一种通用的玻璃纤维，其力学性能见表 13-4。C-玻璃纤维是耐腐蚀性的玻璃纤维，强度相对较低。S-玻璃纤维具有高模量，但其价格也高。

表 13-3　玻璃纤维的组成

组成	E-玻璃纤维	C-玻璃纤维	S-玻璃纤维
SiO_2	52.4	64.4	64.6
Al_2O_3，Fe_2O_3	14.4	4.1	25.0
CaO	17.2	13.4	—
MgO	4.6	3.3	10.3
Na_2O，K_2O	0.8	9.6	0.3
Ba_2O_3	10.6	4.7	—
BaO	—	0.9	—

表 13-4　E-玻璃纤维的力学性能

性能	E-玻璃纤维	性能	E-玻璃纤维
强度/(kg/mm^2)	312	体积电阻率/$\Omega \cdot cm$	1.2×10^{15}
模量/(kg/mm^2)	7300	表面电阻率/Ω	2.2×10^{14}
密度/(g/cm^3)	2.57	电气强度/(kV/mm)	12.8
介电常数	6.6		

　　玻璃钢有很多种类且应用广泛。用 20%~40% 的短玻璃纤维可使树脂的强度和刚性提高 2 倍，而用连续玻璃纤维可以提高 4 倍。除了增加强度和模量，玻璃纤维还可改善树脂的耐热性（提高热变形温度）、尺寸稳定性和减少热膨胀系数和蠕变速率。片状模塑料（sheet molding compound，SMC）是无规取向的短玻璃纤维（25mm，纤维含量 15%~30%）、单向取向的长玻璃纤维（200~300mm，纤维含量可达 65%）、单向或交叉取向（XMC，纤维含量可达 80%）连续玻璃纤维的不饱和聚酯或酚醛树脂的片材。团状模塑料（bulk molding compound，BMC）的组成与 SMC 类似，但不是片材而是团状（球状）。玻璃钢筋（C-筋）可以取代环氧树脂涂层的钢筋。C-筋的芯由对苯二甲酸树脂浸润的单向玻璃纤维组成，C-筋的外层由不饱和聚酯涂层的单向玻璃纤维毡和短玻璃纤维组成，基体树脂是聚氨酯改性的乙烯基酯。与钢筋相比，C-筋是无磁性和耐腐蚀的，并且与水泥的热膨胀系数适应，可应用于建筑行业。

　　玻璃纤维毡增强的热塑性片材（glass mat thermoplastics，GMT）是玻璃纤维毡和聚丙烯的复合材料。可用于铁轨枕木的复合材料枕木是由高密度聚乙烯（回收料）和玻璃纤维组成的。老化实验证明，复合材料枕木的性能到 15 年后下降 25%，而木枕木下降 50%。

13.3.4　纺织结构复合材料
　　纤维的纺织结构是指纤维在两个或两个以上方向以一定方式相互排列或相互环绕排列而

成的编织物，包括机织物、针织物、非织造织物、多向织物、辫、纸和毡。相对于单向纤维层压板复合材料的层间性能低、易分层等缺点，纺织结构复合材料具有整体性，同时具有强度和韧性，可制造复杂形状和大型制件。纺织结构复合材料的制备主要包括纺织预制件的成型、树脂基体的浸渍和固化。

13.3.5　混杂纤维复合材料

在混杂纤维复合材料中，常用玻璃纤维和碳纤维或芳纶混杂。混杂方式有：层内混杂，同一层纤维是由两种或两种以上纤维组成的；层间混杂，一层纤维与另一层纤维不同；层内—层间混杂；夹芯混杂，由一种纤维铺层作面板，另一层纤维铺层作芯；织物混杂；多向织物混杂；短纤维混杂。利用不同纤维交互作用产生的混杂效应可以提高复合材料的性能并降低成本。

13.3.6　蜂窝夹层结构复合材料

具有夹层结构的复合材料至少有三层材料，即两个面层和一个芯层，故称为三明治复合材料（sandwich composites）。夹层结构的复合材料也可归类于层压板复合材料。蜂窝（honeycomb）夹层结构复合材料由树脂基复合材料面板和蜂窝芯组成（图13-8）。

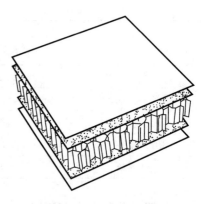

图13-8　蜂窝夹层结构

13.3.7　其他功能复合材料

（1）导电复合材料

多数塑料是电绝缘体，其体积电阻为 $10^{12} \sim 10^{15} \Omega/cm^3$。当导电相物质分散在聚合物基体中可生成填充型聚合物基导电复合材料。填充型聚合物基导电复合材料可分为四类：

①在非导电聚合物（也可以是共混物或IPN）中添加无机导体，如碳纤维、石墨、炭黑或添加金属纤维、粉末、导电金属氧化物。

②由低分子量有机导体贯穿聚合物中组成的网状掺杂聚合物。

③在非导电聚合物中添加混杂填料（无机导体和金属纤维、粉末或导电金属氧化物）。

④共轭聚合物（半导电）中添加无机导体或金属。

研究发现，填充型导电塑料中填料与填料之间的距离必须<10nm（阈值），即要有足够多的导电性填料形成网链才能起到导电作用。当填料含量低于阈值时，塑料不导电。当碳纤维含量低于5%时复合材料是不导电的，高于5%是导电的。

相变如结晶性聚合物材料和导电填料的熔融可导致在填充型导电塑料出现正温度系数（positive temperature coefficient，PTC）或负温度系数（negative temperature coefficient，NTC）的电阻—温度特征。所谓PTC效应，即随温度增加，电阻成倍增加，导电性下降。所谓NTC效应，即随温度增加，电阻成倍降低，导电性提高。

（2）导热复合材料

金属材料中含有大量的自由电子，其热传导是通过电子完成的。非金属固体材料的热传导主要是通过晶格振动的格波（声子）完成的。聚合物材料的热传导率较低，可加入热导率高的填料，如金属或碳材料制备导热复合材料。导热复合材料的制备和导电复合材料是一样的，但填料含量对热导率的影响与对电导率的影响有很大不同：一是不存在逾渗阈值，二是热导率的提高幅度远小于电导率。根据填料的导电性，可将填料分为导热绝缘材料（如 Al_2O_3、ZnO、AlN 等）和导热、导电材料（如 Al、Ag、石墨等）。

（3）磁性复合材料

工业上用于磁性聚合物复合材料的磁体材料主要有三类：铁氧体、稀土—钴永磁体和铝镍钴磁铁。铁氧体的种类有钴铁氧体、铁铁氧体、钡铁氧体和锶铁氧体等。钡铁氧体和橡胶复合的磁性橡胶已广泛应用于磁性密封条。锶铁氧体和塑料复合的磁性塑料则广泛应用于机电设备的磁性元件。稀土—钴磁体和塑料复合的磁性塑料可应用于小型电子设备的磁性元件。磁性记录材料（磁带、磁盘、磁卡等）是在各种底材上涂覆磁性涂料制成的，磁性涂料由磁粉、聚合物成膜基料、助剂和溶剂组成。

（4）吸波（隐身）复合材料

隐身技术（stealth technology）是使军事目标的各种探测目标特征减少或消失的技术，有分光、雷达或微波、红外、激光和声隐身技术，其相应使用的材料为隐身材料。雷达是利用电磁波发现目标并测定位置的仪器，工作波段处在微波。微波的波长范围为 1mm～1m，相应的频率范围为 0.3～300GHz。雷达吸收材料也称为微波吸收材料（吸波材料）。对吸波材料的要求是在微波波段的反射系数 R（reflection coefficient）低。

导电材料和磁性材料可作为吸波材料，主要有两类。

①介电吸收材料。即通过在聚合物基体中添加导电碳纤维、炭黑、金属、导电聚合物材料等电损耗性物质来降低雷达的入射能量。例如磁铁纤维/环氧树脂复合材料的吸波性能在磁铁纤维为20%（体积分数）时具有最佳的吸波性。将导电聚合物材料与无机磁损耗物质或超微粒子复合，是一种新型的轻质宽频带微波吸收材料。

②电磁吸收材料。即在聚合物基体中添加手性材料、纳米材料和磁性物质，依靠电磁作用来降低雷达的入射能量。

（5）光功能复合材料

聚合物分散液晶（polymer dispersed liquid crystals，PDLC）和聚合物稳定液晶（polymer stabilized liquid crystals，PSLC）是具有光功能、含小分子液晶的聚合物基复合材料，可在电—光开关、平板显示器、光散射材料等领域应用。

（6）聚合物太阳能电池

太阳能是以电磁辐射的方式发射的，辐射波长在紫外到红外区。太阳能常数是定量描述太阳能的参数，定义为在太阳——地球平均距离处的自由空间中太阳的辐射强度，数值为 $1353W/m^2$。材料受光照后发生电性能变化的现象为光电效应。太阳能电池发电的原理是基于太阳光与半导体材料的作用产生的光伏效应（photovoltaic，PV），即当光照射到半导体的 $p—$

n 结上，在 p—n 结两端会产生电势差，p 区为正极，n 区为负极。太阳能电池是光电转换元件，由半导体材料、薄膜用衬底材料、减反射膜等组成。太阳光中包含了多种不同波长的光，目前制造的太阳能电池只能利用其中很少的一部分。太阳能电池使用半导体材料来吸收光中的光子，并将其转换成电流。每一种半导体只能吸收特定能量范围的光子，这个范围称为该材料的能隙。能隙越宽则电池的效率越高。半导体中的载流子有带负电荷的电子和带正电荷的空穴。目前最好的无机太阳能电池［结晶硅、非结晶硅和无机盐（如砷化镓和硫化镉）］使用两种不同的半导体层来扩大其能量吸收范围，最多可以利用阳光能量的30%，聚合物太阳能电池是以具有光活性的聚合物膜为基础构造的。为了提高光电转化效率，光活性层由具有电子供体（P 结）的共轭聚合物和具有电子受体（N 结）的富勒烯（C^{60}）的复合材料组成，形成本体杂化联结（bulk hetrojunctions）。

（7）梯度功能复合材料

梯度功能复合材料的概念是在研制热应力缓和型航天材料中提出的，该航天材料的一侧要能耐高温（2000K）和耐氧化，另一侧要高强度和耐低温（液氢），而且材料还要承受因温差产生的巨大热应力。为了满足这些要求，在要求耐高温和氧化的一侧使用了陶瓷结构材料，在需要耐低温和强度的一侧使用了金属材料，通过结构控制技术使两侧的组分、结构、性能呈连续或准连续的变化，形成了梯度功能复合材料。梯度功能复合材料的制备有两种类型：一是构造型工艺，通过堆叠材料来产生梯度；二是用质量、热和流体的传输在材料中产生梯度。

（8）环境和生物复合材料

现代材料设计必须考虑材料的环境性能（包括材料生产、焚烧或填埋和回收的能耗以及对环境影响的生态指数，是材料设计中除了基本物理和化学性质、力学性能、热性能、阻燃性、耐水、耐酸、耐碱和耐紫外线的又一重要性能）和对材料进行生命周期评价（评价每个产品或服务体系在整个寿命期间的所有投入及产品对环境造成的现实和潜在的影响），体现人类社会对环境保护和可持续发展的重视以及科学技术的进步。环境材料定义为在材料生命周期（开采、制造、使用、废弃与回收过程）中能耗少，对生态环境的影响小，再生循环效率高，易生物降解的材料。

（9）仿生和智能复合材料

自然界存在无生命物质和有生命物质（生物）。参照生物系统的规律模拟和制备无生命物质称为仿生。经过长期的进化，生物材料通过能量最小（非共价键自组装、室温）、最优化（优胜劣汰）和功能适应性原则（进化）形成了合理的结构和形态，具有复杂和奇特的功能，达到了结构和性能的优化，具有自愈合、自回收和节能效应，例如荷叶效应（自清洁表面）、叶绿素光合作用（催化、传递功能膜和太阳能电池）、蝴蝶的颜色（变色）、头发和木头的分级结构、树根的自愈合、蜂窝结构的稳定性等很值得人类效仿。智能复合材料是材料仿生的产物，由感知材料（传感器）、信息材料和执行材料组成，具有自感知、自诊断、自适应和自修复功能。智能材料的特点有：受外界刺激其性能能够相应发生变化、损伤自愈合能力、自检测异常情况、自再生能力、自设计和自生产能力。例如一个工业储液罐如果用智能复合材料制造，那么它就能够自行检测裂纹的发生和发展，从而免除日常的维护操作，同时提高安全性和可靠性。当材料的性能下降而失效时，材料本身将能够自行解复合，使得材料的回收再利用变得容易，保证了环保的要求。

13.3.8　界面相

聚合物复合材料包括基体相、增强体相和界面相。基体相是连续相。复合材料的耐热性和耐化学腐蚀性主要由基体相决定。增强体相是分散相或连续相，主要提供复合材料的力学性能。界面是一个表面，即在一个整体材料中的任何两个组分间形成的边界。界面相是一个区域，即在制备过程中生成的具有一定厚度并与基体和增强体结构不同的第三相物质，一个界面相至少含有两个界面。界面相不仅是连接基体和增强体的纽带，也是应力传递、阻止裂纹扩展和缓解应力集中的桥梁，因此对复合材料的性能产生重要影响。设计和控制界面相是聚合物复合材料研究中的重要内容。界面相的模量可大于基体（即介于基体和增强体之间），也可小于基体。

增强体和基体之间的应力传递主要是界面剪切应力，界面传递应力的能力取决于界面的黏合性。为了提高界面黏合性，可对填料和增强体进行表面处理或涂层。表面处理或涂层的目的是在基体和增强体界面引入化学键或极性基团增加相互作用，引入柔性界面层增加韧性和增加表面粗糙度以有利于机械铆合。常用的表面处理方法有：偶联剂处理，等离子体处理，有机化合物、低聚物或弹性体涂层，氯化处理（电解法、臭氧法、热氧化等），辐照处理，膨胀性可聚合单体，接枝化学反应等。

参考文献

［1］ 董建华. 高分子材料科学与工程漫谈［J］. 高分子材料科学与工程，2021，37（1）：238-242.

［2］ AN Z S. 100th anniversary of macromolecular science viewpoint：Achieving ultrahigh molecular weights with reversible deactivation radical polymerization［J］. ACS Macro Letters，2020，9（3）：350-357.

［3］ LUO G F，CHEN W H，ZHANG X Z. 100th anniversary of macromolecular science viewpoint：Poly（N-isopropylacrylamide）-based thermally responsive micelles［J］. ACS Macro Letters，2020，9（6）：872-881.

［4］ SUN H L，ZHONG Z Y. 100th anniversary of macromolecular science viewpoint：Biological stimuli-sensitive polymerprodrugs and nanoparticles for tumor-specific drug delivery［J］. ACS Macro Letters，2020，9（9）：1292-1302.

［5］ 张希. 纪念斯陶丁格高分子百年专辑［J］. 高分子学报，2020，51（1）：前插1-前插2.

［6］ LODGE TIMOTHY P. Celebrating 50 years of macromolecules［J］. Macromolecules，2017，50（24）：9525-9527.

［7］ LUTZ J F. 100th anniversary of macromolecular science viewpoint：Toward artificial life-supporting macromolecules［J］. ACS Macro Letters，2020，9（2）：185-189.

［8］ 董炎明. 奇妙的高分子世界［M］. 北京：化学工业出版社，2012.

［9］ 沈新元. 高分子材料加工原理［M］.3版. 北京：中国纺织出版社，2014.

［10］ 李光. 高分子材料加工工艺学［M］.3版. 北京：中国纺织出版社，2020.

［11］ 宋学军. 最神奇的材料：纤维［M］. 长春：吉林人民出版社，2014.

［12］ 冯孝中，李亚东. 高分子材料［M］.2版. 哈尔滨：哈尔滨工业大学出版社，2010.

［13］ 黄丽. 高分子材料［M］.2版. 北京：化学工业出版社，2010.

［14］ 张立群，张继川，廖双泉. 天然橡胶及生物基弹性体［M］. 北京：化学工业出版社，2014.

［15］ 何天白，胡汉杰. 功能高分子与新技术［M］. 北京：化学工业出版社，2001.